Maya
2015

大师课

材质、灯光与渲染

凌锐意动 锁亚龙 郭春苗 编著

清华大学出版社
北京

内容简介

本书从Maya渲染的实际应用出发，通过近30个案例循序渐进地讲授影视模型材质、灯光与渲染的流程和方法，内容包括3种玻璃质感表现，天鹅绒与绸缎表现，陶瓷与塑料表现，金银铜与不锈钢表现，SSS材质表现人物、玉石、水果与蜡烛，荷花、金鱼与水面表现，钻石表现，圣诞树表现，灯泡表现，重型卡车与直升飞机表现，线框、双面材质、置换贴图与无光投影技术等。

本书可供大中专院校影视动画、艺术设计、新媒体等相关专业的师生做教材使用，同时也可作为模型渲染的专业人员和初学者的学习参考书。

图书在版编目（CIP）数据

Maya 2015大师课：材质、灯光与渲染 / 锁亚龙，郭春苗编著. - 北京：清华大学出版社，2015
ISBN 978-7-302-40205-3

I. ①M… II. ①锁… ②郭… III. ①三维动画软件 IV. ①TP391.41

中国版本图书馆CIP数据核字（2015）第103624号

责任编辑：夏非彼
封面设计：王 翔
责任校对：闫秀华
责任印制：宋 林

出版发行：清华大学出版社
  网 址：http://www.tup.com.cn，http://www.wqbook.com
  地 址：北京清华大学学研大厦A座 邮 购：100084
  社 总 机：010-62770175 邮 购：010-62786544
  投稿与读者服务：010-62776969，c-service@tup.tsinghua.edu.cn
  质 量 反 馈：010-62772015，zhiliang@tup.tsinghua.edu.cn
印 装 者：北京天颖印刷有限公司
经 销：全国新华书店
开 本：203mm×260mm 印 张：30 字 数：768千字
版 次：2015年9月第1版 印 次：2015年9月第1次印刷
印 数：1～3000
定 价：128.00元

产品编号：062596-01

序

本书为什么称大师课

之所以称为大师课，是因为作者倾尽了近 15 年的制作经验全部囊括在本书中。

之所以称为大师课，是因为作者从事过近 100 个与 Maya 渲染有关的大小项目。

之所以称为大师课，是因为作者追求的是简单、实用、效率的制作方法与理念。

之所以称为大师课，是因为对你的学习抱有 100% 的答疑解惑的态度。

之所以称为大师课，是因为作者就是大家眼中的 CG 高手！

如何成为 Maya 高手，天下武功，唯快不破

每个人都想在自己的行业有所成就，能达到一个万众瞩目的层次，成为大家所敬仰的高手，但是无论在哪个行业，这种人都是非常少的。而这种人的成功在其他人看来，可能有很多运气的成分在里面；客观地说，一个人的成功，无疑是占据了天时、地利、人和，更重要的是他们参透了符合客观规律的方法，通过一些巧妙而客观的方法，超越了身边的绝大多数人，成为成功人士。

如何成为高手？如何成为行业内的顶尖人才，这无疑是我们每个人都渴望知道的。但这些成功的秘诀真是那么深不可测吗？所谓"大道至简"，也就是说，极为深刻的道理，其字面含义和表达方式都是非常质朴的，但是其内在的道理，如果能够深刻领会并付诸实践的话，就能使我们受益终生。就像哲学中的很多理论一样，都是放之天下而皆准的道理。

那么对于影视动画行业来说，我们所需要领悟的"大道"究竟是什么呢？就像天下武术流派一样，每种武功都有自己的强项，也有自己的弱项。那么如何扬长避短，成为屹立于天下不败的高手呢？其中最重要的恐怕就是"快"，因为快，才能洞察先机；因为快，才能处变不惊；因为快，才能一招制敌。天下武功，唯快不破，唯有静若处子，动若脱兔才能立于不败之地。那如何才能快呢？如何才能成为高手呢？我们总结为下面的 3 句话：

简单就是高手！

实用就是高手！

效率就是高手！

简单就是高手

那么什么是简单呢？要了解简单的含义，我们首先来了解其对立面，也就是复杂的含义。

从广义的角度来说，对于我们身处的影视动画行业，虽然它的发展历史并不长，但是其无论从影响力，还是产业结构，辐射的广度和深度来看，它都绝对是一个很庞大的，很复杂的产业。由于我们所处的这个行业非常复杂，因此具体到每个从业人员来说，从事的都并不是一项很轻松的工作，它对我们提出了诸多很高的要求，例如对艺术感、技术能力、意志力、想象力、执行力等。

从狭义的角度来说，我们从事的每一项具体工作都是很复杂的。比如古时候的瓷器制作，都是有严格的工序的，

普通人如果没有接受过相关培训，是很难胜任这种工作的。类似的，我们的工作也可以看作是一项具有更加复杂工序的"手艺"，同样是只有受过专业训练的人才能胜任，而且没有几年的实际项目锻炼，是很难达到熟练程度的。

在上面我们从广义和狭义两个角度分别阐述了复杂的含义，现在结合本书所讲的材质渲染进行说明：

从广义的角度上说，材质渲染隶属于计算机图形图像学方面的知识，计算机图形图像学恐怕是除了操作系统之外，最复杂的学科了。著名的微软亚洲科学研究院就是这方面的权威，同时国内的北京大学、浙江大学等许多高校有专门的机构在进行研究。这门学科包含无数极端复杂，而又极端精巧的算法，同时还和硬件息息相关，这就说明我们的行业其深度是足够的，足以让我们投入全部的青春来进行探索。

从狭义的角度来说，我们的制作流程也是很复杂的，很多繁琐细碎的工序都需要长时间的经验积累，并且会对最终结果造成非常大的影响，以材质渲染为例，仅仅只是抗锯齿精度这么一个参数，设置为1还是设置为3，其渲染效果的速度绝对是天差地别。那么，我们怎么知道什么时候设置为1，什么时候设置为3？如果不知道参数的含义，又该怎么办？这些都涉及到经验以及科学的步骤和方法问题。

那"简单就是高手"这句话就可以理解为：能把复杂的事情变成简单的就是高手。从上面的分析也能看出来，我们这个行业是一个复杂的行业，它是非常有广度和深度的，即便我们每天的制作，也都充斥着无数的技巧和挑战，比如说今天的项目是要制作一个非常写实的冰山，明天的项目可能又要制作一个超写实的角色，后天的项目需要制作水墨风格的效果，大后天的项目却需要制作一个照片级真实的海效果……诸如此类的一些挑战，可能都是超出我们知识经验的，不做一定的 R&D 恐怕很难达到目标。毫无疑问，这些挑战都是复杂，很困难的，能把这些问题简单化，那就是不折不扣的高手。

那怎么才能成为这种高手呢，对于"简单就是高手"这句话，需要践行什么呢？我们有下面几点建议：

（1）这次要制作一个 X 光效果，我学会了，但下一次我又忘记了，或者是整个团队都不会制作这种效果，那该怎么办？遇到这种难题，是不是应该想到，在平时学习的制作过程中，如果学会制作一种材质效果，那需不需要把这个现成的材质球保存成一个库文件，以方便我们下次使用，或者是把学习的过程记录下来，这样在遇到问题的时候，我们才能顺利解决。对于你和你的团队来说，你是不是把难题给解决了，那你是不是一个所谓的高手呢？从这种角度来说，高手也是需要进行积累的。因此，要践行"简单就是高手"这句话，我们首先要做就是积累，不断地积累素材和经验，解决别人的难题，也解决自己的难题，把难题简单化，这样才是高手。

（2）很多难题仅仅靠软件自身提供的功能，是很难实现的，这样就需要我们进行一定的 R&D 研发，比如上面所说的冰山材质效果，我用 Maya 和 Max 自身的功能，无法得到特别真实的效果，那该怎么办？那我是不是可以通过 C++ 等程序语言或者 RenderMan，Mental Ray 的 shading Language（着色语言），编写出一个可以重复利用的材质，并提供强大的参数控制能力呢？如果没有程序编写的能力，那我是不是可以通过 Houdini 的 SHOP，Mental Ray 的 Phenomenon 或者 RenderMan 的 Slim 模块来开发相应材质球，来供自己和团队使用，这算不算降低了问题的难度，解决了难题呢，这算不算高手呢？

在上面，从两个角度为读者进行了一定的分析和建议，也为读者的高手之路总结出两个方向：一是不断地积累经验和素材；二是不断地向技术高峰进行攀登，学习一些复杂和底层的知识。

实用就是高手

这一点应该是很好理解的，做任何事情，都需要它是实用的，能用于实战的，而不是纸上谈兵，花拳绣腿，看起来花里胡哨，实际上却起不到任何实质性的作用。

这对我们的启发是：那些应用广泛，效率很高的软件、技术或者方法，我们应该重点掌握，熟练掌握，这样才能在日常的制作中快速地解决问题。比如说，3ds Max、After Effects、Photoshop、VRay 都是非常实用的软件，普及率极高。那不管是出于效率，还是工作上的对接，我们是不是应该对这几个软件重点掌握呢？另外，Maya 还有其他软件中的粒子替代都是一种非常高效、成熟稳定的技术，可拓展的应用非常多，例如群集动画等等。如果我们需要制作一个不是特别复杂的群集动画，别人用了专门的群集动画软件，非常复杂，一个星期也没有制作出想要的效果，但如果使用粒子替代，一下午就把效果制作出来了，这算不算是高手？学习技术的一个忌讳就是把它放上神坛，触不可及。我们学习技术，就是要把它普及，使之实战化，因此对于实用的问题，希望引起大家的注意。

效率就是高手

动画行业是一个非常讲究效率的行业，也是一个时间就是金钱的行业。这是由于在大多数情况下，我们制作的并不是一个产品，而是一个项目（Project），这从在开始 Maya 制作之前都会创建一个新的项目这一点就能看出来。既然是一个项目，那么就存在严格的项目流程、项目规范，以及项目进度控制，没有一定的控制，项目就会失控。在软件工程中，有严格的项目控制理论，人们使用甘特图等一系列手段来对项目进行监控。在影视动画行业中，我们却没有那么严格的理论，但是许多大公司也使用相关的项目管理软件来进行控制。以上仅仅是从一个概念的层面来对问题进行说明，但实际上，这个问题是非常现实的。

对于任何公司来说，需要严格控制的就是成本，例如某个项目如果能够一个月完成，那么公司的开支就是一个月的，如员工工资。但如果这个项目是三个月完成，那么公司就要支付三个月的工资及其他开支，成本就将近翻了 3 倍，以此类推，如果半年完成的话，成本就将近变成原来的 6 倍。对于任何一家公司来说，这都是不愿意看到的，因此，公司会严格控制项目的进度，从这个层面上来讲，提高效率就成为当务之急。

而对于我们个人来说，也需要提高效率，完成更多的工作，从而获得更高的收入，实现更大的人生价值。如果在相同的时间条件下，别人能完成 20 个镜头，而我们只能完成 4 个，那可想而知，我们的收入或者是待遇会比别人差多少。

从上面我们看到，无论是从行业的角度、公司的角度，还是个人的角度，加快制作的速度，提高效率是多么重要的一件事情，所谓"天下武功，唯快不破"。只有快，我们才能拔得头筹；只有快，我们才能抢得先机；只有快，我们才能赢得对手；只有快，我们才能突破自我，"练成绝世武功"，成为一名真正的高手，这也都是讲究效率的结果。

但是，对于这种效率的提升，不能仅是一个口号，而是应该落实到实际生产制作之中，这既是大到一个行业性的长期课题，也是小到一个公司、个人每天都要面对的实际问题。对于这样一个比较重要的问题，应该如何来应对呢，从个人的角度来说，我们至少可以从以下三个方面进行改进。

（1）规范项目制作，把一切出错的可能降到最低：例如规范我们的工程文件夹，从文件的命名、存放等各方面进行统一、强制性的规范，这样就避免项目中出现莫名其妙的问题，也利于后续的修改和团队合作，这样无疑能提高我们的工作效率，也是成为一个高手必须具备的素养。

（2）平时多积累。积累什么呢？需要积累大量实用的素材，如模板、材质球、常用模型等，平时做过的项目，其工程文件也要妥善进行整理和保存，这样才能在需要制作的时候快速找到我们想要的东西，避免重复劳动。另外更重要的是，需要积累一些常用的，高效的制作方法，并进行一定的文字整理，例如火焰效果怎么制作？水的材质参数怎么调？玻璃的材质参数怎么调……有了这些平时的积累，我们就不需要进行调研，从而节省了大量的时间。能做到这些的人，无疑是能够化繁为简的人，也就是我们所谓的高手。

（3）研究一些计算机图形学方面，难度较高、较为底层的程序开发知识。一般来说，很多公司都有相应的 RD 研发部门，这些研发部门所开发的工具能够大幅度地提升我们的制作效率。从长期的职业规划考虑，如果在本行业的时间有一定年限，并且对相应的软件比较了解之后，我们就可以考虑学习一些底层的程序开发知识，尝试着开发一些能提高效率的工具，这样不但能够提升自己和团队的工作效率，还能够提升自我的层次。

前 言

动画行业是一个新兴的行业，目前正处于一个逐渐成熟、逐渐发展的阶段，就像任何事情都有一个发展的过程一样，它同样是头顶上带着耀眼的光环，但其中的艰辛也只有从业人员自己体会。尽管艰辛，但我想说的是：我们这个行业仍然拥有光明的前景，未来拥有无限的可能，大家都在朝向光明未来的道路上艰难地前行。

模型渲染的基本流程

对于一些自由职业者，或者制作效果图的读者朋友们来说，可能接触最多的就是对模型的渲染，则较少接触动画方面的渲染，平时工作中主要负责的是单帧图片的渲染。这样，就有必要总结出一套模型渲染的基本流程。

一般来说，依据所要制作的内容和要达到的效果，其流程可能不尽相同，但是也有一些可以遵循的步骤，具体如下：

第 1 步：查看模型格式。确定使用哪一种转换软件，有时候，会接到一些使用其他软件制作的模型，如 Max 模型或者工业设计软件制作的模型，则需要通过一些转换软件来得到我们所需要的格式。一般的中间格式为 Obj，但这种格式并不带动画；FBX 是比较全面的一种中间转换格式，被绝大多数的动画软件所支持，但不支持一些特效的导入 / 导出；Alembic 是现在非常流行的一种转换格式，有非常好的性能。Collada 是一部分动画软件所支持的格式，且支持动画的导入 / 导出。每种格式都有自己的优缺点，读者可以自行体验或查阅相关资料，并做一定的积累。

第 2 步：设置工程文件夹，并指定相应的贴图。在 Maya 中我们需要新建一个工程文件夹，并把相应的贴图文件拷贝到工程文件夹中，如果已经提供了工程文件夹，那么就需要把 Maya 指定到这个工程夹中，这样所有的贴图及其支持文件都能进行自动指定。

第 3 步：对模型进行观察。在打开文件之后需要检查一下模型有没有破面、法线是否相反、模型摆放位置是否正确等问题。

第 4 步：检查场景的尺寸设置。这对于单帧图片来说，并不是特别重要，但如果我们需要渲染正确的 3S 等效果，场景后模型的尺寸就非常的重要。

第 5 步：对模型进行基本的测试渲染。检查一下在默认的灯光材质下，模型是否能够进行正常渲染，这有助于检查出模型和场景的问题，也有助于进行灯光材质设置之后，排除模型和材质的问题。

第 6 步：关闭场景默认灯光，并进行检查性的渲染。看一下关闭默认灯光之后，场景中是否还有其他灯光的照明，或者是材质的照明，例如 Maya 材质下的 Ambient Color 属性。

第 7 步：依据所使用的渲染器，将默认的材质球转换为新渲染器的材质球，并重新连接相应的贴图。

第 8 步：新建摄像机并调整位置和角度，切换渲染摄像机。对于景深和运动模糊一类的效果来说，摄像机是非常重要的。即便是从构图的角度来说，摄像机也是非常重要的，很多朋友经常会使用默认的摄像机进行渲染，但是这并不太利于我们后期调节动画和渲染。

第 9 步：新建灯光并进行测试渲染。依据所使用的灯光技术，我们可能需要配合曝光控制或者是线性流程，这样就需要在刚才创建的摄像机上进行相应地设置。

第 10 步：打开间接照明。在当代技术条件下，一般来说，为了得到好的效果，都需要使用一定的间接照明技术。依据所使用的技术，会有不同的全局渲染参数设置，例如在 Vray 中，需要打开 GI 进行全局照明，而在 Mental Ray 中，可能会单独使用 Final Gathering，也可能使用 Final Gathering ＋ IBL 的照明方式，还可以使用日光系统、GI ＋ FG 或者 Importon 发光粒子等各种照明方式，读者需要根据自己的模型和场景，进行综合性地选择和把控。

第 11 步：设置测试渲染参数。这有助于降低测试渲染时间，加快制作速度。

第 12 步：如果需要焦散等特殊效果，则须添加额外灯光，并进行焦散光子测试。

第 13 步：设置相应的渲染层。通过 Pass、Contribution Map 以提取相应的信息，以便后期处理。

第 14 步：设置最终渲染。在所有效果满意之后，设置最终渲染参数和尺寸，得到最终图像。

动画渲染的基本流程

动画渲染和单帧图片渲染在很多地方还是有区别的，或者说要更复杂一些。在这里，和上面模型渲染部分相同的流程就不再重复，仅仅讲述不同的，或者是扩展出来的内容。

（1）上面设置工程文件夹部分所讲的内容需要进行一些扩展，文件在打开之后，需要指定或检查相应的动力学缓存文件，例如流体或粒子的缓存文件是否连接正确，在属性编辑器中检查之后，还需要进行 PlayBlast 拍屏预览。

（2）对于很多使用 References 引用机制的公司来说，Reference 机制带来了很多的便利，以及磁盘空间的节约，但也带来了很多潜在的隐患。因此在打开文件之后，需要确认引用文件被准确地读入，并且需要确认读入的是正确版本。很多文件打开之后，引用文件也被正确地读入了，但是其他小组的人员对场景又做了一定的修改，但这个修改可能并不正确，因此我们需要自己进行检查，这并不是软件技术方面的问题，而是制作上的问题。

（3）对于那些工程文件存放在服务器上的场景来说，需要确认网络路径的指定是正确的。必须要确保网络的畅通。

（4）依据所使用的灯光方案，研究是否需要隔帧计算小尺寸的光子或者是 fgmap 来加速渲染，这在 Vray 渲染器、Mental Ray 渲染器，或者 Modo 等软件中是很常见的，至于需要间隔多少帧，计算多大尺寸的光子或者 fgmap，都需要测试决定，或者依据场景中有无运动物体，以及摄像机移动的快慢来决定。

（5）检查场景中是否有放置错误、悬浮在天空、没和地面接触的物体。

（6）检查场景中是否有不需要渲染的图层没有进行关闭。

（7）检查场景中是否有距离场景很远，且没有删除干净的垃圾模型。

（8）对场景的组，Hypershade 中的材质球进行清理，并优化场景。最后拍屏、单帧渲染以确认没有问题。

（9）对动画进行一些单帧的抽查渲染，以确认没有问题。

（10）对场景进行分层，分 pass 处理，以便于后期调节。

（11）在渲染之前，检查最终渲染的摄像机是否选择正确。

（12）降低渲染精度和尺寸，进行隔帧或者是全部动画测试渲染，确认没有问题。

（13）检查是否带有 Alpha 通道。

（14）检查最终的图片格式是否设置正确。

（15）如果是网络渲染的话，需要确认网络正常连接，并检查 backburner 和 deadline 软件的参数设置。

（16）检查文件的动画输出格式，比如 frame padding 是多少位的，以及最终输出路径是否正确。

（17）设置最终的抗锯齿及运动模糊参数，进行最终渲染输出。

为了方便读者学习，随书附带的 DVD 光盘中包含本书所有案例的素材和源文件，案例视频教学文件可到 http://pan.baidu.com/s/1jGGPrD0 下载。

如果需要更多有关 Maya 渲染有关的资料，可以凭借本书相关的购买信息直接加 QQ：6330207，可以获得更多意象不到的学习资料，如上千个材质的 Maya 材质库、Maya 插件，还可以随时帮你解答学习中的问题；同时如果您是大学老师，我们随时为您免费定制教学 PPT 和相关资源包（教学大纲、习题与解答、上机操作与步骤提示和课后练习题等）。

本书由锁亚龙和郭春苗主编，同时参与本书编写和制作的人员还有李嘉豪、平燕波、许晓晨、许堃、许芃、刘飞、朱明明、徐志刚、周建春、黄阳辉、罗由、谭淑华、王冬梅、王雪梅、杨立、许喆、谭春、张宇恒、张雪成、谢飞、王美洋、刘润泽等。由于作者水平有限，加之创作时间仓促，本书不足之处在所难免，欢迎广大读者批评指正。我们的电子邮箱是 cgker8@126.com，也可登录网站 www.cgker.com 与我们进一步联系。

编　者

2015 年 5 月

目 录

玻璃的表现

　　玻璃及其类似的透明、折射材质一直是渲染领域中非常重要的内容，它被广泛用于生产制作中的各个环节，无论是电影、广告，还是游戏、动画，都少不了玻璃的表现。干净、漂亮的玻璃效果无疑会使作品锦上添花，令人印象深刻。

　　玻璃在外观上有几个通用特征：折射、透明、透明阴影、焦散，只要这些要素表达清楚了，制作真实可信的玻璃效果就没有太大的问题。注意，要制作较好的玻璃效果，环境的效果也不容忽视，很难想象在一间没有照明的黑暗屋子中能表现出什么美丽的玻璃效果。

　　对于mental ray来说，强大的光线追踪无疑是其王牌功能之一，这也是制作美丽玻璃效果的强大保障。

　　在Maya 2014之前，制作玻璃主要有dielectric 和 mia_material_x，在Maya 2014之后，mental ray已经将dielectric material淘汰，现在出于兼容性的原因，将这个shader保留在Legacy（老版本）目录之下，如下图所示。因此，将不再对这个shader做深入的研究，后面将使用mia_material_x进行玻璃的制作。

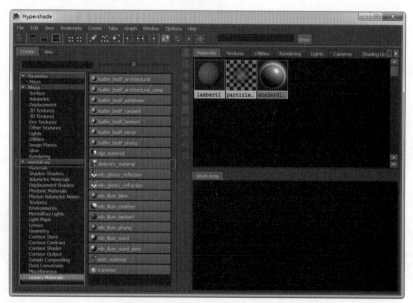

将使用mia_material_x进行玻璃的制作

　　mia_material_x提供了许多种类的玻璃材质，使用起来非常方便，如下图所示。

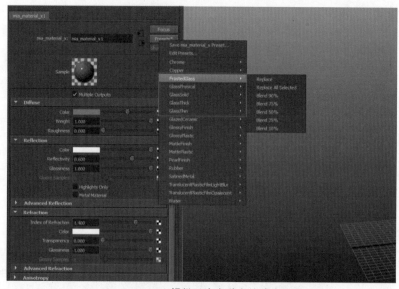

mia_material_x提供了许多种类的玻璃材质

其中：

- FrostedGlass代表磨砂玻璃，这种玻璃折射也是模糊的。
- GlassPhysical代表数值上物理真实的玻璃，是比较好的一种预设。
- GlassSolid代表玻璃块，实体玻璃。
- GlassThick代表厚玻璃，如啤酒瓶底，它与GlassSolid几乎没有区别，二者可以互换。
- GlassThin代表薄玻璃，如酒杯杯壁，它几乎没有折射。

1.1 无色透明玻璃

玻璃的种类有很多种，从物理上分，有平板玻璃、浮法玻璃、石英玻璃、钾玻璃、硼酸盐玻璃、彩虹玻璃等，不同的玻璃有不同的化学成分和折射率。我们身处CG行业，主要关注的是视觉表现，因此，不需要精通这些物理原理，我们只需要从外观质感上关注不同的表现方法即可。从艺术效果表现的角度来说，玻璃可以分为无色透明玻璃、无色磨砂玻璃、彩色透明玻璃、彩色磨砂玻璃。还有一些效果特殊的玻璃，如教堂的彩色玻璃，以及高楼的幕墙，高楼的幕墙从外观上说，与其说是玻璃，倒不如说是带有特殊效果的镜子（如具有菲涅尔效果）。从本节开始，将学习几种通用玻璃的制作。

下面将通过一个室内局部小场景来看看无色透明玻璃的制作方法，并在玻璃调试完成后为其加入焦散效果，最终得到的效果如下图所示。

最终完成的效果，注意其中酒杯的效果

玻璃的外观很大程度上取决于玻璃所处的环境，因为这样才能从玻璃的反射和折射中透出玻璃的质感，要得到美观的玻璃，就需要制作一个光线良好的环境。在这里提供了一

个预先制作好的室内场景，这个场景使用了线性流程（关于线性流程，请查看本书中其他章节的内容）进行制作。首先打开配套光盘中所提供的一个室内场景interior_begin.mb，这是Maya 2015所制作的版本。

从下图中，可以看到场景模型的一些情况，由于入口灯光及其他室内渲染技巧并不是我们本节所讲述的重点，因此对这个场景进行了简化。删除了摄像机不可见区域的墙体和天花板，并使用一个室内的HDR图像进行IBL照明，这样就能确保得到的仍然是室内灯光效果，所得到的照明及反射、折射依然是正确的。

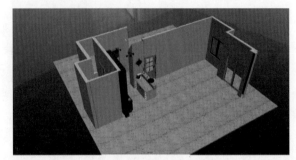

对配套光盘提供的室内场景进行了简化，并使用室内HDR进行IBL照明

旋转这个场景，观察一下HDR环境球，发现其中最亮的窗户部分正对着橱柜的台面部分，如下图所示。这样，几个具有高光反射的模型都能得到正确的照明，而且玻璃窗的外形还能投射在模型上面，形成良好的高光反射；在酒杯模型导入后，也能提升玻璃的质感表现。

IBL环境球上最亮的窗户正对着酒杯等物体

在全局渲染设置中，将渲染器切换为mental ray，并打开Final Gathering，对提供的场景进行渲染，发现最终渲染效果很黑，阴影过于强烈，如下图所示，这是使用线性流程的缘故。

Maya 2015大师课

材质、灯光与渲染

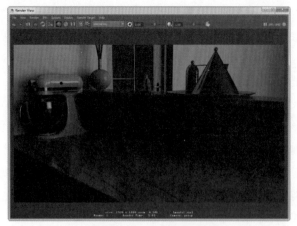

使用线性流程，场景显得过暗

现在使用Maya 2015中的一个新功能来查看渲染效果，在渲染视图将Gamma数值设置为2.0，注意，严格来说，应该将其设置为2.2，但是本案例所有模型的颜色都比较淡，设置为2.2，会使场景显得过于灰白，因此在这里将其设置为2.0。

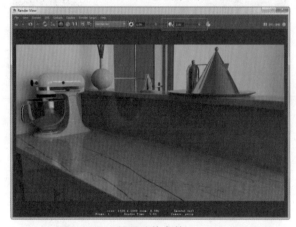

设置渲染参数

另外，需要注意的是，渲染窗口设置的只是显示数值，并不是图片最后的亮度，如果在渲染窗口中使用File > Save Image保存图片的话，保存在硬盘上的图片仍然是没有经过Gamma矫正的原始图片（RAW Image）。如果想要保存矫正过的图片，需要在摄像机上添加相应的lens exposure shader来实现，或者在Photoshop中使用曝光控制来处理，如下图所示。

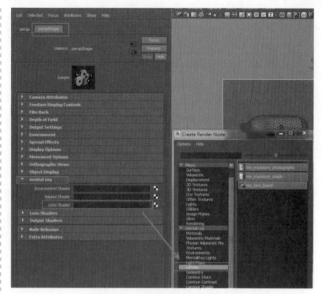

MentalRay的摄像机曝光控制

在Photoshop中使用曝光控制来处理没有经过Gamma矫正的原始图片（RAW Image）。

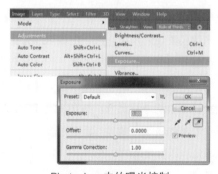

Photoshop中的曝光控制

最后得到如下图所示的效果，这将作为教学的环境。

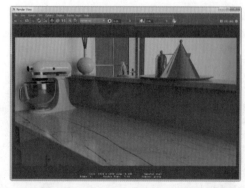

经过Gamma矫正的线性流程显示效果，这将作为教学的环境

现在就需要导入主角——玻璃酒杯，从配套光盘中导入Clear.fbx，打开outliner进行观察，导入的模型分成了两个组，如下图所示。

将这两个组分别命名为glass1和glass2，然后选择这两个组，按Ctrl+G组合键将其群组，并重命名为glass_Cup。

导入的模型有两个组

对模型组重新组织并重命名

在各个视图将模型进行正确对位，将其放置在正确的位置之上，如下图所示。

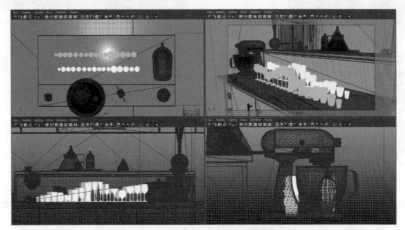

在四视图中对模型进行正确的位置摆放

选中酒杯模型，打开Window > Rendering Editor > Hypershader查看其材质，发现其材质是一个普通的phong，如下图所示。

查看材质

这个shader是在模型导出导入过程中，FBX插件自动赋予的，shader可以提供基本的照明效果，但是却不能得到高品质的材质效果，模糊反射、模糊折射等。如果需要获得较好的效果，就需要使用相应的mental ray材质，或者使用Phong材质球下相应的mental ray扩展，如下图所示。建议使用专门的Mental ray材质来进行制作。

MentalRay对Maya自带Phong材质的扩展

选中全部玻璃杯的组，然后单击鼠标右键为其指定mental ray材质，如下图所示。

为玻璃杯组指定MentalRay材质

在弹出的窗口中，找到mia_material_x，这样就为模型赋予了一个mental ray建筑材质，然后打开材质的属性编辑器，在材质的属性编辑器中找到Preset（带有*号的），从中选择GlassPhysical，这是一个符合物理真实参数的shader，其各项参数设置都基于真实的物理材质，使用它能得到较好的效果，如下图所示。

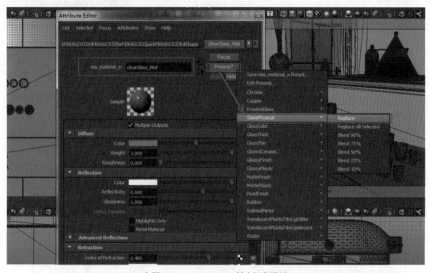

选择mia_material_x的材质预设

现在对场景进行渲染，得到如下图所示的效果。从图中可以观察到玻璃的质感得到了正确的表达，效果还是很好的，即便前排杯子中没有刻意表达和处理的清水质感也非常不错。注意，同样在视图中将Gamma设置为了2.0。

透明玻璃的渲染效果

下面将通过一张图片，对玻璃预设和标准mia_material_x的参数进行比较，将Diffuse参数组全部设置为0，反射设置为最强，将反射的最大深度加大以防止出现黑色区域，折射率设置为玻璃的1.5，使用最大深度。（关于最大深度，我们将在彩色玻璃一节中进行讲述）

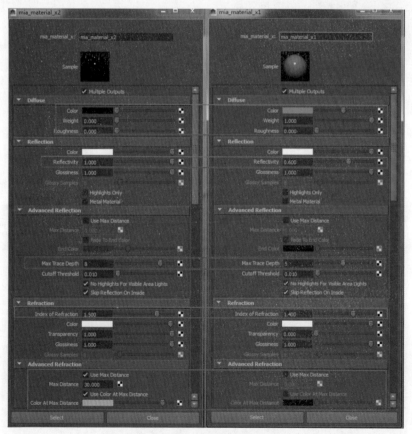

预设参数与材质默认参数的比较

最后需要补充的是，如果在渲染的过程中出现了黑色的区域，那么就需要检查全局渲染参数，确保使用成品级别的抗锯齿，以及有足够的光线追踪深度。

在全局渲染参数面板下，打开Quality面板，设置参数如下图所示。

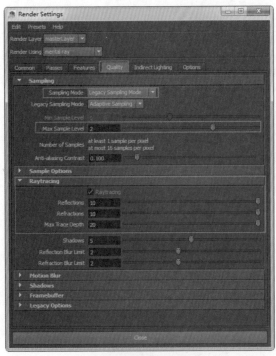

最终渲染的参数设置

1.1.1 为场景加入太阳光

观察上面的渲染结果，发现缺少了一些太阳光的感觉，即缺少了一些暖色调，场景显得过冷，而且若没有太阳光或其他光线直射的话，也不利于制作焦散效果，现在

就来模拟太阳光的效果。

从Maya菜单中选择Create > Lights > Area Light，创建一个面光源，按"T"键打开灯光的操作手柄，将灯光的注视点放置在玻璃酒杯上，然后将灯光的位置移动到如图所示的位置。灯光放置的位置主要参考依据是背景HDR图片的窗户位置。

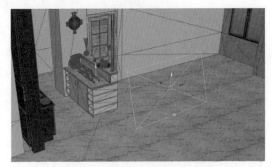

使用灯光操作手柄如图放置灯光

按Ctrl+A组合键展开灯光的属性编辑器，设置灯光的颜色为太阳光的浅黄色RGB（1，1，0.890），将其强度降低为0.2，这是因为上面的环境光强度已经差不多够了；取消对Emit Specular（发射高光）复选框的勾选，这样灯光就不会影响到物体上的反射高光，因为高光反射主要从HDR环境球上获得；打开灯光的Use Ray Trace Shadow（光线追踪阴影），并勾选Area Light卷展栏下的Use Light Shape复选框，主要使用mental ray的面光源来进行控制，它比Maya自己的面光源能提供更好的控制，如下图所示。

设置面光源的参数

在上面的参数设置好后，进行渲染，现在就得到了相对较为满意的色彩平衡。因为后面需要添加焦散效果，它也会对场景的亮度有一定程度的提升，所以在这里没有将太阳光打的很强，最终得到的效果如下图所示。

加了太阳光后的最终渲染效果

1.1.2 焦散的制作

对于玻璃来说，焦散是一项必不可少的因素，缺少它，效果就会显得很不真实，mental ray的焦散效果还是非常好的，它以速度快、控制力强、精确、细节丰富而著称，如下图所示。

细节丰富的焦散效果

在mental ray中，焦散要比透明阴影级别更高，同时也要耗费更长的渲染时间，它和全局照明类似，需要向场景中发射焦散光子从而产生焦点光斑。

现在我们就来为场景添加焦散效果，要得到焦散效果，必须通过以下3个步骤：

（1）在渲染全局设置中打开焦散开关。

（2）为场景添加光源，并使得光源能够发射光子。

（3）光子能量要足够强，使其能在反射、折射中具有足够的能量，才能形成美丽的焦散效果。

当然，以上只是形成焦散光斑的充分条件，如果需要形成细节丰富的光斑图案，还需要有足够数量的光子，并且模型上要有较多的细节等。这无疑需要更长的渲染时间。

现在就根据上面的步骤来进行制作。

首先打开全局渲染参数对话框，在Indirect Lighting面板下的Caustics卷展栏中勾选Caustics复选框，如下图所示。

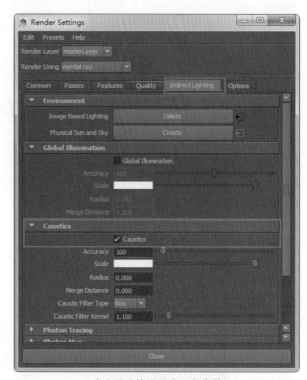

在全局渲染设置中开启焦散

现在需要创建一盏能发射焦散光子的聚光灯，从理论上说，只要是能发射焦散光子的灯光都可以，但是像点光源、平行光等，由于其物理特性，可能浪费大量的光子，而聚光灯却能在某个方向上集中使用光子，提高效率。因此，聚光灯是我们发射焦散光子的首选灯光。

执行菜单Create > Lights > Spot Light，创建一盏聚光灯，并对其适当缩放，如下图所示。

创建一盏发射焦散光子的聚光灯

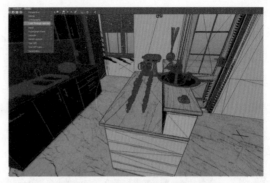

从灯光视角调整聚光灯的位置和角度

从视图菜单中选择panel > Look through Selected，这样就能从灯光视角观察场景，尽量使聚光灯和面光源方向一致，并使聚光灯能覆盖到所有玻璃杯，如下图所示。

聚光灯最后的位置、角度参考数值：translateX、translateY、TranslateZ分别为（-163.778，151.444，-154.696）；RotateX、RotateY、RotateZ分别为（-31.2，-77.2，0）；ScaleX、ScaleY、ScaleZ分别为（28.154，28.154，28.154），如下图所示。

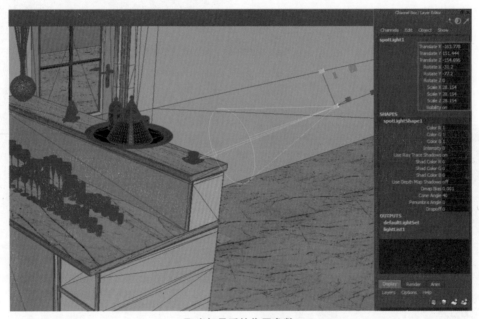

聚光灯最后的位置参数

对聚光灯的参数进行调整：灯光强度（Intensity）设置为0，在mental ray——Caustic and Global Illumination卷展栏下勾选Emit Photon复选框。

需要确保焦散光子具有足够的能量穿透玻璃物体（折射焦散），或者在多个物体之间进行反射（反射焦散）。设置光子颜色为Photon Color，R、G、B分别为（1，1，0.884），这里的颜色仍然是上面面光源的颜色，确保焦散是由阳光产生的。

- 光子强度（Photon Intensity）为4000000。光子强度越大，光子走的距离越远，焦散越亮。
- 光子衰减（Exponent）为0，默认数值是2，衰减数值越大，光子的强度损失越快，走的距离越短，后面的焦散越黯淡。
- 焦散光子数量（Caustic Photon）为10000000，光子数量越多，最终得到的效果就越细腻，场景发射光子的时间就越长，渲染时间就越慢。

最终焦散的亮度和光子强度、光子数量成正比，和衰减成反比。最终参数设置如下图所示。

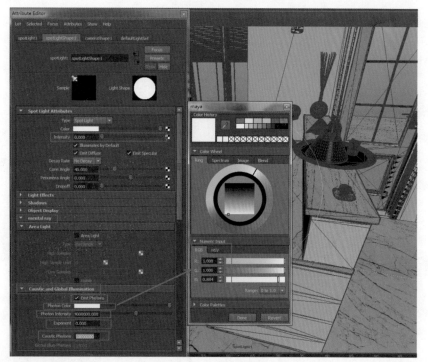

最终光子参数设置

选中摄像机进行渲染，渲染出了焦散效果，如下图所示。

最终渲染出了焦散效果

有了焦散，场景明显真实许多，场景亮度也有所提高，而且mental ray渲染出的焦散细节也很多，特别是左边的玻璃杯折射出的光斑。值得注意的是，不但玻璃杯脚下产生了焦散光斑（折射焦散），左边的白色墙面上、绿色的台面上也有亮的焦散光斑，这是因为场景中存在着许多高反射的物体，由于它们的反射所形成的反射焦散。

从渲染结果中也暴露出了一些问题：

（1）焦散光子能量过高，焦散光斑过亮，特别是右下角区域。

（2）噪点较多，特别是左边靠墙的白色家电的底座部分。

对于光斑过亮的问题，通过降低光子强度来实现，把光子强度（Photon Intensity）降低为800000。

对于噪点较多的问题，需要在全局渲染参数中提高焦散的精度，在这里默认数值是100，将其提高到1000，如下图所示。

在全局渲染设置中，提高焦散的渲染质量

对场景进行渲染，现在就得到了较为满意的效果，如下图所示。

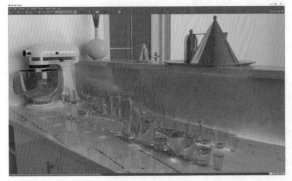

最终渲染效果

1.2 彩色透明玻璃

在本节中，将通过一个例子来学习mental ray中透明彩色玻璃的制作方法。在mental ray中，制作透明彩色玻璃是比较简单的，最后得到的效果也比较不错。在这一节，将沿用前面的室内环境来提供基本的照明、反射和折射，最后得到的效果如下图所示。注意，得到的焦散也是和玻璃相同的彩色。

最终渲染效果样例

首先打开前一节最终的工程文件，然后将两排玻璃杯模型进行删除，这样就保留了基本的环境和焦散设置。再

通过文件菜单导入所需要的模型文件color_Glass.fbx，这个模型文件包括两个彩色的透明花瓶，其中一个花瓶中还包含一束花的模型，这样方便我们查看玻璃的折射效果，如下图所示。

导入模型

将模型放置到如下图所示的位置，可在4个视图中同时调整位置。

摆放模型

打开材质编辑器，观察模型上的材质，发现模型的材质是普通的Phong材质，用前面所讲述的方法分别为花瓣、花茎赋予两个mia_material_x，并指定正确的贴图，最后将反射的光泽程度Glossiness调节为0.50，这样就完成了鲜花的基本材质。鲜花和茎的贴图文件都可以在配套光盘的Glass文件夹中找到，两张贴图的文件名分别为：mpm_vol.08_p23_flower_diff.jpg和mpm_vol.08_p23_stem_diff.jpg，最终的材质连接和材质参数如下图所示。

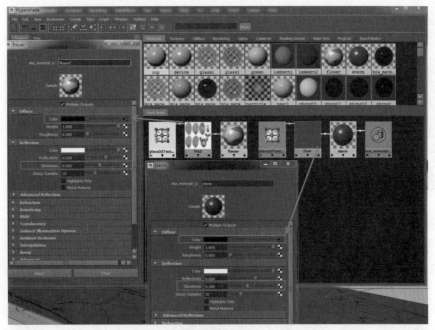

鲜花的材质调节

现在来制作玻璃的材质，分别选中两个玻璃花瓶，为其赋予mia_material_x材质。和上一节类似，在材质的预设面板中选择GlassPhysical预设，如下图所示。

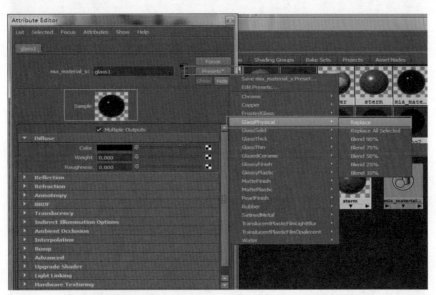

为花瓶模型指定mia_material_x材质并选择GlassPhysical预设

对场景进行渲染，得到的效果如下图所示。

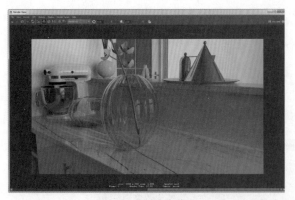

预设材质的渲染效果

这时的场景显示的是透明玻璃效果，和上一节相同，它没有任何彩色玻璃的效果。

在MentalRay中，彩色玻璃的效果是通过高级折射

数组下面的Max Distance（最大距离）来实现的，它的基本的原理是：光线穿过玻璃进行折射，并且损失了能量，当达到某个最大距离的时候，就会变成这个最大距离上所指定的颜色，在某些软件中（如Maxwell），将其称为"半衰数值"。这些软件的算法稍有不同，它们的计算方法是：在达到某个距离的时候，光线的能量衰减了一半。无论如何，其原理都是类似的，可以想象，最大距离数值越小，光线能量的衰减就越快，玻璃的颜色就会越深。

下面就通过实例来学习这个参数。

展开玻璃材质的属性编辑器，在Advanced Refraction卷展栏中，发现材质预设已经勾选了Use Max Distance（使用最大距离）复选框，并且Color At Max Distance（最大距离上的颜色）参数被设置为了浅蓝色，如下图所示。

预设材质渲染效果以及材质的属性

为什么渲染的时候看不到蓝色的效果呢？这是因为最大距离设置过大的原因，将最大距离从默认的30.0降低到1.0进行渲染，现在我们就得到了蓝色的玻璃效果，如下图所示。

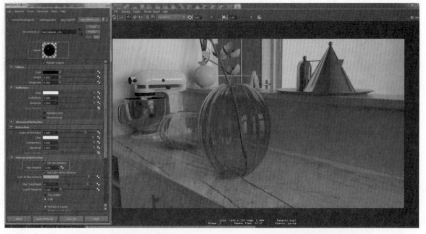

减小最大距离（Max Distance）参数，出现了蓝色玻璃效果

现在分别为两个玻璃花瓶指定颜色：

- 左边的花瓶：Max Distance-0.3，Color At Max Distance-RGB（0.667，0.576，0.753）。
- 右边的花瓶：MaxDistance-0.5，Color At Max Distance-RGB（0.686，0.4，0.627）。

对摄像机视图进行渲染，如下图所示。

最终渲染效果

如果觉得焦散过强，可以降低焦散光子的强度，渲染效果如下图所示。

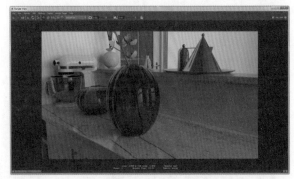

降低焦散光子的强度

下面附上不同数值的最大距离参数渲染效果，当然，这取决于读者自己的场景大小。

Max Distance为5.0的渲染效果

Max Distance为0.5的渲染效果

Max Distance 为0.1的渲染效果

1.3　彩色磨砂玻璃

本节将学习如何制作磨砂玻璃的效果。磨砂玻璃的基本特征是通过对玻璃外表面的打磨，改变玻璃的光学属性，这样就在反射上、折射上产生模糊的效果。这里将沿用上一节的模型，只要对上一节的模型进行几个简单的参数修改，就能得到很真实的磨砂玻璃效果，最后完成的效果如下图所示。

最终渲染效果

首先打开上一节的场景模型，然后选中玻璃花瓶模型，展开其属性编辑器，在折射（Refraction）卷展栏中，

将折射的模糊程度（Glossiness）参数从默认的1.0降低为0.50，这样就能得到基本的磨砂玻璃效果。

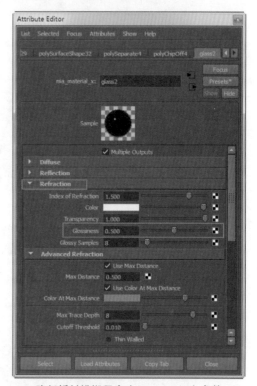

降低折射模糊程度（Glossiness）参数

选中摄像机并对场景进行渲染，最后得到的效果如下图所示。

对折射进行模糊

对反射进行模糊

从图中可以看到，对比左边的玻璃花瓶，得到了折射上的模糊效果，而且由于模糊，光子的能量损失就更大了，地面上的光子消失不见了。另外，显得不真实的一点就是：玻璃外表面上，窗户的反射清晰可见，这样得到的结果好像是玻璃只在内表面进行了磨砂打磨，而外表面却仍然是光滑的。因此，需要进一步降低反射的光泽程度，同样在属性编辑器中打开反射（Refraction）卷展栏，将反射的光泽程度（Glossiness）从默认的1.0降低为0.50。

选中摄像机并对场景进行渲染，最后得到的效果如下图所示。

现在得到了模糊的反射效果，结果自然了很多，但是反射依然很清晰，将反射的光泽程度（Glossiness）进一步降低为0.350，并且加大焦散光子的强度，重新渲染，得到最终的渲染结果，如下图所示。

对反射进行进一步模糊的最终效果

第2章 Chapter 02

编织物的表现

2.1 天鹅绒

由于在室内表现、角色制作、场景制作等许多应用领域都经常会出现使用布料的场合，因此在这一章，将讲解几种编织物的制作技法，会学习到如何使用mental ray中的shader组合来创建令人信服的织物效果。

在第一节中，将学习天鹅绒材质的制作方法；在第二节，将学习丝绸材质的制作，由于这两节都使用窗帘模型来进行讲解，因此，将共用一个室内场景来进行学习。由于室内场景的材质较多，并且大部分都使用mental ray的预设材质，所以在本节中，将不讲述室内模型材质部分的内容，如果读者感兴趣，可以参考本书中其他章节的内容。在这一节仅仅讲述室内灯光的基本调节方法，由于窗帘模型处于室内环境中，需要和室内灯光相互配合才能产生好的效果，因此这里仅仅讲述室内场景的灯光部分，而忽略材质部分。

最终得到的效果如下图所示。

最终效果

2.1.1 场景检查

首先打开配套光盘所提供的场景文件01_velvet_start.mb，看到场景中仅仅只有一个窗帘模型，如下图所示。

打开场景文件

在进一步制作之前，需要打开Hypershade来检查一下场景中的材质，看到场景中现在仅仅只有几个phong材质，如下图所示。

在Hypershade中检查场景材质

打开outliner来观察一下模型的结构，看到现在场景中模型的结构非常简洁，没有多余的垃圾节点，如下图所示。

在outliner中检查场景结构

现在对场景进行检查渲染，发现渲染没有任何问题，如下图所示。打开文件之前，一般应该对场景进行检查性的渲染，提前发现问题并解决。由于各种场景可能会使用不同的方法和软件来制作，因此很多新导入的场景都可能会存在一些潜在的隐患，随着制作过程的推进，场景复杂度以及渲染时间不段增加，要修复这些问题的成本也会越来越高，因此提前发现问题并解决是一个很重要的原则，希望读者在以后的制作中多加注意。

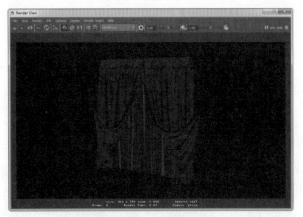

对场景进行检查性的渲染

2.1.2 初始灯光设置

首先打开全局渲染设置窗口，通常场景的默认灯光只是为提供基本的照明效果，它能让我们看清楚模型的结构，但在最终渲染的时候，默认灯光的副作用较大，需要将其关闭。在Common面板下，展开Render Options卷展栏，取消对Enable Default Light复选框的勾选，这样就关闭了场景中的默认灯光，如下图所示。

关闭场景中的默认灯光

切换到Indirect Lighting面板，展开Final Gathering卷展栏，勾选Final Gathering复选框，一般来说，现在的制作很少有不使用间接照明的，而Final Gathering也是mental ray中非常强大的一个功能，因此在每次的场景设置中，打开Final Gathering几乎也是一个"固定的步骤"。我们继续展开 Enviroment卷展栏，并单击Image Based Lighting旁

边的Create按钮，如下图所示。

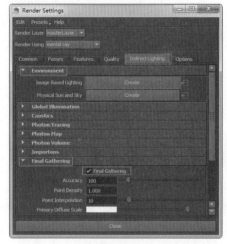

使用间接照明

在弹出的mentalrayIblShape1节点属性编辑器中，选择一张配套光盘所提供的HDR图片，使用这张图片来进行测试照明，以调节材质参数，如下图所示。在材质调节完成后，再删除这张HDR照明图片，并使用室内场景的灯光。

选择一张HDR图片来进行测试照明

在灯光设置完成后，还需要启用颜色管理，这将会让我们后面的结果变得正确，并且使调节变得容易。在全局渲染设置窗口中，展开Color Management卷展栏，勾选下面的Enable Color Management复选框，并确保Default Input Profile参数被设置为sRGB，Default Output Profile参数被设置为Linear sRGB，如下图所示。

启用颜色管理

为了得到正确的结果，还需要设置渲染窗口的颜色管理，在渲染窗口中执行菜单Display > Color Management，打开默认视图的颜色管理节点，在其中将Image Color Profile设置为Linear sRGB，Display Color Profile参数设置为sRGB，如下图所示。

设置渲染视图的颜色管理节点

现在对场景进行渲染，得到了正确的灯光效果，如下图所示。

正确的灯光效果

2.1.3 窗帘材质设置

由于默认的phong材质并不能得到非常好的效果，因此需要为窗帘模型指定一个新的mia_material_x材质，如下图所示。

为窗帘模型指定mia_material_x材质

对每一个合适的窗帘模型都指定这个mia_material_x材质，得到的结果如下图所示。从图中可以看到，现在的模型有很多地方是漆黑的，这是由于在Maya 2015中，模型的双面灯光显示默认是关闭的，因此才会出现模型漆黑的情况。

模型的法线问题造成很多地方是漆黑的

解决的方法有两种：首先使用第一种方法，将软件切换到Polygon卷展栏，并顺序单击Normals菜单下的Set to Face和Reverse，反转法线。

从视图的显示上我们看到，模型的法线方向已经正确了，但是模型上也出现了明显的块状效果，这是执行Set to Face命令后的结果，如下图所示。

模型上也出现了明显的块状效果

同样执行Normals菜单下的Soften Edge命令，将会对法线的方向进行圆滑。

对于面数较高的模型来说，执行这些操作会极大地拖慢系统的速度，因此应该在命令执行完成后对操作历史进行及时删除，删除操作历史应该执行菜单Edit > Delete by Type > History。

另一种解决办法是，打开场景的双面灯光。执行视图菜单Lighting > Two Sided Lighting，如下图所示。

打开场景的双面灯光

经过上面的操作后，我们就得到了正确的场景显示，如下图所示。

正确的视图显示

现在就来设置窗帘的材质，打开窗帘的mia_material_

x，将Diffuse－color参数设置为之前的Phong材质的漫反射颜色，将Reflection－Reflectivity、Glossiness分别设置为0.600，如下图所示。

设置窗帘的材质

现在对场景进行渲染，从场景的渲染结果上看，发现仅仅改变材质的反射模糊程度很难达到我们想要的效果，如下图所示。

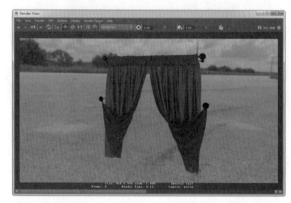

仅仅改变材质的反射模糊程度很难达到我们想要的效果

因为毛绒在光线下的原因，这种材质的特点是在产生褶皱的地方，会产生较强的高光，而在平坦的地方则会产生毛绒的感觉。下面就来模拟这种效果，首先通过两张图片来看一下效果，这样在制作之前就能有一个直观的感受，如下图所示。

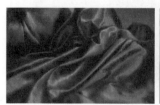

天鹅绒效果1

天鹅绒效果2

在本节的例子中，模拟天鹅绒材质的关键在于Blend Colors Shdaer，这个shader可以按比例将两个颜色进行混合，我们将把这个shader连接到材质的颜色上，如下图所示。单击mia_material_x材质的Diffuse－Color旁边的棋盘格按钮，然后从弹出的窗口中选择Blend Colors。请注意，需要确保选中的是Maya－Utilities目录，这样才能看得到这个shader。

为mia_material_x的颜色指定Blend Colors Shdaer

从打开的Blend Colors shader属性编辑器中，看到这个shader的参数有3个，分别是Color1、Color2及Blender，如下图所示。它的原理是通过Blender参数，均匀地对Color1和Color2颜色进行混合，经常的做法就是对Blender参数连接相应的节点，建立规则，这样我们就能控制Color1和Color2颜色出现的范围了，默认是把Color1和Color2参数进行均匀混合，这样就会产生一种紫色。

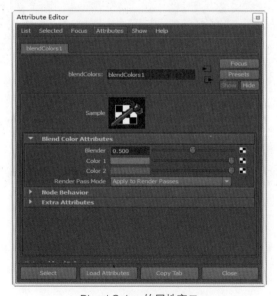

Blend Colors的属性窗口

根据上面的分析，在视图中的窗帘材质出现了紫色。

视图中的窗帘材质出现了紫色

现在保持Blender参数为默认的0.500不变，分别对Color1和Color2参数进行shader连接。以Color1参数为例，单击Color1参数旁边的棋盘格按钮，从弹出的窗口中选择mia_material_x，对Color参数也做相同的处理，如下图所示。

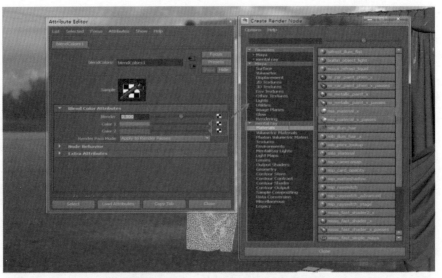

对Blend Colors shader的颜色进行材质连接

在上面建立shader连接后将会弹出属性连接编辑器，在左边单击mia_material_x的result属性，在右边单击blendColor1节点的Color1属性，这样两个节点的属性就建立了连接，建立连接后，属性的字体将显示为斜体字，如下图所示。

坦处的丝绒感觉，因此需要将其设置为一个较深的颜色，并将材质的反射率降低。

连接mia_material_x和blendColor

下面将Color1上连接的mia_material_x材质重命名为front_Mat，并更改下面的材质参数：单击Diffuse－Color参数的色块，从弹出的取色器窗口中设置颜色为HSV＝（312.500，0.471，0.200）；将Reflection卷展栏下的Reflectivity参数设置为0.068，Glossiness参数设置为0.230，如下图所示，将使用这层材质来制作天鹅绒材质平

设置Color1参数

现在将Color2上连接的mia_material_x材质重命名为back_Mat，将Diffuse－Color颜色设置为RGB＝（118，106，115），这是一个饱和度非常低的紫色；展开Reflection卷展栏，其中的Reflectivity参数设置为1.000，将Glossiness参数设置为0.637，将使用这一层材质来模拟褶皱处的高光，如下图所示。

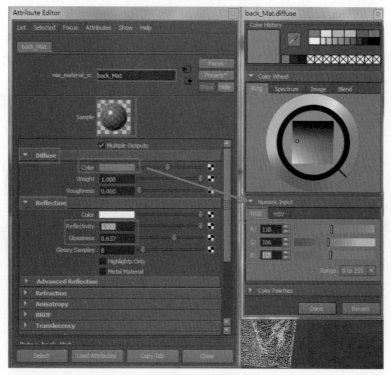

设置Color2参数

现在返回Blend Color节点，单击Blender参数旁边的棋盘格按钮，从弹出的窗口中单击Maya－Utilities目录，并从中选择Sampler Info，这是一个实用程序shader，可以从中获得曲面的各种信息，如下图所示。

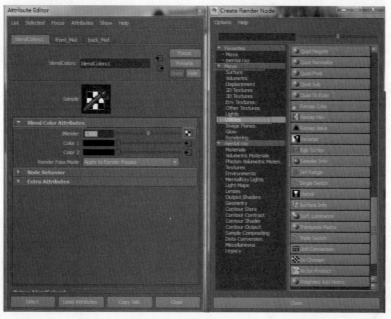

为Blend Color连接Sampler Info

单击连接以后就会弹出连接编辑器，从中选择左边的samplerInfo1节点的facingRatio属性，再单击右边blendColor1节点的blender参数，这将会在两个节点的两个属性之间建立连接，Sampler Info节点的facing ratio属性可以获取视角信息，类似于菲涅耳现象，它可以获取到视角到底是面向摄像机还是垂直于摄像机，如下图所示。

连接Blend Color和Sampler Info

现在打开Node Editor，在其中查看窗帘材质的shader连接，如下图所示。

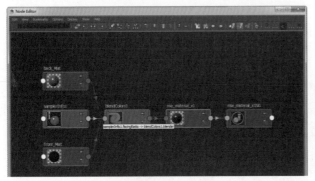

窗帘材质的shader连接

回到视图，看到模型上已经出现了一些天鹅绒的感觉，Maya 2015的Viewport 2.0经历了4代发展（从Maya 2011开始引入），期间不断增加兼容性和修正bug，现在已经能够比较好地预览材质效果了，虽然它和最终效果有一定的偏差，但还是可以用它来辅助预览，如下图所示。

在视图中看到模型上已经出现了一些天鹅绒的感觉

现在对场景进行渲染，从渲染效果上看，当前渲染效果较暗，但是这种暗并不像材质上的暗，也并不像线性流程的暗，因此需要对其进行补光照明，如下图所示。

当前渲染效果较暗

执行菜单 Create > Lights > Area Light。

创建了面光源后，需要对其进行大小、位置和方向的调整，必要的时候，可以按 "T" 键来操纵灯光，直到将灯光调整的如下图所示。

调整灯光位置和方向

在这里给出灯光的最终变换参数数值，TranslateX、Y、Z（320.183、341.43、269.713），RotateX、Y、Z（-20.25、49.371、0），ScaleX、Y、Z（233.725、233.725、233.725），如下图所示，这仅仅只是参考数值，读者也可以自己进行更改。

灯光的最终变换参数数值

灯光创建完成后，需要更改一下灯光的颜色，展开灯光的属性编辑器，单击Color旁边的色块，从弹出的取色器材中设置颜色HSV（60.000，0.110，1.000），如下图所示。

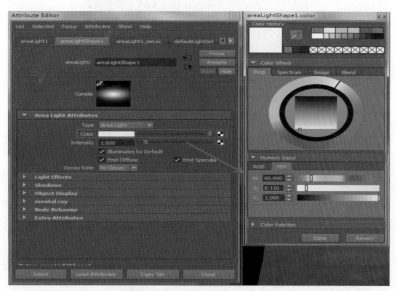

更改灯光颜色

重新对场景进行渲染，从渲染结果上看，现在的窗帘模型已经明亮了许多，并且能看得清楚材质效果，如下图所示。

仔细观察渲染效果，在箭头所指的褶皱等区域已经能够看出天鹅绒的材质效果，如下图所示。

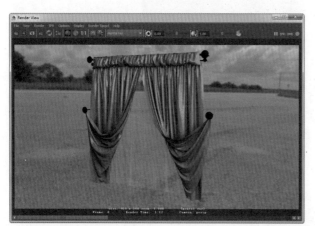

现在已经能看得清楚材质效果

褶皱区域已经能够看出天鹅绒的材质效果

从渲染效果上看，当前渲染效果也并不是完美无缺的，现在的材质质感表现的太"油亮"了，但对于这种问题，几乎没有参数可以控制，这就说明Blender Color Shader设计得有缺陷，需要改进。

现在继续打开Blend Colors节点的属性编辑器，在Blender参数上单击鼠标右键，并从弹出的快捷菜单中选择Break Connection，这就将之前和Sampler Info节点建立的连接打断了，如下图所示。

打断Blender参数连接

仍然单击Blender属性右边的棋盘格按钮，从弹出的窗口中选择2D Textures目录下的Ramp，如下图所示。

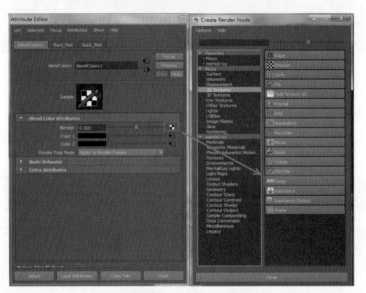

为Blender属性连接Ramp Shader

打开Ramp shader属性编辑器，准备使用黑白渐变条来控制天鹅绒材质上毛绒区域和高光区域的比例，如下图所示。

使用黑白渐变条来控制天鹅绒材质上毛绒区域和高光区域的比例

执行菜单Window > Node Editor，打开节点编辑器窗口，按 "Tab" 键打开节点的创建输入框，在输入框中输入samp等字样，这将会过滤出Sampler Info节点，选中它并按 "Tab" 键结束创建，产生一个Sampler Info节点，如下图所示。

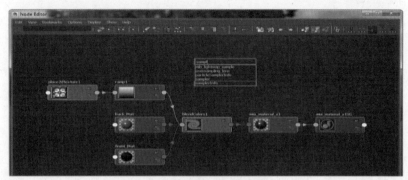

创建一个Sampler Info节点

按住鼠标中键，将这个Sampler Info节点拖拽到ramp节点上并释放鼠标，弹出一个菜单，从中选择Uv Coord > Uv Coord，如下图所示。

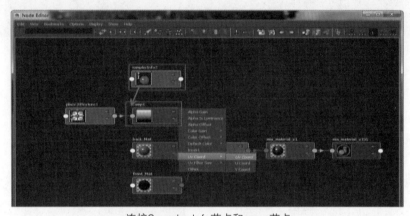

连接Sampler Info节点和ramp节点

弹出连接编辑器，单击左边samplerInfo2节点下的facingRatio属性，再分别单击右边的ramp1节点uCoord和vCoord，分别将左边和右边进行一一对应连接，连接后的文字字体将变成斜体字，如下图所示。

属性连接

打开Node Editor来查看窗帘的材质连接，现在的shader网络连接如下图所示。

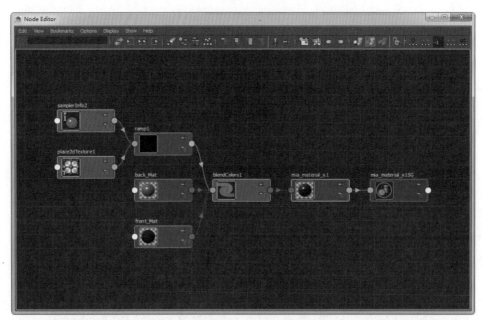

查看窗帘的材质连接

针对刚才高光过强的问题，现在就来调节ramp贴图，使之达到我们想要的效果。首先单击ramp贴图上黑色的点，然后设置其Selected Position参数值为0.565，如下图所示。

再单击ramp贴图上白色的点，然后设置其Selected Position参数值为0.875，如下图所示。

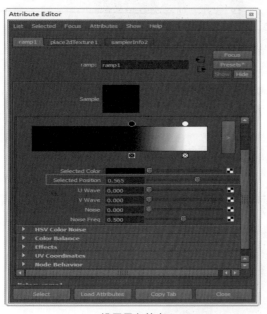

设置黑色的点

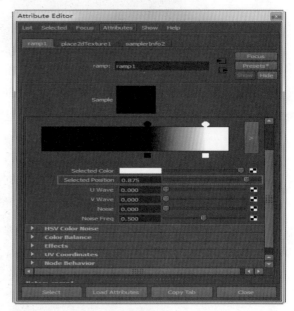

设置白色的点

高光过强也可能是材质反射过强的原因，打开mia_material_x的属性编辑器，展开Refelction卷展栏，并单击其下Color参数旁边的色块，从弹出的取色器窗口中设置其颜色为HSV =（0.000，0.000，0.067），如下图所示。

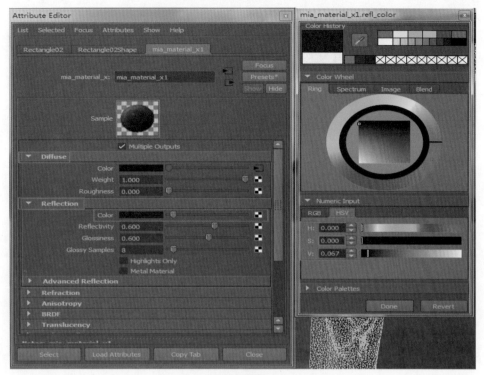

降低反射

现在从视图上也看到了天鹅绒的效果，如下图所示。

从视图上也看到了天鹅绒的效果

为了确保最终效果的正确，需要打开模型的属性编辑器，在相应的模型shape节点下，展开Render Stats卷展栏，并勾选其中的Double Sided复选框。

为了达到真实的效果，需要为材添加凹凸效果，展开材质的Bump卷展栏，并单击Standard Bump旁边的棋盘格按钮，从弹出的窗口中选择File节点，如下图所示。

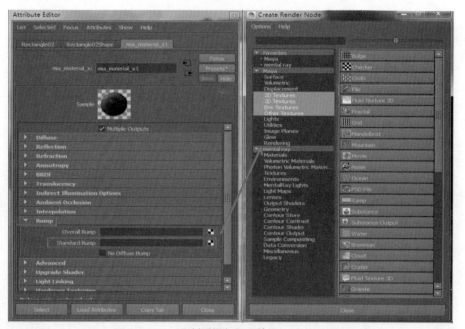

为材质添加凹凸效果

由于是在Standard Bump上建立材质连接，因此会跳出bump2d1节点的属性编辑器，将其Bump Depth参数值修改为0.150，如下图所示。

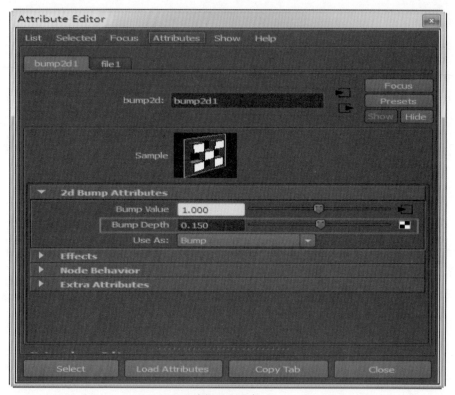

降低凹凸强度

在文件贴图的属性编辑器中，选择一张配套光盘所提供的贴图文件，但是现在从视图预览中可以看到凹凸纹理太大了，如下图所示。

现在的凹凸纹理太大了

为了得到合适的凹凸纹理效果，需要修改贴图的重复度，展开材质的place2dTexture2节点，并将其中的RepeatUV参数分别修改为30.000，30.000，如下图所示。

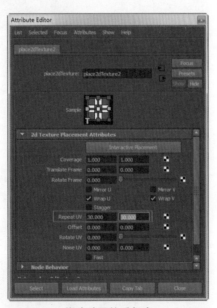

修改贴图的重复度

到此为止，窗帘材质就基本上调节完成了，在后面的操作过程中，可能会依据效果展现对材质进行微调，但材质大的方面已经调节完成。打开Node Editor，查看现在的材质连接，如下图所示。

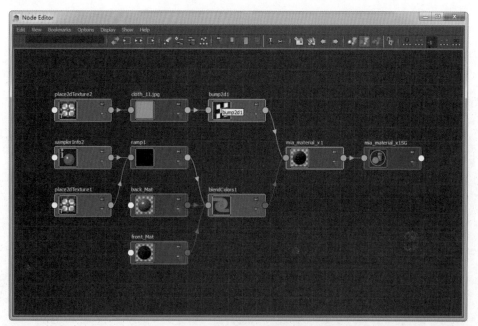

现在窗帘材质的连接

现在就来制作纱窗材质，首先选中纱窗模型，然后为其指定一个mia_material_x材质。

打开纱窗材质的属性编辑器，将Diffuse－Color设置为一个偏白的颜色；Reflection－Glossiness参数设置为0.580，Refraction－Transparency参数设置为0.684，如右图所示。

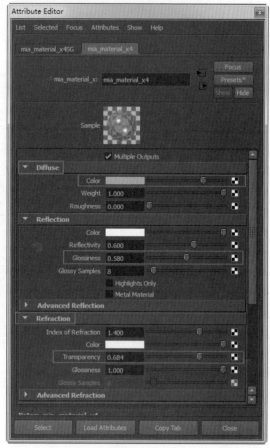

调整纱窗材质

对于Reflection-Color参数，则需要单击Color参数右边的棋盘格按钮，然后从弹出的窗口中选择Blend Colors节点，如下图所示。

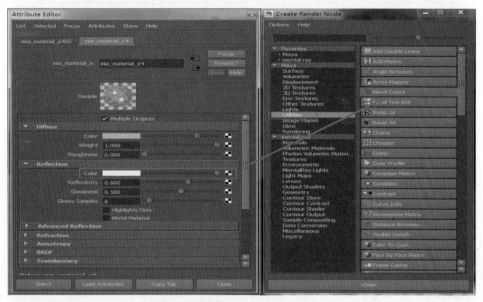

为反射颜色连接Blend Colors节点

首先将Color1参数设置为一个深灰色的颜色，然后将Color2颜色设置为RGB（161，159，190），这是一个饱和度非常低的紫色，而Blender属性同样和Sampler Info节点的facingRatio属性相连，如下图所示。

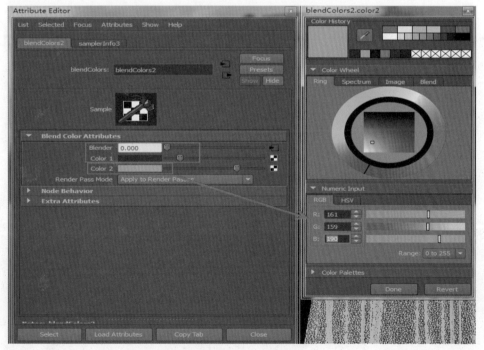

设置Blend Colors节点

现在对场景进行渲染，此时得到的天鹅绒材质就比较正确了，但现在存在的问题是颜色比较"淡"，即饱和度非常低，与我们设置的基本颜色不太一样，这是由于使用了线性流程的原因，需要对其进行Gamma矫正，如下图所示。

现在颜色的饱和度非常低

　　Gamma矫正需要分别针对颜色和贴图进行，一般来说，Gamma矫正需要应用在颜色贴图上，但是置换贴图却不需要进行Gamma矫正，如果进行Gamma矫正的话，会出现渲染的错误。这里举例来说明如何对参数进行Gamma矫正，首先断开Diffuse－Color的参数连接，单击参数旁边的棋盘格按钮，从弹出的窗口中打开Maya－Utilities目录，从中找到Gamma Correct节点，如下图所示。

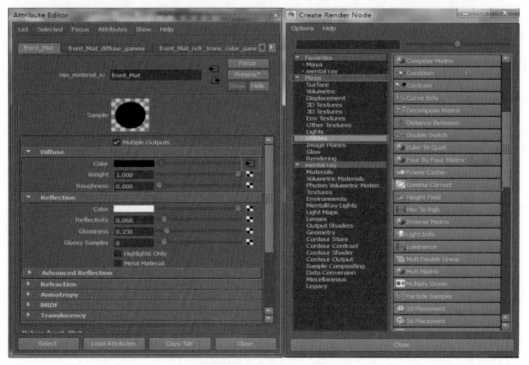

在颜色贴图上进行Gamma矫正

　　对mia_material_x1材质进行Gamma矫正后的材质shader网络如下图所示。

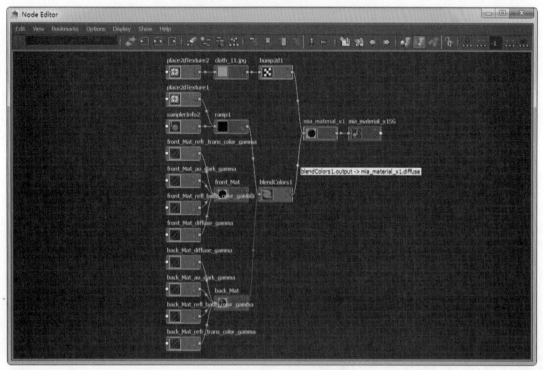

Gamma矫正后的材质shader网络

mia_material_x1材质嵌套封装了许多shader，现在就举例来说明对front_Mat的漫反射颜色进行Gamma矫正的方法，其他的shader类似进行设置即可。首先把Value设置为之前的紫色，再把下面的3个Gamma分量都设置为0.454（1/2.2），如下图所示。

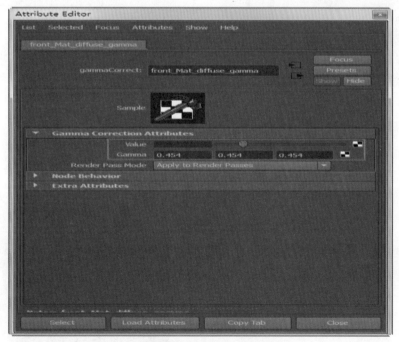

设置Gamma Correct节点

打开Node Editor查看Gamma矫正后，front_Mat的材质连接如下图所示。

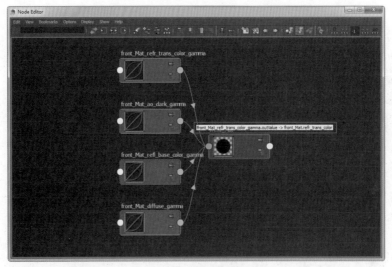

front_Mat的材质网络

现在对场景进行渲染，可以看到窗帘材质的颜色就基本正确了，如下图所示。

材质效果

2.1.4 整合到场景中

虽然窗帘的材质基本正确了，但还是存在一些缺陷，因为我们将要把窗帘模型放到一个室内环境中，并且室内环境的灯光和刚才使用的HDR图片照明完全不同（室内照明使用的是灯光，它并没有使用HDR照明），因此在这里就不再调整窗帘模型的材质，对窗帘模型材质的后续调整都将放置到室内环境中来进行。

另外，室内材质表现并不是重点，且室内材质大多使用的是mia_material_x材质预设，整体比较雷同，因此在本节将不再讲述如何进行室内材质调节，只简单讲述如何调整室内灯光，这是因为灯光材质是相互作用的，并且室内灯光也是比较重要的。

首先打开这个室内场景interior.mb，并观察一下它的渲染效果，从效果上看，这是一个欧式的室内环境，其模型较多，细节丰富，配合欧式窗帘再合适不过了，如下图所示。

预先设置好的室内场景

2.1.5 场景灯光

打开场景后，首先看一下场景的灯光，场景的主要照明是由窗口处的面光源来提供的，为了得到充足的光线效果，需要为这个面光源使用mental ray的入口灯光，灯光的位置、大小需要参考窗口模型，如下图所示。

场景的主要照明是由窗口处的面光源来提供的

现在就来修改一下灯光的属性。首先选中面光源，然后打开其属性编辑器，设置Intensity为0.100，Decay Rate为Quadratic；展开mental ray－Area Light卷展栏，勾选Use Light Shape复选框；展开Custom Shader卷展栏，单击Light Shader旁边的棋盘格按钮，从打开的窗口中选择一个mia_portal_light shader，在mia_portal_light 的属性编辑器中，将Intensity Multiplier参数设置为30.000，如下图所示。

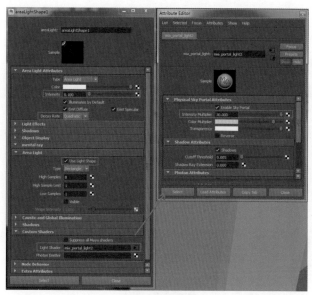

修改灯光的属性

现在再看一下场景中，凡是有人工光源的地方都有一盏球形光源，如下图所示。

场景中凡是有人工光源的地方都有一盏球形光源

上面的球形光源其实是一盏mental ray的面光源，只不过其形态设置为球形而已，现在就来看一下两个台灯模型上的面光源参数设置。首先展开mental ray－Area Light卷展栏，将Type设置为Sphere；同样展开Custom Shader卷展

栏，为Light Shader连接一个physical_light shader，这是一个物理灯光shader，其衰减等属性完全遵循物理法则，如下图所示。

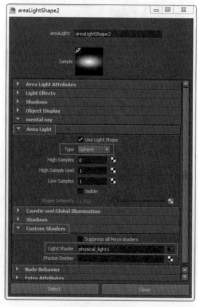

设置灯光参数

在physical_light shader的Color属性上连接一个mib_blackbody shader，使用这个shader，可以使用真实的物理学色温来控制灯光的颜色，如下图所示。

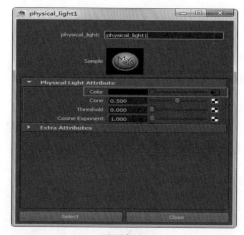

设置颜色

由于mib_blackbody shader默认的参数值都非常小，因此需要将其数值放大，将temperature设置为5500，这是一个偏向橙色的颜色，非常符合真实数值，设置Intensity参数值为50000.000，如下图所示。

改变灯光颜色，增大强度

现在再来看一下顶部吊灯模型处的灯光参数，首先设置灯光颜色为HSV（32.481，0.522，1.000），将灯光的Intensity参数设置为200.000，灯光的衰减参数Decay Rate设置为Linear，同样需要勾选Use Light Shape复选框，并设置Type参数为Sphere；由于顶部吊灯的照射范围较大，因此需要适当提高灯光采样，在这里将High Samples参数设置为32；另外，顶部吊灯是需要可见的，在这里勾选Visible复选框，并将Shape Intensity参数设置为2.5，如下图所示。

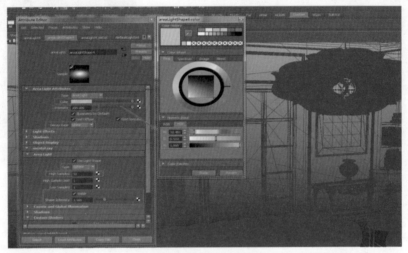

设置顶部吊灯的灯光参数

2.1.6 场景中的材质

由于场景中的材质比较简单，在这里就列举两个简单例子，如地板材质，仅仅是对材质的Diffuse Color参数进行了贴图，然后降低了反射强度，例如将Reflectivity参数设置为0.600，Glossiness设置为0.500，这就完成了地板材质的设置，如下图所示。

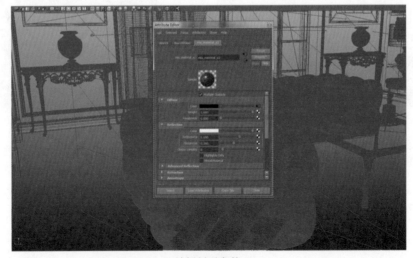

地板材质参数

沙发材质和之前的窗帘模型稍微有些类似，选中沙发模型，如下图所示。

沙发模型

打开Hypershade，展开材质节点网络，从材质网络中看到，为材质设置了凹凸贴图，并使用了两个Blend Colors和一个facing Ratio，如下图所示。

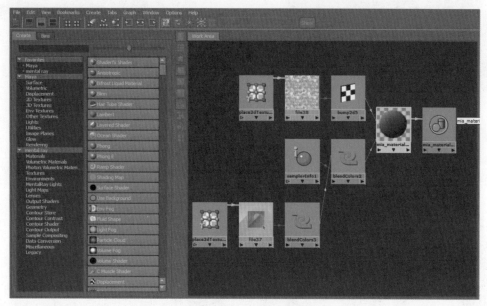

沙发材质的材质节点网络

在上层的blendColor2节点中，为Blender参数连接了一个facingRatio shader，然后将Color2设置为浅黄色，作为亮部的颜色，为Color1连接了另外一个Blend Colors节点，如下图所示。

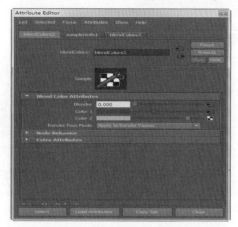

blendColor2材质参数

在上一个连接的blendColor3节点中，为Blender参数连接一张外部的贴图文件，并将Color1参数设置为较深的黄色，将Color2参数设置为亮度更低的深黄色，如下图所示。

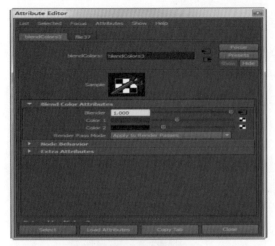

blendColor3参数设置

2.1.7 场景灯光调试

现在对场景进行渲染，渲染过程中发现窗帘靠近窗户的位置曝光过度，按Esc键取消渲染，如下图所示。

渲染时发现窗帘局部曝光过度

针对曝光过度的问题，可降低入口灯光的强度。打开入口灯光的属性编辑器，将其中的Intensity Multiplier参数降低为15.000，如下图所示。

降低参数

单纯降低灯光倍增数值可能达不到较好的效果，也可以尝试将灯光远离窗户，由于这里使用的是物理光源，因此其衰减是和距离成正比的，也就是说，灯光距离物体越远，灯光的衰减也就会越大，如下图所示。

将灯光远离窗户，从而灯光的衰减也就越大

在这里给出灯光变换的参考数值，TranslateX、Y、Z为（−420.735、131.903、98.475），RotateX、Y、Z为（−90、0、90），ScaleX、Y、Z为（137.738、177.581、289.127）。

灯光变换的参考数值

重新对场景进行渲染后，窗帘上曝光过度的现象已经消失了，如下图所示。

窗帘上曝光过度的现象已经消失了

但是，现在也发现和之前同样的问题，那就是窗帘模型正面的灯光强度较低，因此需要对窗帘模型进行单独补光照明。

首先执行菜单 Create > Lights > Area Light，创建一盏面光源，使用它来对窗帘模型进行正面补光，如下图所示。

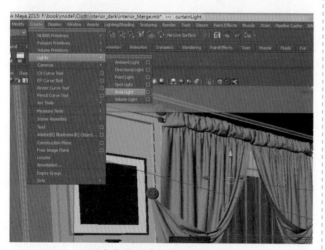

对窗帘模型进行单独补光照明

灯光创建完成后，按"T"键控制灯光位置、大小等，如下图所示。

调整灯光的大小位置及其注视点

在这里将灯光重命名为curtainLight，并且给出灯光的

参考变换参数，TranslateX、Y、Z为（21.994、178.014、13.116），RotateX、Y、Z为（9.036、117.288、0），ScaleX、Y、Z为（171.912、153.108、98.091），如下图所示。

灯光的参考变换参数

设置完灯光的变换参数后，就需要设置灯光的属性，打开灯光的属性编辑器，单击Color属性的色块，从弹出的取色器中设置灯光颜色为HSV（60.000、0.110、1.000），将灯光的强度参数Intensity设置为0.500，再展开mental ray – Area Light卷展栏，勾选Use Light Shape复选框，如下图所示。

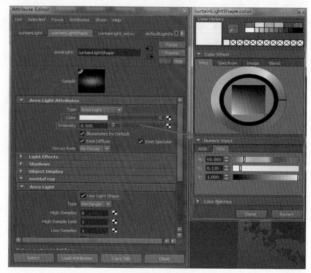

设置灯光属性

为了仅对窗帘而不对其他的物体产生照明效果，需要进行灯光排除，首先按F6键切换到Rendering模块，从Rendering模块中执行菜单Light&Shading >Light Linking Editor > Light-Centric。

在打开的窗口中，左边显示的是灯光物体，右边则显示的是某个灯光所影响的物体，首先在左边的窗口中选中curtainLight灯光，在右边的窗口中，取消所有模型的选择，再单击选取作为窗帘的模型，这样就在灯光和模型之间建立了一一连接，即只会影响窗帘模型，如下图所示。

在灯光和模型之间建立了一一连接

现在对场景进行渲染，经过上面的种种调整，现在得到了正确的渲染效果，如下图所示。

渲染效果

2.2 绸缎

通过下面的例子来学习如何制作丝绸等织物材料，效果如下图所示。从案例效果来看，这是之前我们使用的室内场景，场景内既有室外灯光，也有各种室内灯光，但基本的照明以室外灯光为主，而主要要表现的物体就是丝绸面料的窗帘，它既阻挡了一部分室外光线，也被那些进入房间的室外光线和各种室内灯光所照明。

完成后的效果

首先打开场景01_silk_start.mb，看到打开的场景中仅仅只有一个窗帘模型，由于室内渲染需要耗费大量的时间，而我们主要的表现目标是窗帘，因此将通过单独调整窗帘，完成后将其导入室内场景的方法来进行制作。

打开后的场景只有窗帘模型

打开场景后，制作之前，应该养成检查场景的习惯，这在实际的生产中是非常重要的，它有助于了解场景结构，并能提前发现问题，尽早排除。首先打开Hypershade，看到场景中自带的仅仅是一些基本的phong材质，一般来说，自带的材质很难达到理想的高品质效果，因此需要在后期将其进行替换，如下图所示。

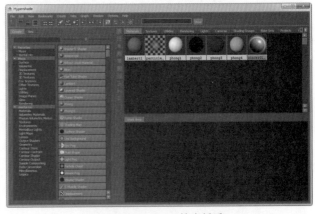

打开Hypershade检查材质

2.2.1 场景灯光初始设置

打开全局渲染设置窗口，切换到Common面板，展开Render Option卷展栏，看到Enable Default Light复选框是取消勾选的，也就是说场景中的默认灯光是关闭的。

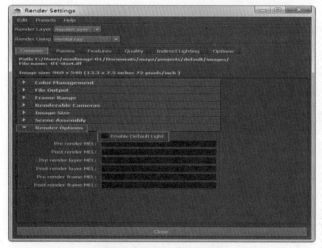

场景中的默认灯光是关闭的

切换到Indirect Lighting面板，展开Final Gathering卷展栏，勾选Final Gathering复选框，以启用间接照明，然后展开Enviroment卷展栏，单击Image Based Lighting旁边的按钮，如下图所示。

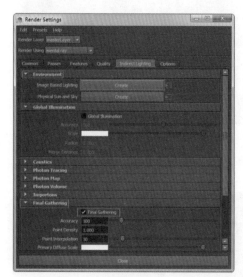

间接照明

将会弹出节点的属性编辑器，从中选择一张配套光盘所提供的HDR图片，如下图所示。

选择一张HDR图片

为了得到较好的效果，并且为了使得我们的调整在一个合理的范围之内，需要打开场景的颜色管理。继续在全局渲染设置窗口中展开Color Management卷展栏，勾选Enable Color Management复选框，如下图所示。

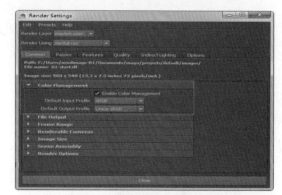

打开场景的颜色管理

对场景进行渲染，现在得到的效果太暗了，如下图所示。

现在得到的渲染效果太暗了

由于渲染效果太暗，因此需要打开渲染窗口的颜色管理，在渲染窗口中执行 Display > Color Management。

在弹出的defaultViewColorManager节点的属性编辑器中，将Image Color Profile设置为Linear sRGB，Display Color Profile设置为sRGB，如下图所示。

设置视图窗口的颜色管理

现在就来设置窗帘的材质，首先选中相应的窗帘模型，单击鼠标右键为其指定新的材质，从弹出的菜单中选择mia_material_x，如下图所示。

为窗帘模型指定mia_material_x材质

对场景进行渲染，通过上面的设置，现在得到了正确的灯光，但材质还需要做进一步的调整，如下图所示。

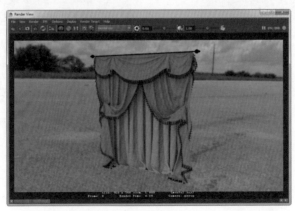

渲染效果

2.2.2 设置窗帘材质

首先打开窗帘的mia_material_x1材质，单击Diffuse－Color参数旁边的棋盘格按钮，弹出创建渲染节点的窗口，从中选择file，连接一个文件节点，如下图所示。

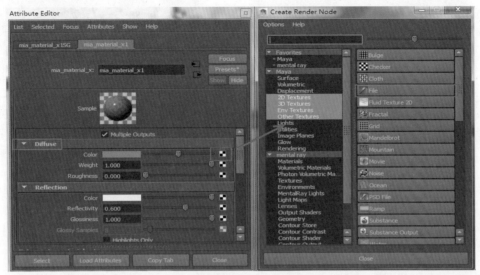

为窗帘连接颜色贴图

在文件节点的属性编辑器中选择一张配套光盘中所提供的贴图文件，如下图所示。

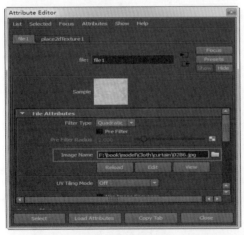

选择一张贴图文件

由于现实生活中的任何材质都不是平滑完美的，因此需要为其指定一张凹凸贴图，在mia_material_x1材质的属性编辑器中展开Bump卷展栏，并单击Standard Bump参数旁边的棋盘格按钮，如下图所示。

为窗帘材质指定凹凸贴图

打开节点的属性编辑器，由于默认的凹凸参数值比较高，因此需要将Bump Depth参数值降低为0.400。

降低凹凸强度

继续调整窗帘的mia_material_x1材质，展开Reflection
卷展栏，将其中的Reflectivity参数设置为0.530，Glossiness
参数设置为0.760，这样就完成了窗帘主体的基本材质，如
下图所示。

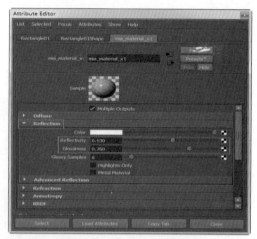

调整窗帘材质的反射属性

接下来调节透明窗纱的材质，按照上面的步骤，也同样
为窗纱指定一个窗帘的mia_material_x材质，如下图所示。

调节透明窗纱的材质

对于窗纱材质来说，它和窗帘材质有一些不同，它是半透明的，并不需要指定颜色贴图。首先展开Bump卷展栏，
单击Overall Bump参数旁边的棋盘格按钮，并从弹出的窗口中选择file，如下图所示。

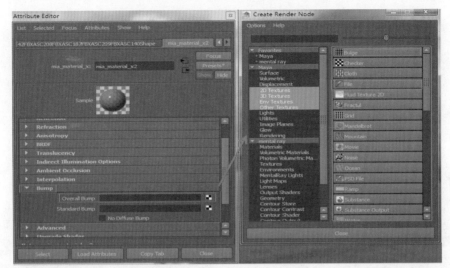

为窗纱材质指定凹凸贴图

在文件节点的属性编辑器中，选择一张配套光盘所提供的凹凸贴图，如下图所示。

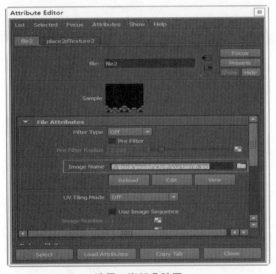

选择一张凹凸贴图

此时，视图中的显示如下图所示。从视图显示效果来看，现在的凹凸参数似乎过强。

现在的凹凸参数过强

打开bump2d2的属性编辑器，将其中的Bump Depth参数调整到0.130。

继续打开窗纱的mia_material_x材质，展开Refraction卷展栏，并单击Transpraency参数旁边的棋盘格按钮，弹出创建渲染节点的窗口，从中选择Blend Colors节点，如下图所示。

模拟窗纱的半透明材质

在弹出的连接编辑器窗口中，找到左边的blendColor1节点的output，选择outputR，再找到右边的mia_material_x2节点，并单击transparency参数，这样就在两个参数之间建立了连接。建立连接后，两边的字体都会变成斜体字，由于透明度是一个一元组参数，而output是一个三元组参数，因此我们只需要将三元组中的一个分量和透明度建立连接即可，如下图所示。

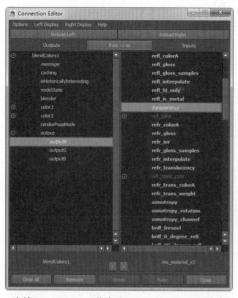

连接blendColor1节点和mia_material_x2节点

继续回到blendColor1节点的属性编辑器，将Blender设置为0.800，Color1设置为纯白色，并单击Color2参数旁边的棋盘格，从弹出的窗口中选择file节点，如下图所示。

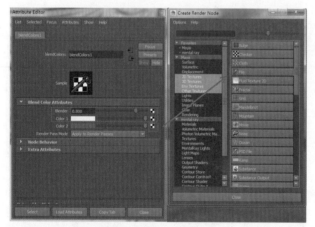

设置blendColor1节点参数

在弹出的文件节点属性编辑器中，同样选择刚才的文件贴图，如下图所示。

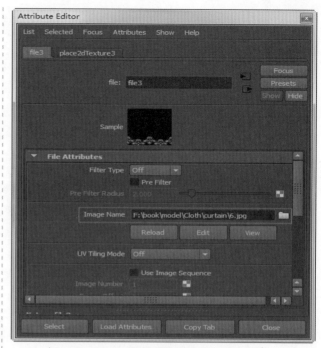

选择文件贴图

由于材质默认的反射较强，需要将其降低。展开材质的Reflection卷展栏，拖动Color参数滑块，使其颜色变为近似于黑色的深灰色，如下图所示。

降低材质的反射

在Node Editor中查看现在的材质连接，如下图所示。

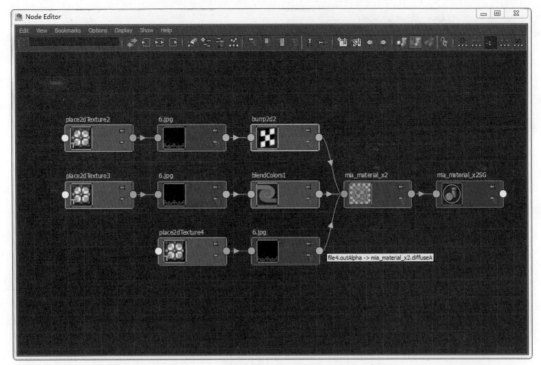

查看现在的材质连接

对场景进行渲染，得到的渲染结果如下图所示。从渲染结果中看到现在的窗纱很像一块水帘，它的材质非常像是由水构成的。

现在的窗纱很像一块水帘

现在就来改变上面的错误，打开窗纱材质的属性编辑器，展开Refraction卷展栏，将其中的Index of Refraction参数设置为1.000，这样窗纱的折射就不再带有光线的偏折，如下图所示。

改变窗纱材质的折射率

从现在的渲染结果看，无论是窗纱还是窗帘，都得到了整体比较正确的材质，但是窗帘的材质颜色非常淡，与所使用的颜色贴图完全不一样，如下图所示。

窗帘的材质颜色非常淡

之所以出现这个问题，是因为使用了线性流程，在线性流程中对颜色贴图进行了二次Gamma矫正，因此造成贴图的曝光过度。现在就来改正这个错误，首先断开Diffuse卷展栏下的Color参数的属性连接，并单击Color旁边的棋盘格按钮，在弹出的窗口中确认选中了Maya－Utilities目录，并找到其中的Gamma Correct节点，如下图所示。

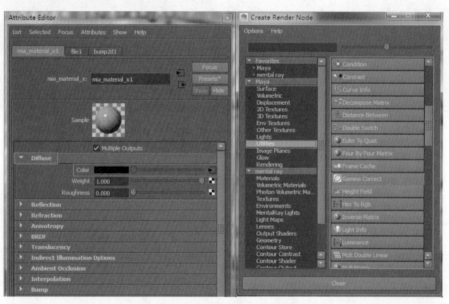

对颜色和贴图进行Gamma矫正

打开Node Editor窗口，看到现在的材质连接如下图所示。

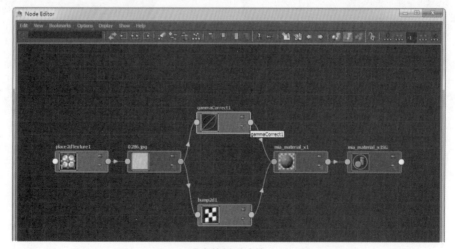

现在的材质连接

在节点的属性编辑器中，首先将Value参数连接到刚才所使用的颜色贴图，然后将下面的Gamma三元组全部设置为（0.454，0.454，0.454），如下图所示。

GammaCorrect节点参数设置

现在对场景进行渲染，得到的渲染结果如下图所示。从图中可以看到，现在的贴图颜色正确了，但贴图颜色变暗又带来另外的问题，那就是现在的窗帘质感变得较暗，这种暗既不同于之前的Gamma错误，也不同于颜色管理所产生的黑暗，这是由于灯光强度不足所产生的。

窗帘质感变得较暗

现在就来解决这个问题，首先在视图中创建一盏面光源，并参考如图的位置进行摆放，如下图所示。

在视图中创建一盏面光源

对场景进行渲染，得到的渲染结果如下图所示。现在的渲染结果无论是材质，还是照明都完全正确了，如下图所示。

添加补光后，得到正确的渲染效果

由于窗帘模型需要合并到室内场景中继续渲染，并且室内场景的灯光和当前场景的灯光并不相同，因此将在其中根据具体情况继续调整窗帘材质，在这里我们认为当前效果已经"可以"了。现在将这个文件保存以备后续使用，执行菜单File > Save Scene As，将文件另存即可，如下图所示。

注意，为了不与室内场景的灯光产生冲突，我们需要删除本场景中的IBL照明节点再进行保存，这样模型导入后就没有任何问题了。

在弹出的文件保存对话框中，将文件命名为01-Silk_Final.mb。

2.2.3　整合到场景中

打开上一节使用过的室内模型，这是一个非常好的场景，其模型非常多，细节非常丰富，如下图所示。

打开上一节使用过的室内模型

由于室内材质及其灯光并不是本节讲解的重点，因此，使用上一节调整好的灯光和材质即可，执行菜单File > Import，将之前制作好的窗帘模型进行导入。

将导入的窗帘模型组移动并旋转缩放，放置到合适的位置，如下图所示。

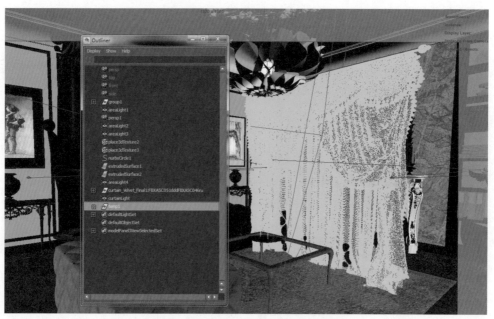

将导入的窗帘模型组放置到合适的位置

对场景进行渲染，得到的渲染结果如下图所示。从渲染结果上看，使用上一节调整好的灯光就已经得到了令人非常满意的效果。至此，编织物材质的讲解就完成了。

Mila Shader高级应用
（Maya2015重要材质）

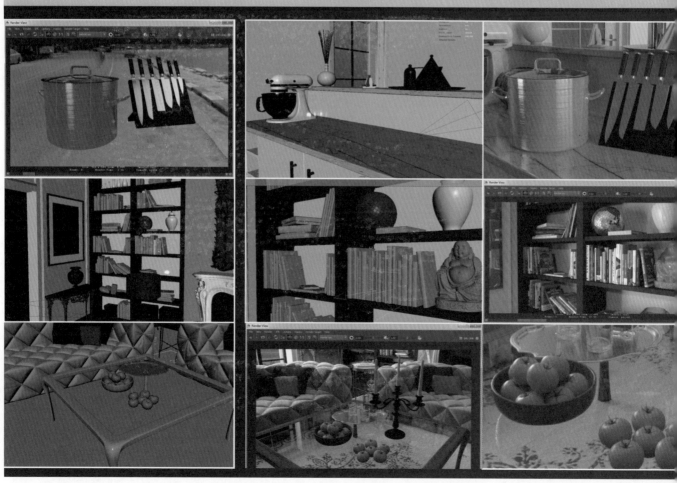

3.1 理论讲解

在Maya 2015中，集成了新的mental ray分层材质库，我们将其称呼为Mila材质。这是第一个版本的集成，并且以后会随着发展和用户反馈进行持续不断地改进。Mila材质是一种新的分层材质库，它改善了性能和灵活性。那么使用Blinn材质有什么问题吗？

停止使用Blinn

如果使用Maya来进行渲染，就应该使用mental ray，因为Maya的软件渲染器非常糟糕。如果使用mental ray的话，就应该全部使用mental ray材质，灯光以及其他shader。

开始使用Maya 2015中新的Mila材质

Mila材质可能比mia_material_x复杂许多，但实际上Mila材质简化了许多选项，它可以比以前更加容易他，创建我们想要的效果。

Mila材质和Mia材质以及其他材质的比较

为什么要使用Mila材质，难道是mia材质不够好吗？

在使用mia材质的过程中，大家可能已经注意到复杂性会增加渲染时间。实际上，如果层越多，对mia材质调整的越多，那么渲染就会以一种指数型的程度进行恶化。即使在追踪深度的第3层或第4层，Mia材质也会以很高的速率不断发射光线来对场景进行采样。当对Mia材质进行分层的时候，每一层都会以一个完整的形式出现，在混合输出之前它们都会发射光线并且进行灯光采样。

而Mila就避免了这些，它使用更先进的技术来减少渲染器工作，这就意味着对材质进行分层，或者使用高的追踪深度，对渲染时间只有较少的影响，或者根本没有影响。这对于图片的真实性来说是非常重要的。

Mia材质还有一些功能，结果被证明是用户很少使用或者是不太喜欢的。例如，Glossy Reflection曲线在接近0的时候变化非常剧烈，这就使得它很难绘制贴图，而反射的插值采样则较少使用并且需要很多调整。

Mila材质现在使用"roughness（粗糙程度）"参数来制作模糊效果，会更加简单和直观，并且它有更精确的模糊反射模式。为了使mental ray有更佳的使用性，我们现在使用简单的品质控制参数（Quality），而不是数字来调整材质的效果。

现在学习mia材质仍然有用，但它却是一种过时的技术，从不远的将来看，Mila材质必将取代mia材质，Mila在mia材质的基础上有非常多的改进。由于这是一种新的技术，因此在Maya工作流程及整合性方面，还需要我们频繁测试和研究。

例如，现在要渲染汽车，我们到底是使用之前的car_paint材质还是现在Mila材质呢？从提前掌握未来趋势的角度说，使用Mila材质更好，从性能的角度上来说Mila材质是物理真实的，它有更好的flake选项栏模拟金属镀膜。

什么是Mila材质?

Mila是Layering shader library（Mila）的缩写，它是mental ray 3.12中提供的一种灵活的、基于元素分量的shader库，这些元素分量可以互相作用，以完成那些需要最复杂质感的项目。它对Unified Sampling、Quality控制进行了高度优化，并且对灯光采样更加有效，可以利用灯光的Importance sampling。它还提供了不需要灯光贴图的sss分量。

Mila（分层shader库）是未来的趋势，因为Nvidia想要把所有的mental ray材质都转化为Mila。旧的mental ray材质，例如mia_material_x，它们默认有许多分类的参数，如diffuse、reflectivity、advanced reflectivity、refraction等等。即使我们不想使用这些功能，这些功能也会包含在里面，它们会"榨干"内存并且拖慢渲染速度，而Mila材质将所有的一切打散为单独的元素。现在diffuse、reflection、transparency、scattering及emission都是单独的节点，我们无论需要哪一个，都可以把它添加到材质中。而不需要的那些，自然不会出现在材质中，这样就节省了内存，并降低了渲染时间。

为什么是基于分量的

很多时候，艺术家仅仅是想要为Mila材质添加一个简单的反射层，或者是一些dirt污垢。这就意味着，对于这么一个简单的操作，需要添加一个完整的复杂材质。

基于分量则意味着可以按照需求来添加所需要的效果。

Mila还遵循Material Definition Language（MDL材质定义语言）的规范。

各向异性的MDL模型

3.1.1　理解概念和术语

在使用Mila材质的过程中，有很多可以值得探讨的地方。在讲解真正的分量之前，需要了解各种交互类型，使材质的创建过程更加容易理解。

（1）Reflection（反射）和Transmission（穿透）的比较

Reflection是材质将光线反弹开的过程，就是传统意义上的"反射"，这使得我们能看到从物体反射出来的光线。高光（Specular Reflection）或者镜面反射比较容易理解；漫反射（Diffuse Reflection）的区别仅仅在于光线是是以随机发散的形式进行反射的，所以在概念上它们都是一致的。

Transmission是光线穿透物体的过程。它就是传统意义上的折射，包括所有类型的穿透（Transmission）。Diffuse Transmission（漫反射穿透）也就是广为大家所知的"半透明（Transluency）"。

上面各种分量的名字和能量传播方向可以用下面的图片来进行描述。

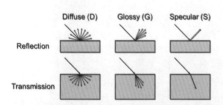

为什么要使用这些名字呢？就像在之前提到的一样，使用MDL将会导致渲染器不能识别材质。使用这些名字有助于关联灯光路径表达式（Light Path Expression，简称LPE），它同样是渲染器不能识别的。例如，对于不同的渲染器来说，"Reflection"这个词可以意味着很多东西。但是"diffuse refelction"这个词的意思却是固定的。

（2）层的创建方式

在选择创建一个新层的时候，会弹出下图所示的窗口，让我们来选择层的类型。

选择层的类型

下面是一些Layer类型，它们控制的是Layer如何进行混合。

- Weighted Layer：只是一种简单的透明度混合，它非常简单，weight仅仅代表输入的灯光能量。
- Fresnel Layer：是一种菲涅耳原理，主要用于Reflective和Specular层，并且这种层使用的是折射率，这样它就和方向相关。
- Custom Layer：允许控制法线和注视角度的强度。熟悉mia_material_x材质的读者可能会联想到在注视角度和垂直角度使用曲线来控制weight的方法。

其中每个层都作为一个独立的节点而存在，例如在下面的图片中，单击+Layer按钮创建几个新层的话，那么这些新的层就会排列在Base底层上面，如下图所示。

新创建的层自上而下地排列在Base底层上面

当在Node Editor或Hypershade中展开Mila材质网络的时候，会看到其中每个层以一个独立节点的形式存在，这就给予我们最大的控制力，如右图所示。

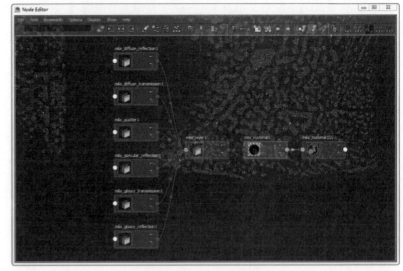

在Mila材质中展开材质网络

下面则是在Hypershade中展开的材质网络，如右图所示。

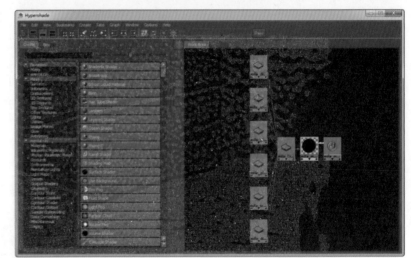

在Hypeershade材质中展开材质网络

注意，每个独立的层节点下面都有一些自己的独立参数，例如这里的glossy reflection下面就有控制品质的参数Quality，而这些参数在Mila节点的界面中是看不到的。

每个独立的层节点都有一些自己的独立参数

Mila材质的属性编辑器使用一种自顶向下的方式来叠加层。可以想象，如果在顶层，能量以100％的强度进入，那么每一层都会带走一些能量。我们以横截面的形式来想象这种效果，不管上面剩下了多少能量，底层的能量始终是100%，因此在界面上，底层没有暴露出关于weight的控制选项。

在下图中，顶层吸收了20％的灯光输入能量。剩下的80％的能量，中间层吸收了其中的25％，也就是1/4，80％的1/4也就是20%，因此底层接受了中间层传送的60%的能量来作为初始的输入能量。

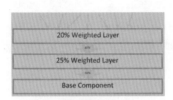

层吸收能量示意

（3）对层进行混合（Mix）

也可以在一个给定的层上，对分量进行混合，可以将混合想象为两种颜料的混合。下面的图表描述了3个层，中间的层包含了两个混合分量。

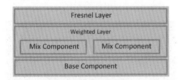

层的混合叠加示意

在Maya的Mila材质属性编辑器中，如果在底层上面有其他的层，用户可以单击＋Mix按钮来为顶层混合一个分量。某个层的Mix权重代表将从这个层上拿掉这么多的能量。

（4）层的遮罩（Masked Layer）

这时候，Weight的功能就非常像一个Mask遮罩，例如下面的图片，在人头模型上叠加了一层绿色的反射层，并使用遮罩对这个反射层进行Mask隔离。

在人头模型上叠加的绿色反射层用遮罩来进行Mask隔离

下图就是上面人头模型的材质组成，看到在上面的反射层是Layer：Mix Sub-Components，为其Weight参数进行了相应的贴图来作为遮罩。注意，这个层设置的两个要点：一个是使用Mix方式进行混合；另一个是在Weight上进行Mask遮罩设置。

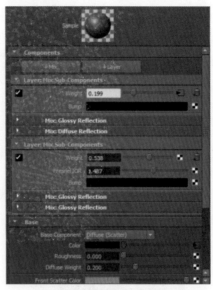

人头模型的材质组成

在选择上面的一种层类型后，会弹出下面的窗口来选择一种元素分量，如下图所示。

选择一种元素分量

下面是一些元素分量选项，这些才是真正的材质。

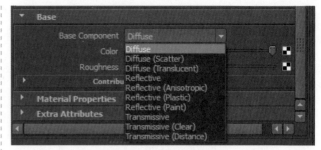

- Specular Reflection：镜面高光反射。
- Glossy Reflection：可以调整模糊程度的反射。
- Diffuse Reflection：漫反射，也是diffuse color参数。
- Glossy Transmissions：折射透明度。
- Transparency：它类似于之前的Cut—out功能。
- Scatter：新的SSS节点。

3.1.2 底层（base）和其他层

下面我们来详细讲解一下分量：底层（base）和其他层（layer）。

就对于底层来说，现在软件提供的是一些组合预设，而对上层来说，提供的是一些可以单独使用的分量层。读者可能在以前听过Phenomenon这个术语，它是指预先混合了的shader连接网络，底层除了纯粹的Diffuse之外，都是分量组合，也就是Phenomenon。

要在当前的层上添加一个层，我们就需要在Mila材质的属性编辑器上单击＋Layer按钮。

添加新层

有3种不同类型的层，首先解释一下什么是Weight。

3种不同类型的层

对于一个给定的层来说，weight代表输入能量的％。层既可以使用权重来进行简单混合，也可以和方向相关。例如可以使用从IOR折射率获得的菲涅耳曲线来乘于权重，这样在注视角度，层就有更高的权重。

新创建的Mila材质默认都是从一个Diffuse底层分量开始的。下图是从Base Component中选择不同分量的示例。

从底层中选择不同分量

就像之前提到的，在底层上有一系列可用于叠加的层，它们可以为材质添加一些特征，如diffuse、Glossy、Specular以及Transmission等。

下面是用灯光路径的形式来代表这些元素分量。

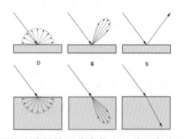

用灯光路径的形式来代表各种元素分量

下图是代表这些分量，对应于上图各种情况的渲染图片。

代表灯光路径分量的渲染图片

例如，下图仅仅只是一个Diffuse（Scatter）分量的结果。

仅仅只有一层Diffuse（Scatter）分量的结果

下图则在Diffuse分量上面叠加了两层reflection分量。

在Diffuse分量上面叠加了两层reflection分量。

3.1.3　**Material Properties部分参数**

　　Mila材质的默认布局可以让用户轻松地找到大部分想要的功能。它有4部分（从上到下）。

- Components：以叠加层或混合层的形式出现。
- Base：它作为材质的最底层，并且作为内置预设的存储空间。
- Material Properties：整体控制材质，并应用到所有属性上面。
- Extra Attributes：用户可以添加额外命名的帧缓存用于输出。

Material Properties部分参数

　　由于Components在前面已经进行了详细的描述，因此我们现在就来讲述一下Material Properties和Base部分的参数。

- Visbility：在之前也被称为"Cutout opacity"属性，它允许用户裁切并且移除一部分物体。这是一个Scalar实型参数，其参数值的范围在0.0（不可见）到1.0（不透明）之间。下面的例子中，蓝色的小球在属性上连接了一个棋盘格纹理。

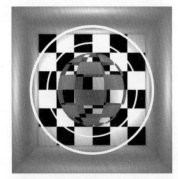

Visbility属性允许用户裁切并且移除一部分物体

- Thin-walled：允许用户创建一个材质壳，在其中光线并不能够进行折射，这可用于空心物体。下面是一个实心小球和空心小球的对比。

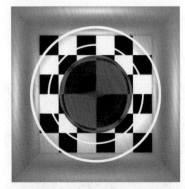

实心小球

空心小球

- Show Framebuffer：允许用户使用渲染的帧缓存将材质渲染到beauty pass中。
- Overall Bump：为材质包含的所有层应用一个Bump效果。否则用户可以为某个层单独添加凹凸效果。

61

3.1.4 Base部分预设

Diffuse Base（对应于漫反射）

Diffuse底层通常和另外一个分量进行混合。我们可以看到 "Diffuse Weight" 控制选项，如果这个参数值为1.0，那么就会显示出diffuse tint颜色。当我们降低这个参数值的时候，颜色就会变得更加半透明，或者像3S散射等，当然这要基于选择哪一种底层。这是因为在大多数情况下，我们至少都有一些diffuse混合在其中。在mia_material材质中，对于Diffuse Color参数，有weight控制选项，和这里非常类似。

在不添加其他层的情况下，这个Diffuse Base可以用于创建纸张、木头、干粘土、污垢，以及上面没有模糊／高光反射的简单SSS、锈迹等。

下面这个Base Component卷展栏提供了最常用的一些材质，甚至可能不需要在其上添加其他层就能满足我们的需求。当第一次创建Mila材质的时候，底层默认使用的都是Diffuse，它类似于一个带有roughness参数的Lambert shader，可以创建出一种Oren－Nayer的效果。

Diffuse底层

Reflective Base（对应于反射）：Reflective Base通常都有一些Glossy Blend，都会和底层diffuse分量进行混合，并共享相同的颜色（塑料和喷漆例外）。将Blend融合参数降低为零，将会移除模糊反射或高光反射，会露出下面的diffuse底层。

在不添加其他层的情况下，这个Reflective Base层可以用于创建塑料、金属、拉丝金属、皮革等。

Transmissive Base（对应于折射）：Transmissive Base经常是在transmissive base上的模糊或高光反射层（这里缺少diffuse，因为没有必要）。降低Reflective weight参数，将会降低模糊或高光反射率。

在不添加其他层的情况下，这个Transmissive Base层可以用于创建玻璃、磨砂玻璃、液体等。

在上面所有的情况中，都出现了IOR折射率。我们可以将weight参数保留为原来的1.0，而使用IOR折射率来作为控制灯光方向的物理参数。这和mia_material_x材质中BRDF卷展栏下的 "Use IOR" 是类似的。

通常的折射率参数，水为1.333，玻璃为1.5，塑料为4.0~6.0，金属为20以及更高。

这就取代了mia_material材质的施里克控制曲线，当在底层上叠加其他层的时候，可以选择自定义的施里克曲线。

- Diffuse（Scatter）Base：这是diffuse材质和scatter材质的混合。使用它制作一种3S散射效果和一些漫反射的混合效果。Scatter和diffuse tint的颜色是共享的。Scatter shader和Maya 2014版本中的SSS2 Shaders的参数是相同的类型。但是这里的Scatter分量却并不产生lightmap灯光贴图，相反它用的是缓存机制，这个缓存机制可以利用多线程的优势。
- Diffuse（Translucent）：它可以被看作是将diffuse weight参数设置为0.0后的结果。纸张、青草都是这种材质的绝好例子，Diffuse Transmission最适合薄的2D物体。在现在以及将来的材质中，使用正确的间接照明灯光都是非常重要的。
- Reflective（Anisotropic）：它用于添加各异性的控制选项。
- Reflective（Plastic）：为反射添加一个菲涅耳反射的控制参数，并且删除各异性的控制参数。
- Reflective（Paint）：它可以模拟车漆的底层材质，镀膜将通过在上面添加其他层来获得。不同于之前版本中使用的车漆材质，现在Mila材质中的车漆材质是物理正确的。

现在的Paint材质有很多选项，与之前老的车漆材质有一些不同，值得做进一步的深究。

Reflective Paint材质预设

下图就是使用新的Mila材质所制作的效果，其作者是Kzin，使用的软件是Softimage。

Kzin使用Softimage的Mila材质制作的车漆效果

● Transmissive（Clear）：在控制选项中删除了roughness参数，这就能制作一个简单的玻璃绝缘体材质。

使用Transmissive Clear来制作简单的玻璃绝缘体材质

Transmissive（Distance）：类似于Transmissive，并添加了距离衰减的控制参数，这就使得我们可以在光线穿过媒介时进行控制。在大多数的时候，合使用这个参数来创建更深的颜色，或者是类似于可乐的彩色液体。在下面的例子中，使用了一些roughness，以及浅蓝色的衰减，随着距离的增加，颜色看起来变成深蓝色。

Transmissive Distance预设制作带衰减的透明效果

Contribution：Indirect和direct的比较

Direct是灯光直接影响材质的效果。灯光路径是从灯光到材质的路径，中间没有任何其他东西。Direct只会渲染到达物体的直接光源。请记住物体光源具有二象性，也就是说它既是间接照明也是直接照明。

Indirect是灯光在到达物体之前，和其他物体交互的结果，Indirect只会渲染间接照明光源，也就是说，灯光通过与其他物体的交互最终到达物体。

3.2　陶瓷及塑料表现

3.2.1　场景检查

在本节中，将通过制作一个陶瓷工艺品来了解陶瓷和塑料材质的一些制作方法。光滑的塑料和陶瓷的质感看起来有一些类似的地方，它们都是反射较强、折射率较高的材质。而对于陶瓷一类的材质来说，它们本身具有的特点就是表面上都带有一层光滑的胎釉，这样就能形成较大面积的高光和反射，最终完成的效果如下图所示。

最终完成的效果

首先打开场景01-start_artwork.mb，从打开的场景中我们看到，这是一个东方风格的艺术品。现在模型在场景中显示为黑色，我们需要检查到底是材质的原因还是其他原因，并且现在的场景中只有一个模型物体，如下图所示。

模型在场景中显示为黑色

打开outliner大纲窗口，在大纲窗口中我们看到，场景中确实只有一个模型物体，如下图所示。

在大纲窗口中看到场景中只有一个模型物体

展开模型的属性编辑器，从中看到现在模型上只有一个普通的phong材质，这个普通的phong材质不足以使我

们表现出高质量的渲染效果，因此将要在后面将其进行替换，如下图所示。

模型上使用的是一个普通的phong材质

3.2.2 初始灯光设置

为了能够看得清楚模型的材质效果，需要设置场景的灯光。如同本书中其他案例一样，为了得到最真实的效果，还是需要使用颜色管理的照明方式，并且为了使瓷器能够显示出良好的高光和反射，选择使用HDR图像照明。首先打开全局渲染设置窗口，切换到Common面板，展开Color Management卷展栏，勾选Enable Color Management复选框，并确认Default Input Profile选项被设置为sRGB，Default Output Profile选项被设置为Linear sRGB，然后展开Render Options，取消对Enable Default Light复选框的勾选，如下图所示。

设置场景的灯光

在全局渲染设置窗口中，切换到Indirect Lighting面板，并勾选Final Gathering卷展栏中的Final Gathering复选框，再展开Enviromrnt卷展栏，单击Image Based Lighting旁边的Create按钮，选择一张HDR图片来进行照明，这样也就启用了Final Gathering加HDR的间接照明方式，如下图所示。

Final Gathering加HDR的间接照明方式

单击Create按钮后，从弹出的属性编辑器中，确认Mapping（映射方式）被选择为Sperical（球形），并在下面的Image Name文件浏览框中找到配套光盘中所提供的图片，如下图所示。

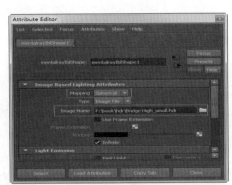

设置IBL照明节点

现在最后一步就是要设置渲染窗口的颜色管理，这样才能匹配我们对场景颜色管理的设置。在渲染窗口中执行菜单Display Color Management。

执行菜单后，将会弹出默认视图的颜色管理节点，在其中将Image Color Profile参数设置为Linear sRGB，Display Color Profile参数设置为sRGB，这样就和场景全局的颜色管理相匹配了，如下图所示。

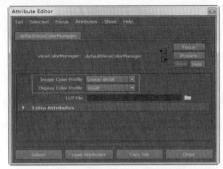

设置默认视图的颜色管理节点

现在对场景进行渲染，看到现在渲染出来的模型是黑色的，如下图所示。

现在渲染出来的模型是黑色的

3.2.3　陶瓷材质调节

模型渲染为黑色有几种检查方法，首先需要检查的就是模型的Alpha通道，由于刚才看到模型现在的phong材质颜色是黑色的，因此渲染问题就是由于这个原因所造成的。现在就为模型指定一个新的Mila材质。

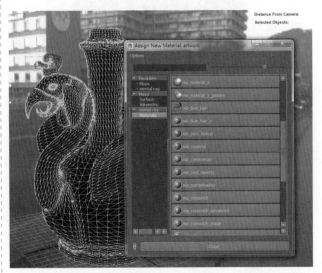

为模型指定一个Mila材质

每次手动的在一堆shader库中寻找想要的shader是一件非常麻烦的事情，特别是对于一些使用频率较高的shader来说。可以在shader上单击鼠标右键，弹出一个浮动面板，在上面可以选择Add to favorties（添加到最喜爱）将这个shader添加到最喜爱的shader列表中，这样就能在左侧的Favorties列表中找到它，也就避免了许多无谓的寻找，节省了时间，如下图所示。

将shader添加到最喜爱shader列表中

为模型指定了新的Mila材质后，现在就来设置模型的材质参数。对于瓷器材质来说，只需要使用底层材质就可以了，在材质的Base卷展栏下，从Base Component下拉列表中选择Reflective（Plastic），这是一种光滑反射的的材质预设，适合表现塑料、瓷釉等一些材质，如下图所示。

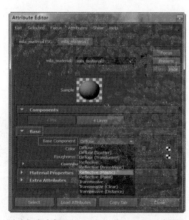

为材质选择Reflective（Plastic）预设

现在对场景进行渲染，得到的渲染结果如下图所示。从现在的渲染结果上看，我们得到了一种类似于Lambert材质的渲染效果，但是这种材质效果相对于Lambert材质又显得更加柔和一些。

现在的渲染结果是一种类似于Lambert材质的效果

为了看清材质的效果，需要将Color参数进行贴图连接。

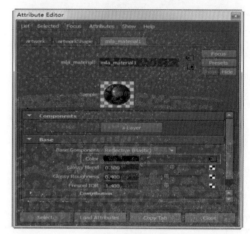

为材质设置颜色贴图

在文件选择对话框中，选择配套光盘中所提供的文件贴图，这是一张模型使用的颜色贴图，如下图所示。

选择配套光盘中所提供的文件贴图

现在对场景进行渲染，得到了带有颜色的渲染效果。从现在的渲染效果上看，模型局部带有一些柔和的反射效果，但这个效果也可能是贴图上所带的，如下图所示。

带有颜色的渲染效果

从刚才的渲染结果上看，现在模型的反射并不强烈，对于瓷器的一些材质来说，需要加大其IOR折射率。因此，将下面的Fresnel IOR参数设置为一个较大的数值，这里将参数值设置为10.000，如下图所示。

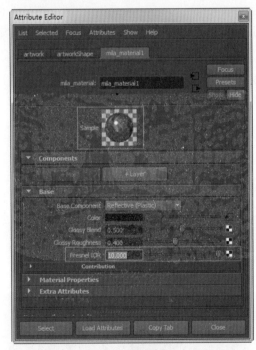

加大IOR折射率

现在对场景进行渲染，从渲染结果上看到一种光滑的模糊反射效果，并且模型上有较大面积的高光和反射，但它们又并不是很锐利，如下图所示。这是因为现在的高光反射和视角有很大关系，这就避免产生一个反射过度的Chrome金属球效果，从而挡住下面的颜色纹理。

光滑的模糊反射渲染效果

从现在的渲染结果看，反射还是过强了一些，并且模型的整体感觉也较为粗糙。因此，需要将Glossy Roughness参数值降低为0.154，这样就能使材质看起来更加光滑，并将Fresnel IOR参数降低为为4.000，这样模型的反射就没有刚才那么强烈。

调整材质参数

现在对场景进行渲染，效果就比较逼真了。现在模型上的光滑反射亮度是充足的，并且也没有完全遮挡住下面的颜色信息，如下图所示。

现在得到的效果就比较逼真了

现在模型的渲染效果已经比较不错，但是模型并未添加任何的凹凸效果，再添加凹凸效果后，当前的模糊反射效果可能会被削弱，因此需要稍微提高一些反射的强度。在这里将Glossy Blend参数值提高到0.631，这个参数值是模糊反射和颜色的混合参数，数值越高，模糊反射所占的比例也就越大，物体的反射就会更强，如下图所示。

提高反射的强度

重新对场景进行渲染，得到了和刚才类似的结果。但是现在的渲染要更加亮一些，并且反射也要更加强一些，如下图所示。

现在的渲染结果要更加真实一些

3.2.4 法线凹凸问题及其解决方法

对于上面的效果来说，其他方面的表现已经较为不错，但是现在整体缺少凹凸效果，使真实感大打折扣，因此现在就需要为这个模型添加凹凸效果。由于在这里并没有使用其他的层，需要在底层设置凹凸。打开Material Properties卷展栏，在其下有Overall Bump属性，这个属性的作用结果是整个材质，如果上面有其他的层，那么这些层也会受到这个参数的影响，如下图所示。

设置Overall Bump属性，为材质添加凹凸效果

展开材质属性卷展栏后，单击属性右边的棋盘格按钮，弹出创建渲染节点的窗口，由于Mila材质现存的一些问题，在单击属性后，如果选择的是一个File文件节点，那么它将不会自动连接bump2d节点，需要手动进行连接。

因此，在窗口中找到Maya－Utilities目录，并在其中找到
Bump 2d节点，如下图所示。

手动连接Bump2d节点

在文件选择对话框中，选择一张配套光盘中所提供的
文件贴图，看到这是一张法线贴图，选择文件后单击Open
按钮将其打开，如下图所示。

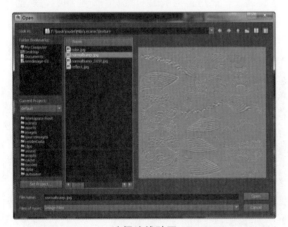

选择法线贴图

选择文件贴图后，需要设置法线贴图的使用方式。对
于法线贴图来说，需要将Use As参数设置为Tangent Space
Normals，如下图所示。由于法线贴图的强度是默认不能
改变的。如果想改变法线贴图的强度，只能通过贴图来进
行改变。因此，设置Bump Depth参数是没有用的，将其保
留为默认的1.000，如下图所示。

设置法线贴图的使用方式

现在对场景进行渲染，看到渲染的凹凸和反射效果非
常糟糕。模型上出现了许多黑白亮点，这是由于这个版本
的Maya没有对亮度进行裁切，并且没有看到明显的凹凸效
果，如下图所示。在Maya 2015版本中，Mila材质存在一
些问题，兼容性并不是很好。其中对法线贴图的支持现在
就有很大的问题，在Maya 2015 SP2升级补丁中对这些问
题做了一定的改进，如果读者希望能够轻松地解决那些问
题，可以尝试升级到SP2版本。

渲染的凹凸和反射效果非常糟糕

另外一个需要注意的问题就是渲染时间的大幅增加，
对比刚才渲染的图片，在没有使用法线贴图的情况下，渲
染时间仅仅只有8秒，在增加了法线贴图后，渲染时间却
达到了1分2秒，如下图所示。对于这样一个简单的模型来

说，使用这么长的渲染时间让人觉得有点不可思议。

渲染时间大幅增加

现在就来讲解一下解决方法。

在这里需要使用到一个独立的外部软件——CrazyBump，这个软件有30天的试用期限。我们可以下载进行使用，启动软件后会弹出一个窗口，在左下角有一个浏览贴图的Open按钮，单击它来打开想要的图片，如下图所示。

使用CrazyBump软件

切换到另外的一个窗口，其中有几种文件贴图输入类型，选择其中的Open normal map from file，如下图所示。

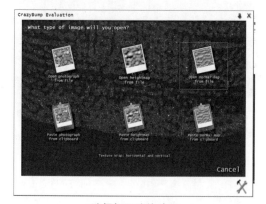

选择打开法线贴图

打开一个外部的贴图文件，在打开的对话框中，选择刚才使用的法线贴图，如下图所示。

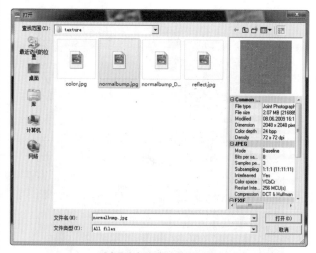

选择刚才使用的法线贴图

文件载入成功后，就能看到现在的界面上，右侧是法线贴图，其上是一个球形的预览小球。在这个预览的小球上，能看到当前贴图的作用结果，在左侧是法线贴图的一些控制选项，在这里能够改变贴图的一些参数，从而形成不同的效果，如下图所示。

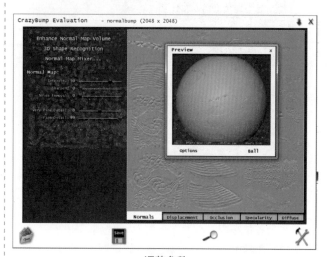

调整参数

在预览样本球上单击Roller按钮，并从弹出的菜单中选择Column，将当前的预览模型改为一个圆柱体，并在左侧的法线贴图控制参数中，将其Intensity强度设置为最大的99，如下图所示。

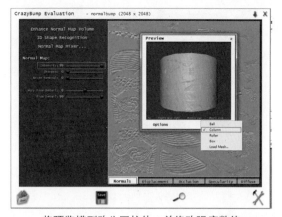

将预览模型改为圆柱体，并修改强度数值

切换到Displacement面板，看到置换贴图的控制参数，在这里保持默认即可，并单击Save按钮将当前的这张贴图进行保存输出，如下图所示。

保存转化后的贴图

现在重新连接Bump2d1节点的Bump Value属性所使用的凹凸贴图，选择刚才CrazyBump软件输出的贴图，如下图所示。

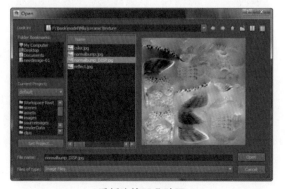

重新连接凹凸贴图

在选择好贴图后，就需要更改现在的凹凸参数，首先

将Bump Depth强度降低为0.150，将下面的Use As参数设置为Bump，如下图所示。

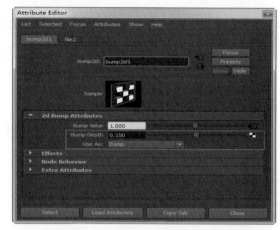

更改凹凸参数

对场景进行渲染，得到的渲染结果如下图所示。从现在的渲染结果看，我们得到了非常逼真的渲染效果。

逼真的渲染效果

再来看一下渲染时间，现在的渲染时间控制在17秒，这是一个非常合理的渲染时间，如下图所示。

渲染时间保持的非常合理

现在，瓷釉效果就制作完成了，下一步需要将其整合

到室内场景中进行渲染。因此，需要将这个场景保存为一个硬盘文件，删除场景中的HDR照明图片，并将这个场景存储为一个01-Final.mb，如下图所示。

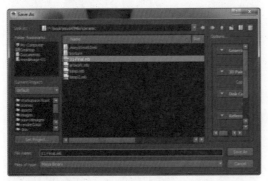

存储场景文件

3.2.5 整合场景

首先打开一个室内场景文件，在之前编织物一章的教学中曾经使用过这个场景文件。

打开室内场景文件

打开后的场景文件如下图所示，这是一个细节非常丰富的室内场景文件。

细节非常丰富的室内场景文件

执行菜单File> Import，将之前保存的陶瓷工艺品模型进行导入，导入后的模型如下图所示。

导入后的模型

将模型进行移动、旋转、缩放等操作，放置到靠窗的书架位置上，如下图所示。

将模型进行调整，并放置到靠窗的书架上

现在对场景进行渲染，得到了较为不错的渲染效果，但是场景整体噪点较多，精度较低，如下图所示。

场景渲染精度较低

打开全局渲染设置窗口，切换到Quality面板，展开Sampling卷展栏，将下面的Quality参数设置为2.00，如下图所示。

提高渲染精度

提高精度后，对场景进行重新渲染，得到的渲染效果如下图所示。

最终渲染效果

放大局部进行观察，材质出色地完成了想要表达的效果。

放大的局部效果

3.2.6 思路拓展

下面简单地进行一些思路上的拓展，使读者加深对Mila材质的认识，并在实际项目制作中选择适合自己的方式。

其实在mia_material_x材质中也拥有效果非常好的陶瓷材质预设。单击mia材质上的Preset预设按钮，并从中选择预设GlazedCeramic，如下图所示。

mia_material_x材质中有效果非常好的陶瓷材质预设

刚才说的是使用建筑学材质，如果继续使用Mila材质的话，其制作方法也不是唯一。可以在Base层中保持默认的Diffuse材质预设，这样现在的材质球就是一个Lambert效果的材质球，它上面没有任何的高光和反射，可以为其颜色属性连接颜色贴图，如下图所示。

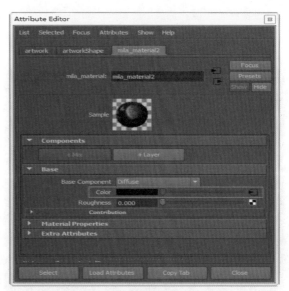

使用Mila材质的方法也不是唯一

现在对场景进行渲染，得到的渲染结果如下图所示。从渲染结果上看，得到了一个没有高光和反射，纯粹只有颜色的lambert材质效果，如下图所示。

没有高光和反射，只有颜色的lambert材质效果

放大局部进行仔细观察，得到的效果如下图所示。

放大局部进行观察

由于现在材质上没有高光反射，需要在其上面添加一个层，用来产生高光和反射。单击Components卷展栏下的＋Layer按钮，可以在底层上添加一个新的层，如下图所示。

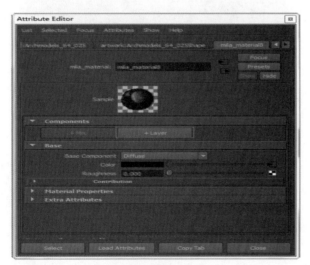

在底层上添加一个层

单击＋Layer按钮后，弹出一个窗口，以选择层的类型，在这里选择Weighted Layer类型方式。这是一种使用数

字来对层进行混合的方式，数值越大，那么当前层所占的混合比例也就越大。

选择层的类型

单击Weighted Layer按钮后，弹出一个窗口可为当前层选择合适的元素分量，在其中选择Specular Reflection，这是一种高光反射的元素分量，如下图所示。

为当前层选择合适的元素分量

仔细观察材质预览样本球，并交互调节Weight属性数值，最后将参数设置为0.516。

对当前场景进行渲染，得到的效果如下图所示。看到当前的渲染结果类似于刚才的渲染效果，只不过现在没有为材质添加凹凸效果，并且材质也需要其他的一些精细调整，在这里就不再赘述了。

当前的渲染结果类似于刚才的渲染效果

通过上面的一些拓展，希望读者在今后的制作过程中

能够积极的开拓思维，特别是在Mila材质引入后，将来的制作会越来越多元化，那么使用一种省时省力，并且效果最好的方式就是一个重要的课题，值得我们思考。

3.3 金属

在本节中，将通过3个例子来学习如何使用Mila制作金属效果。由于金属的类型较多，在这里不能一一涉及，因此将通过3种典型的金属：铜、银及拉丝不锈钢来学习如何使用Mila材质达到想要的效果。

3.3.1 铜

首先来学习铜的制作方法，制作完成的场景如下图所示。

铜编钟制作完成的场景

首先打开场景文件01-copper_start.mb，这个文件位于Mila >Metal > Copper文件夹下，这是一个中国古代的编钟模型，用它来表现金属铜的效果是最合适不过的，如下图所示。

中国古代的编钟模型

打开Hypershade材质编辑器来观察一下场景中的材质，看到现在场景中使用了一些mia建筑学材质，并且材质上连接了贴图，以及简单设置了参数，如下图所示。

场景中使用了一些mia建筑学材质

为了能较好地调节材质效果，首先需要调节灯光。在这里依然使用线性流程和HDR图片照明的组合方式。打开全局渲染设置窗口，切换到Common面板，展开Color Management卷展栏，勾选Enable Color Management复选框，打开场景颜色管理。将Default Input Profile参数设置为sRGB，Default Output Profile参数设置为Linear sRGB。取消对Enable Default Light复选框的勾选，禁用场景中的默认灯光，如下图所示。

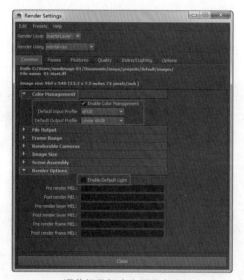

调节场景灯光和照明方式

取消场景中的默认灯光后，现在场景中就没有任何的照明。因此现在需要从头设置自己的照明方式，在全局渲染设置窗口中，切换到Indirect Lighting面板，展开Final Gathering卷展栏，勾选Final Gathering复选框；继续展开

Enviroment卷展栏，并单击Image Based Lighting旁边的Create按钮，创建一种Final Gathering和HDR的间接照明方案，如下图所示。

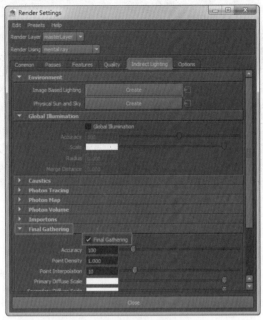

间接照明方案

单击Create按钮后，将会弹出mentalrayIblShape1节点的属性编辑器，由于使用的图片是球形的，因此需要确认其中的Mapping参数被设置为Spherical，这样才能得到正确的映射方式，然后在下面的Image Name属性的文件浏览器对话框中，选择配套光盘中提供的HDR图片，如下图所示。

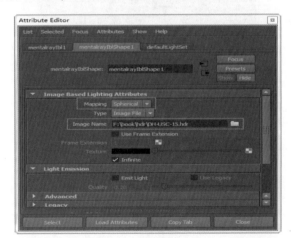

IBL节点设置

由于已经打开了场景的颜色管理，但是渲染窗口中并没有相应的颜色管理方案进行匹配，将会造成渲染结果的错误，在这里需要在渲染视图中执行菜单Display > Color Management。

打开默认的视图颜色管理节点，将Image Color Profile属性设置为Linear sRGB，Display Color profice属性设置为sRGB，如下图所示。

设置默认视图颜色管理节点

对当前的场景进行渲染，得到的渲染效果如下图所示。从现在的渲染中我们看到了一个使用mia建筑学材质，并粗略调整参数后的结果，如下图所示。

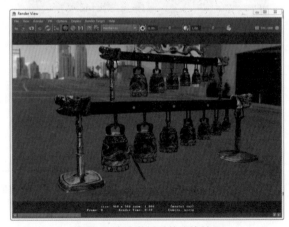

使用mia建筑学材质的渲染结果

现在使用Mila材质对场景进行重新制作，首先选中编钟模型，并打开其材质属性编辑器。仔细观察mia建筑学材质，发现现在的材质球上连接了相应的颜色贴图、反射贴图和凹凸贴图，并且设置了反射的Glossiness属性，从而得到一种模糊反射的效果，如下图所示。

mia建筑学材质球上连接了相应的贴图

选中刚才的编钟模型，为其指定一个Mila材质，并在Base卷展栏中，将材质预设类型改为Reflective。由于金属具有很强的反射，因此它的方向性并不是太强，也正因为如此，看到金属各个方向上的反射都很强。所以选择这种反射类型是合适的，这就是为什么没有选择Fresnel等使用IOR来控制反射的预设的原因。并且从难易程度上来说，现在所选择的预设最为简单，使用它来调节材质效果，如果达不到预期，再换其他的预设类型。在材质预设选择完成后，为其Color属性连接相应的颜色贴图，如下图所示。

选择材质预设，指定颜色贴图

从刚才的渲染效果上来看，所使用的HDR图片较暗，需要选择另外一张较亮的HDR图片，如下图所示。

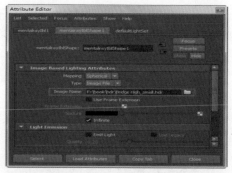

选择另外一张较亮的HDR图片

现在对场景进行渲染，得到的渲染结果如下图所示。

较为普通的渲染效果

从上面的渲染结果来看，材质整体较为黯淡，感觉并不是很光滑，材质上几乎没有任何的高光反射效果。因此需要将其中的Glossy Blend参数调整到1.00，这样模糊反射就能产生强烈的影响，并将Glossy Roughness参数值降低为0.135，这样材质整体就会显得较为光滑，如下图所示。

加大材质的光滑程度

现在对场景进行渲染，从渲染结果来看，得到了较为闪亮、光滑的效果，如下图所示。

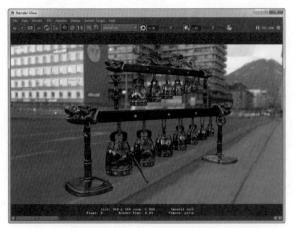

较为光滑、闪亮的效果

虽然模型现在模型较为光滑、闪亮，但材质显得比较不真实。其原因就在于没有为材质设置凹凸效果，展开Mila材质的Material Proteries（材质属性）卷展栏，单击Overall Bump属性旁边的棋盘格按钮，并按照前面所讲的方法为这个属性连接一个Bump2d节点，如下图所示。

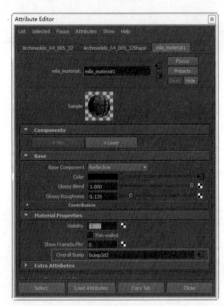

手动连接凹凸节点

由于所使用的是一张法线贴图，因此为Bump Value属性连接上相应的贴图，并保持其Bump Depth强度参数为默认的1.000，将Use As参数修改为Tangent Space Normals，如下图所示。

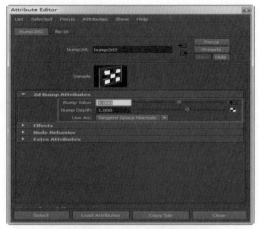

设置Bump2d节点参数

单击Bump Value属性后，将会弹出法线文件贴图的选择对话框，在其中选择需要使用的贴图，如下图所示。

选择需要使用的法线贴图

现在对场景进行渲染，得到错误的凹凸效果，并且现在模型上出现了许多亮点和黑点，如下图所示。

非常糟糕的渲染效果

这个问题在前一节中已经进行了详细解释，因此按照前一节所使用的方法，继续打开CrazyBump软件，并生成一张凹凸贴图来进行渲染，如下图所示。

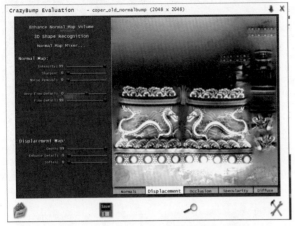

使用CrazyBump软件来转化法线贴图

由于凹凸贴图和法线贴图使用的是不一样的技术，因此需要将其Bump Depth强度参数降低为0.100，并将Use As参数设置为Bump，这样我们就能使用黑白的凹凸贴图来进行渲染了。

设置Bump2d节点参数

现在对场景进行渲染，得到了较为真实的材质效果。

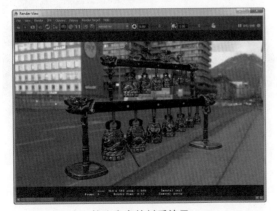

较为真实的材质效果

对上面的效果基本满意后，将其保存。这样就能将其导入到室内场景中进行渲染，在文件保存对话框中，将其保存为一个临时文件temp.mb，如下图所示。

保存场景文件

按照之前的方法打开室内场景，并将模型导入到场景中，对其位置、大小、方向进行调整，同样将其放在书架模型上。现在对场景进行渲染，得到了不错的渲染效果，但是现在模型上的高光似乎过于强烈了，如下图所示。

现在的高光过于强烈

打开Mila材质的属性编辑器，将其中的Glossy Blend参数降低为0.753，Glossy Roughness参数提高为0.575，这样就能避免产生过于光滑、闪亮的材质，也有利于高光的面积更大、更柔和，如下图所示。

调整材质参数，使高光面积更大、更柔和

现在框选其中的模型区域，并对其进行区域渲染以节省时间，从渲染结果中看到，现在的渲染效果已经非常真实、生动了，但场景整体的精度较低，噪点非常多，如下图所示。

区域渲染

打开全局渲染设置窗口，切换到Quality面板，并展开Sampling卷展栏，将Quality品质参数提高到2.00，如下图所示。

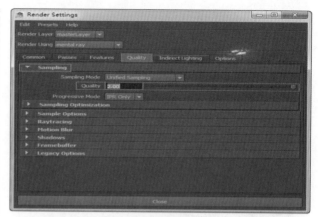

提高品质参数

对场景进行最终渲染，得到的效果如下图所示。

最终渲染

对区域进行放大渲染并观察其结果，如下图所示。

区域放大渲染

3.3.2 银

现在就来制作金属银的效果，银的制作方法和铜比较类似，首先看一下完成后的效果，如下图所示。

完成后的效果

打开配套光盘中所提供的场景文件01_silver_start.
mb，这个文件位于Mila > Metal > Silver目录之下。

打开场景后，对其进行渲染，渲染结果如下图所示。
从渲染结果中发现，现在已经有了银的金属效果，但场景
显示效果较暗，显示较暗的原因是因为对场景中的贴图和
颜色进行了Gamma的矫正，如下图所示。

场景显示效果较暗

注意，由于在这里没有使用渲染中的颜色管理，因
此不能通过打开渲染视图的颜色管理来预览效果，要想
看到正确的效果，必须对图片进行Gamma矫正。这里使
用Maya 2015中的一个新功能，在渲染窗口中将预览用的
Gamma数值设置为2.0，如下图所示。从现在的渲染效果
看，得到了正确的银材质。

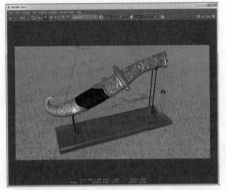

使用Maya 2015中的Gamma预览新功能

再展开Hypershade，查看现在场景中的材质，从材质
编辑器中可以看到，场景中已经预先设置好了相应的mia
建筑学材质，如下图所示。

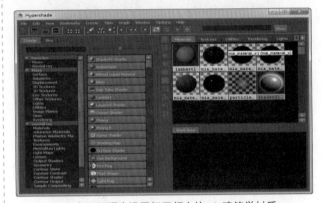

场景中已经预先设置好了相应的mia建筑学材质

任意选中其中的一个材质，并展开材质的上下游节点
网络，从中看到现在的节点相应的属性上都连接了Gamma
Correct节点，如下图所示。

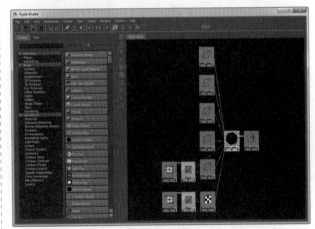

节点相应的属性上都连接了Gamma Correct节点

再任意打开其中的Gamma Correct节点，看到材质

节点中，Value属性连接上了要使用的贴图，而下方的Gamma属性三元组全部都被设置为0.454，如下图所示。

Gamma属性三元组全部都被设置为0.454

现在再来看一下场景的照明方式，打开全局渲染设置窗口，展开Render Options卷展栏，看到Enable Default Light复选框是取消勾选的，也就是说，现在的场景没有使用默认灯光，如下图所示。

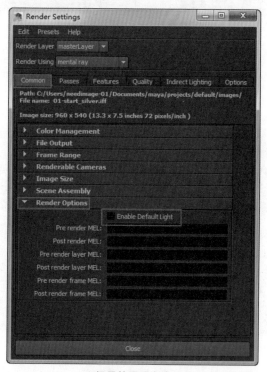

场景的照明方式

在全局渲染设置窗口中切换到Indirect Lighting面板，现在Image Based Lighting下面被连接了一张HDR图片，并且在Final Gathering卷展栏下，Final Gathering复选框是勾选的，也就是说，场景使用的是Final Gathering + HDR的照明方式，如下图所示。

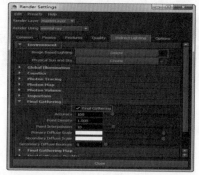

场景使用的是Final Gathering + HDR的照明方式

旋转视图，看到现在模型正面的地方有一个较大的面光源，这就是说，这个面光源来给当前的模型提供正面的高光反射，如下图所示。

面光源用来给模型提供正面的高光反射

这里给出灯光的参考变换参数，TranslateX、Y、Z为（－41.433、39.934、35.72），RotateX、Y、Z为（-21.923、-51.265、0），ScaleX、Y、Z为（44.346、18.196、18.196），如下图所示。

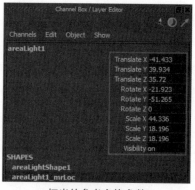

灯光的参考变换参数

现在再来看一下面光源的参数设置，这里只是简单了解一下场景的构成，知道解为什么会产生刚才的渲染效果，在最后的渲染中，将把模型导入到室内场景中进行渲染，这主要还是要依据最后的室内灯光。

展开灯光的属性编辑器，看到现在灯光的Intensity强度参数被设置为3.000，并且在mental ray > Area Light卷展栏下，勾选了Use Light Shape复选框，这就意味着，使用的是一盏强度为3.000的mental ray面光源，如下图所示。

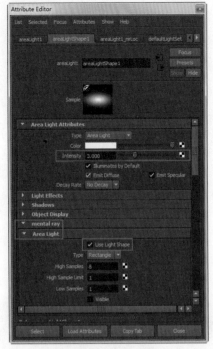

面光源的参数设置

对场景了解后，现在就来制作场景的银器材质。首先选中银材质模型，为其指定一个Mila材质，如下图所示。

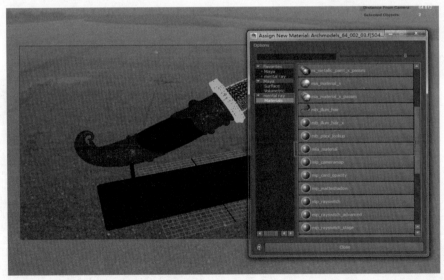

指定材质

在展开的材质属性编辑器中，将Base Component预设设置为Reflective，至于为什么使用这种较为简单的材质预设，在前一节已经进行了详细描述，如下图所示。

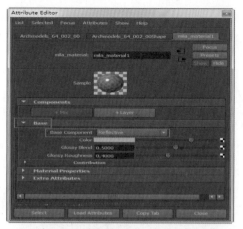

将材质预设设置为Reflective

对场景进行渲染，得到一种银色的材质效果，但现在材质的高光反射及整体质感并不像银，如下图所示。

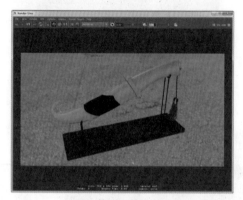

材质的整体质感并不像银

由于模型细节较多，因此先来还原这种细节。采用和之前类似的方法，首先打开CrazyBump软件，然后将所使用的法线贴图转化为一张凹凸贴图，最后将得到的贴图文件进行保存，如下图所示。

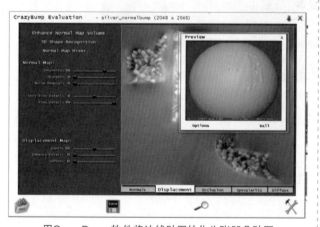

用CrazyBump软件将法线贴图转化为张凹凸贴图

打开材质的属性编辑器，在Material Properties（材质属性）卷展栏下，为Overall Bump属性手动连接一个Bump2d shader，如下图所示。

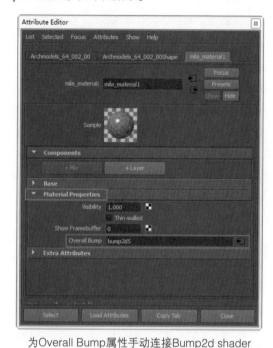

为Overall Bump属性手动连接Bump2d shader

对场景进行渲染，从现在的渲染结果来看，已经得到了凹凸效果，但感觉仍然不像银，如下图所示。

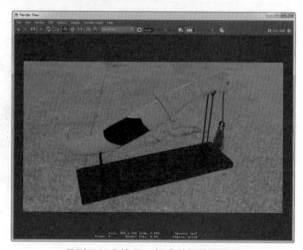

得到了凹凸效果，但感觉仍然不像银

由于刚才的材质过于粗糙，需要修改Mila材质的参数。首先将Glossy Blend属性连接相应的反射贴图，然后将Glossy Roughness属性值降低为0.250，最后将Color属性的颜色降低，如下图所示。

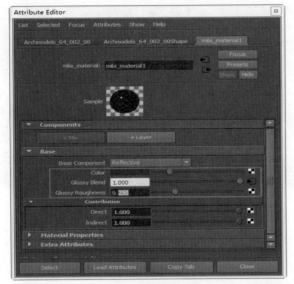

修改Mila材质的参数

双击Color属性的色块，查看其颜色数值为HSV（0.000，0.000，0.188），如下图所示。

查看Color属性颜色数值

选中面光源，将其属性数值修改为3.000，如下图所示。

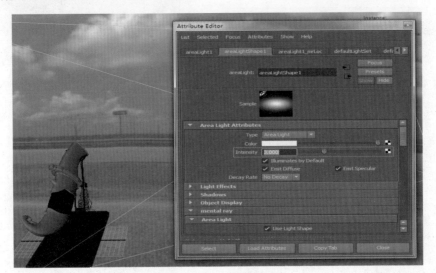

设置面光源强度

对场景进行渲染，得到的渲染结果如下图所示。现在材质的感觉稍微有一些像银了，但材质的反射及高光对比过于强烈，如下图所示。

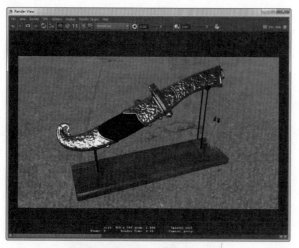

材质的反射及高光效果较为刺眼

针对上面出现的情况，现在就来进行相应的修改。首先将Glossy Roughness参数值提高为0.500，增强模糊程度，材质的高光将更为分散，如下图所示。

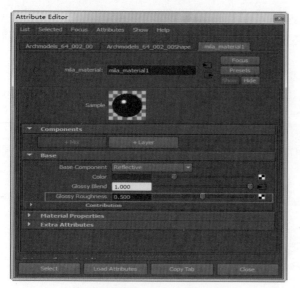

修改材质参数，使材质高光分散

选中材质，并展开材质的上下游节点网络，从中看到现在材质上有两个较为少见的节点，分别是mila_mix_layer1和mila_mix_reflective1。

材质上有两个较为少见的节点

分别展开这两个节点的属性编辑器，例如这里的mila_mix_layer1，我们看到其中有一些参数是在Mila材质中看不到的，如下图所示。

mila_mix_layer1中有一些参数是在Mila材质中看不到的

同样展开mila_mix_reflective1节点，看到这个节点的参数被全部暴露在Mila材质中，如下图所示。这就证明Mila材质的Base预设全部是Phenomenon，它暴露出了相应的参数，也说明在某些情况下，可能会需要修改Mila节点外的上游节点。

mila_mix_reflective1节点的参数被全部暴露在Mila材质之中

选中灯光物体，将其Intensity强度参数值降低为1.300。

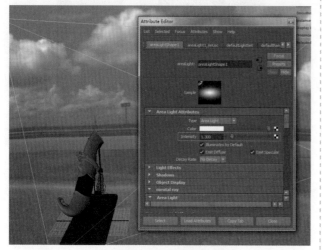

降低灯光Intensity强度参数

现在重新对场景进行渲染，效果已经没有刚才那么刺眼了，现在看起来就比较像银了，如下图所示。

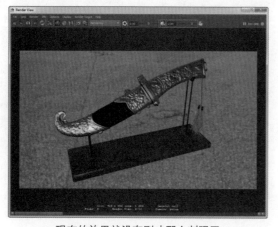

现在的效果就没有刚才那么刺眼了

由于室内场景没有使用高动态图片渲染，相反它使用的是线性流程，因此需要将所有的Gamma矫正都进行还原，例如随意展开其中一个材质的上下游节点网络，看到现在出现了许多Gamma Correct矫正节点，如下图所示。

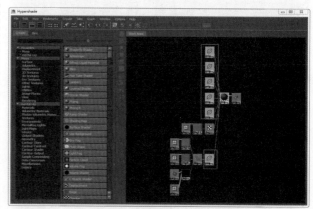

将所有的Gamma矫正都进行还原

选中其中的一个Gamma Correct节点，打开属性编辑器，将其中的Gamma数值全部还原为1.000，如下图所示。

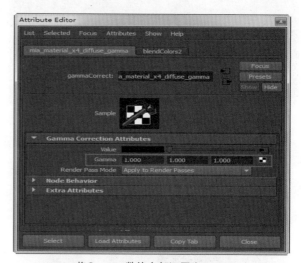

将Gamma数值全部还原为1.000

如果觉得一个个修改节点非常麻烦的话，可以利用软件中的Attribute Spread Sheet（属性扩展表）来进行修改。执行菜单Window > General Editor > Attribute Spread Sheet。

打开属性扩展表后，可以看到GammaX、GammaY、GammaZ这3个属性，分别单击其中一个标题，输入数值"1"，这样就能将某一列的数字全部设置为1，如下图所示。

单击其中一个标题，就能将某一列的数字全部修改

现在对场景进行渲染，确认得到了正确的结果，如下图所示。

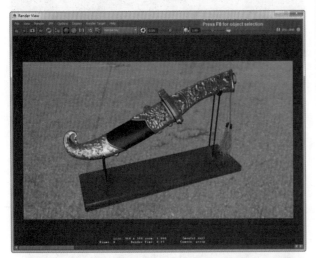

渲染结果

完成上面的制作后，就需要将模型导入到室内场景中。类似于之前的步骤，首先删除模型所使用的HDR图片，然后将模型保存为一个独立的文件，最后将模型导入并调整到合适的尺寸和位置。

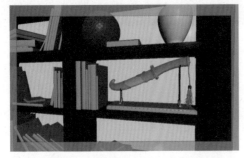

将模型导入并调整到合适的尺寸和位置

对场景进行渲染，看到现在导入后的模型由于反射的原因，质感表现不是很好，整体反射较强，材质较暗，如下图所示。

模型由于反射的原因，质感表现不是很好

在这种情况下，需要对模型进行补光处理，调整之前所使用的面光源的大小和位置，注意不要让灯光被书架模型所遮挡，如下图所示。

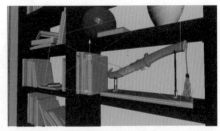

对模型进行补光处理

由于现在模型材质反射较强，这样它就会反射周围深色的书架，因此现在的颜色显得较深。在这种情况下，需要修改材质的参数，打开材质的属性编辑器，将Glossy Roughness数值修改为0.900，有助于高光的扩散，并将反射进行模糊，如下图所示。

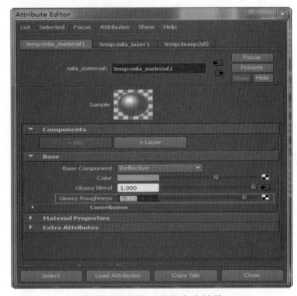

修改材质属性，使得高光扩散

在渲染视图上拉出一个矩形框进行区域渲染，从现在的渲染结果看，模型明显亮了许多，基本上符合我们的预期。但场景精度比较低，需要提高整体渲染精度。

区域渲染以加快测试渲染速度

打开全局渲染设置窗口，切换到Quality面板，将Sampling卷展栏下的Quality参数设置为2.00，这是一个产品级别的渲染精度。

对现在的场景进行最终渲染，得到的效果如下图所示。

最终渲染效果

3.3.3 不锈钢（拉丝金属）

上面的例子讲解完成后，现在来学习如何使用Mila材质制作不锈钢拉丝金属效果。最终得到的渲染效果如下所示。

最终渲染效果

在mental ray中，制作不锈钢拉丝金属有很多种方法，其基本原理都是通过使用某个方向上严重拉伸的贴图来模拟拉丝效果，其重要的特征在于方向性，从下图中我们看到许多相邻的圆柱形成了纵向的高光和所谓的拉丝效果。

拉丝金属的要点在于方向性

首先打开Mila > metal >Stained目录下的场景文件01_stained_start.mb，看到打开后的场景包括一组尺寸、规格不同的不锈钢锅模型以及刀架和菜刀的模型，如下图所示。

打开场景文件

现在对场景进行检查性渲染，确保场景能够进行顺利渲染，如下图所示。

对场景进行检查性渲染

在材质调节之前，先来设置场景的灯光。打开全局渲染设置窗口，在Common面板下，展开Color Management卷展栏，勾选Enable Color Management复选框，并确认Default

Input Profile参数被设置为sRGB，Default Output Profile参数被设置为Linear sRGB；然后展开Render Option卷展栏，取消对Enable Default Light复选框的勾选，这样就取消了场景中的默认灯光，如下图所示。

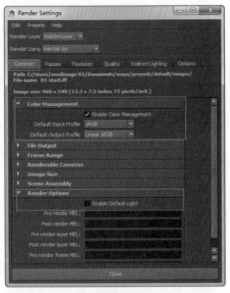

设置场景灯光

继续保持全局渲染设置窗口为打开状态，切换到Indirect Lighting面板，展开Final Gathering卷展栏，勾选Final Gathering复选框；再展开Enviroment卷展栏，并单击Image Based Lighting旁边的Create按钮，这样就创建了Final Gathering + HDR的间接照明组合方案，如下图所示。

Final Gathering + HDR的间接照明组合方案

对场景进行渲染，从现在的渲染结果上看，照明效果非常暗，因此需要打开渲染视图的颜色管理，如下图所示。

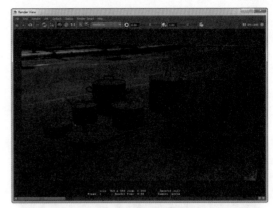

现在的照明效果非常的暗

在渲染视图中执行菜单Display > Color Management。

弹出默认视图颜色管理节点的属性编辑器，将Image Color Profile参数设置为Linear sRGB，Display Color Profile参数设置为sRGB，如下图所示。

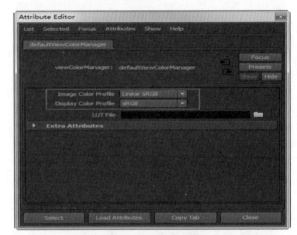

设置默认视图颜色管理节点

对场景进行渲染，现在的场景亮了很多，我们得到了比刚才自然很多的照明效果，如下图所示。

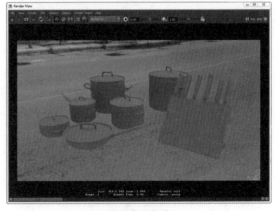

场景亮了很多

选中一些不需要的钢锅模型进行删除，如下图所示。

选中一些不需要的钢锅模型进行删除

由于现在的锅盖和把手是连在一起的模型，并且它们的材质是不相同的。因此需要将这两个模型进行分离，按F11键并双击锅盖模型，选中相应的面，然后执行Polygon模块下的菜单：Mesh > Extract，将其进行分离。分离后的模型变成了锅盖和把手两个模型，如下图所示。

将锅盖和把手模型进行分离

选中锅盖模型，为其指定一个Mila材质，如下图所示。

为锅盖模型指定一个Mila材质

由于锅盖模型的材质是玻璃，因此在Mila材质的属性编辑器中，需要将材质预设的Base Component属性修改为Transmissive（Clear），这是一种透明玻璃的预设材质，如下图所示。

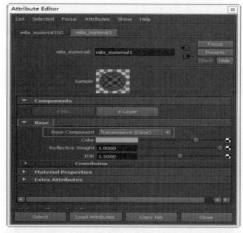

将锅盖模型的材质预设改为Transmissive（Clear）

现在对场景进行渲染，就得到了反射很强的玻璃锅盖模型，如下图所示。

反射很强的玻璃锅盖模型

选中分离出来的把手和锅体模型，也同样为其指定一个Mila材质，如下图所示。

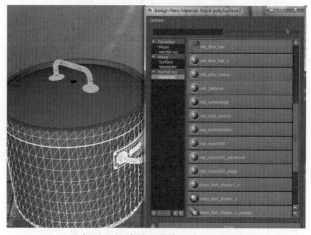

为把手和锅体模型指定一个Mila材质

由于所要制作的是不锈钢拉丝金属材质，因此需要在材质预设中选择Reflective（Anisotropic）方式的材质。选择完成后，展开Anisotropic卷展栏，将Anisotropic参数值修改为0.100，这时候可以从材质预览样本球中看到材质上所产生的变化，如下图所示。

设置材质参数

重新对场景进行渲染，看到现在模型上产生了一些微弱的方向性金属高光效果。

模型上产生了一些微弱的方向性高光

从刚才的渲染效果上发现，现在的材质过于粗糙，反射并不明显。需要降低Base卷展栏下的Glossy Roughness参数，在这里将其设置为0.200，有助于提高材质的光滑程度，从材质预览样本球上也能看到现在材质的变化，如下图所示。

提高材质反射

对场景进行渲染，看到了更加明显的方向性高光，如下图所示。

更加明显的方向性高光

渲染完成后，看到了更强的方向性灯光，但整体感觉并不强烈。需要对材质的Color属性进行贴图，来强化这种拉丝的感觉，如下图所示。

对材质的Color属性进行贴图

贴图后，对场景进行渲染。从渲染结果上看，现在的贴图方向是错误的，如下图所示。

从刚才的渲染结果上看只有颜色效果，并没有凹凸效果，需要设置相应的贴图，展开Material Properties卷展栏，对下面的属性手动连接凹凸shader，这样在材质整体上就应用了凹凸效果，如下图所示。

现在的贴图方向是错误的

展开贴图放置节点的属性编辑器，将其中的Rotate UV属性值设置为90.000，将UV方向进行90°的旋转，如下图所示。

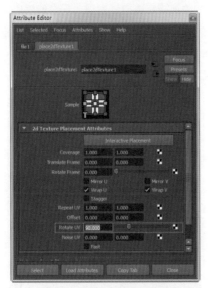

将UV方向进行90°的旋转

对场景进行渲染，看到现在所得到的渲染结果就正确了。

正确效果

在材质整体上应用凹凸效果

对场景进行渲染，发现现在的效果要更加强烈一些，如下图所示。

现在的效果要更加强烈一些

由于拉丝金属这一类材质需要反光板来强化材质效果，因此需要创建一盏面光源。创建面光源后，展开其属性编辑器，设置Intensity为2000.000，Decay Rate为Quadratic，在mental ray－Area Light卷展栏下，勾选Use Light Shape复选框，并勾选Visible复选框，最后将Shape Intensity参数值设置为1.000，如下图所示。上面所有的参

数设置可以翻译为：创建了一盏带有二次方衰减的，强度为2000.000的mental ray面光源，并且使灯光可见，灯光的可见强度为1.000。

设置面光源参数

将灯光调整到正面的位置并渲染场景，得到的效果如下图所示。从现在的渲染结果来看，已经清楚地看到了白色高光，如下图所示。

灯光在模型上产生了白色的高光

但是从渲染结果中发现，现在的颜色和贴图似乎过粗，展开place2dTexture节点的属性编辑器，将其中的RepeatUV参数值的第一个属性值设置为3.000，这样就在纵向上使UV的重复度提高了三倍，从而产生更细的纹理。

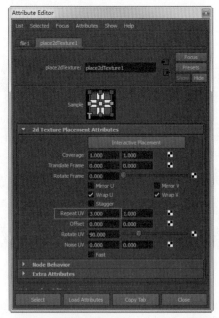

在纵向上使UV的重复度提高三倍，从而产生更细的纹理

从刚才的渲染结果中还发现，现在的材质比较粗糙，而且白色的高光并不明显。因此需要将高光的强度进行加强，展开Mila材质的属性编辑器，将Glossy Blend参数值提高为0.775，如下图所示。

将高光的强度进行加强

打开灯光的属性编辑器，展开mental ray > Area Light卷展栏，将刚才的Shape Intensity（形态亮度）参数值提高到8.000，这样就会使灯光的形态亮度更加强烈，如下图所示。

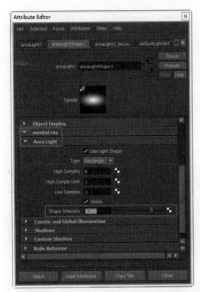

加强灯光的Shape Intensity（形态亮度）参数

对场景进行渲染，现在得到了较为不错的效果，如下图所示。

较为不错的效果

按照刚才的方法选中刀架模型，并为其指定一个Mila材质，如下图所示。

为刀架模型指定一个Mila材质

由于这个模型是一块深色的光滑木板，首先将其材质预设设置为Reflective，并在Color属性上连接相应的拉丝贴

图，然后将Overall Bump属性连接相应的凹凸shader和贴图，如下图所示。

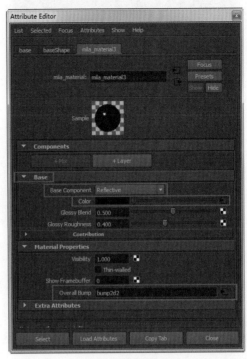

设置刀架材质参数

菜刀模型和刚才所制作的不锈钢锅模型是类似的，也为其指定一个Mila材质，如下图所示。

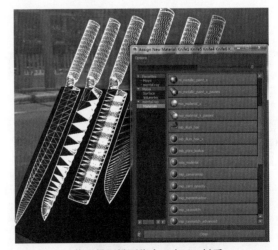

为菜刀模型模型指定一个Mila材质

在材质的属性编辑器中，参考刚才所制作的不锈钢锅材质，在这里将Base Component设置为Reflective（Anisotropic），并且为Color和Overall Bump属性都连接上相应的拉丝贴图，将Glossy Roughness参数值降低为0.200，如下图所示。

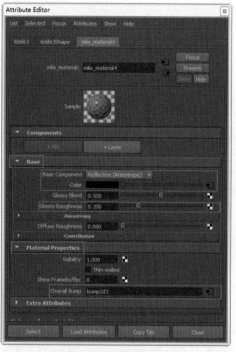

设置刀身不锈钢材质

现在打开所使用的拉丝贴图，看看是什么样子的，如下图所示。

拉丝贴图外观

由于菜刀的把手材质不同于刀身，它是黑色的防滑材料，并且菜刀整个模型是单一的一个模型，因此需要按F11键，来选中所有的面，如下图所示。

刀把材质不同于刀身，它是黑色的防滑材料

同样为菜刀把手的面指定一个Mila材质，并将其材质预设设置为Reflective，Color颜色设置为偏黑的一种颜色，Glossy Blend和Glossy Roughness参数都设置为0.700，如下图所示。

设置菜刀把手的Mila材质

由于刚才使用了可见外形的面光源来对模型上的拉丝条纹高光进行强化，同样在这里也需要使用这种方法对菜刀模型上的不锈钢效果进行强化，复制刚才所使用的面光源，并将复制出来的光源调整到合适的位置，如下图所示。

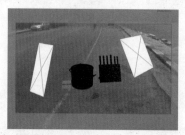

复制面光源，并调整大小和位置

在这里给出光源最后的变换参考数值，左边用于照射不锈钢锅的面光源变换参数：TranslateX、Y、Z为（−23.08、44.208、58.165），RotateX、Y、Z为（−22.069、−38.589、0），ScaleX、Y、Z为（9.138、21.681、25.595），如下图所示。

左边光源的变换参数

右边用于照射菜刀模型的面光源变换参数为：TranslateX、Y、Z为（80.036、44.208、21.319），RotateX、Y、Z为（-30.552、37.201、0），ScaleX、Y、Z为（23.173、21.681、25.595），如下图所示。

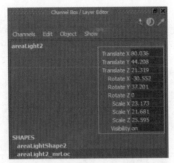

右边光源的变换参数

从刚才的渲染结果中发现，灯光照明过于强烈，以至于模型较亮，但相应的高光却比较微弱，因此需要将左边照射不锈钢锅的灯光Intensity强度降低为100.000，并将mental ray > Shape Intensity卷展栏下的Shape Intensity参数值增大为200.000，如下图所示。

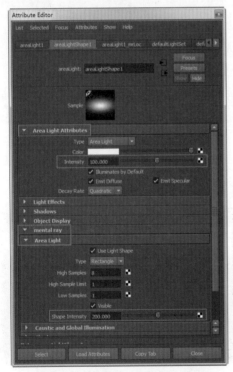

降低左边灯光强度，增大形态强度

同样需要将右边照射菜刀模型的灯光Intensity强度降低为100.000，Shape Intensity参数值增大为75.000，如下图所示。

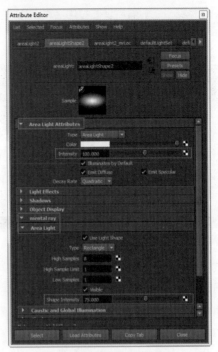

同样调整右边的灯光参数

现在对场景进行渲染，就得到了效果非常不错的拉丝不锈钢金属效果，但是拉丝金属细节较多，需要很强的抗锯齿，来避免动画中出现的闪烁问题，如下图所示。

不错的拉丝不锈钢金属效果

打开全局渲染设置窗口，切换到Quality面板，展开Sampling卷展栏，将Quality参数值设置为2.000。并且由于新增的Mila是物理真实的，因此使用较高的深度数值将会得到精确的结果，并且Mila材质的特性决定了它使用较高的深度数值也并不会太多地影响渲染时间，展开Raytracing卷展栏，将Reflection参数值设置为50，Refraction参数值设置为50，Max Trace Depth参数值设置为100。

对最终场景进行渲染，得到的效果如下图所示。从不锈钢锅的渲染结果上，看到现在拉丝金属上有一些白色的噪点，如下图所示。

拉丝金属上有一些白色的噪点

由于之前强调过，Mila材质现在可能会有一些潜在的问题，特别是对于凹凸法线而言，因此我们需要对凹凸效果进行微调。打开Bump2d1节点的属性编辑器，看到目前的Bump Depth参数值被设置为0.100，如下图所示。这个参数值可能过大，从而产生一些潜在的问题。

目前的Bump Depth参数值可能过大，从而产生一些潜在的问题

因此将这个参数值降低为0.050，如下图所示。

降低Bump Depth参数值

重新对场景进行渲染，现在就得到了正确的、非常漂亮的拉丝不锈钢金属效果，如下图所示。在对材质效果满意后，需要删除场景中所使用的HDR图片，并将其保存为一个单独的Maya源文件。

正确的拉丝不锈钢金属效果

在上面的基础效果调整完成后，需要将其整合到场景之中，首先打开之前讲解玻璃材质时使用的场景文件。

打开使用过的场景文件

对这个场景文件进行渲染，得到的效果如下图所示。这是预先设置好了材质灯光的场景文件。

预先设置好了材质灯光的场景文件

将模型进行导入，并放置在合适的位置上。对场景进行渲染，从渲染效果上看到，在室内场景的照明条件下，拼合后的模型材质效果还是不错的，如下图所示。

拼合后的模型材质效果还是不错的

同样展开全局渲染设置窗口，切换到Quality面板，将Sampling卷展栏下的Quality参数设置为2.00，提高场景整体的渲染精度，如下图所示。

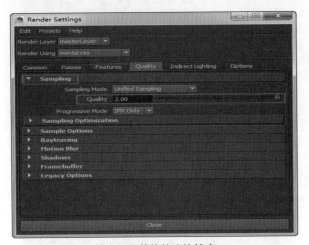

提高场景整体的渲染精度

重新对场景进行渲染，得到的渲染结果如下图所示。现在就得到了漂亮的拉丝不锈钢金属效果。

最终渲染结果

放大局部进行渲染，得到的渲染结果如下图所示。

局部渲染结果

注意，mia_material_x材质也带有拉丝金属的预设效果，可以在材质的Preset菜单中，找到SatinedMetal预设选项进行使用，如下图所示。

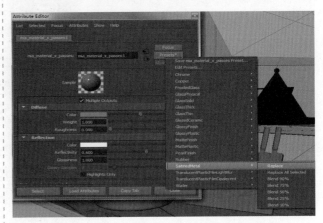

mia_material_x材质也带有拉丝金属的预设效果

3.4 SSS表现

3.4.1 理论讲解

本节将要讲解的主题是：使用Mila材质来制作真实可信的角色皮肤。在讲解Mila材质之前，我们需要先了解一些mental ray 3S材质的基础知识，以及传统的mental ray 3S Shader。

什么是SSS？

当光线击中物体的时候，一部分光线进行了反射（反射的类型有漫反射、模糊反射、镜面反射），另外一部分光线进行了折射，这部分折射的光线进入物体内部，使物体产生半透明的感觉，根据组成物体材料的不同，这些折射的光线自身继续进行反射（类似于漫反射），最后这部分反射的光线到达人的眼睛，从而形成看到的SSS效果。

SSS可以暴露出物体内部的结构，如血管、筋络等。这就对我们的模型提出了要求，另外SSS还能产生自发光的效果。

MentalRay中，制作SSS的要点是：

- 场景中必须有光源，而且光源需要投射阴影，最好有背光来强化效果。
- 模型和模型必须是真实物理大小。

有哪些Shader？

mental ray中涉及3S的shader非常多，它们都以misss（misss代表mental image subsurface scattering shader）字样开头，并且在每一版本的Maya中，3S shader都会进行频繁的升级，从而形成了庞大的shader库，但它们中的许多已经被淘汰，现在已经放到Legacy（旧的历史版本）目录下，不推荐用户使用，而且随着Mila材质的出现，这一现象还会持续，如右图所示。

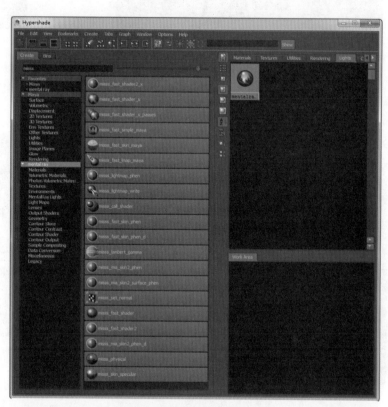

mental ray中庞大的3S shader库

已经被淘汰的shader，如右图所示。

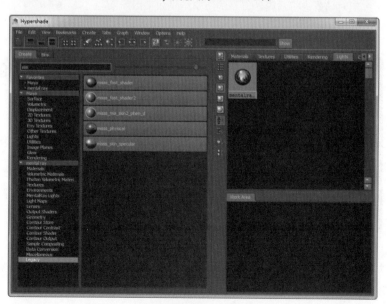

已经被淘汰的shader

由于mental ray中3S的shader太多，那么在具体制作中，什么情况下用什么shader？这些shader有什么区别？这些问题相信给许多读者都造成了极大的困扰，这里就做一下简单的解释。

一般来说，所有带有fast字样的Shader并不是真正的体积类型，它们仅仅是做了优化，这样就能使用lightmaps来模拟散射效果，使渲染更加的快速。

传统的3S Shader有如下几种：

（1）fast_shader系列

这个系列的材质包括misss_fast_shader、misss_fast_shader_x、misss_fast_shader_x_passes，这3个shader都只有最基本的正面/背面颜色、权重，以及背面深度的半径数值。

随着技术的发展，misss_fast_shader现在已经被淘汰，变成下图所示的3个shader：misss_fast_shader_x，misss_fast_shader2_x及misss_fast_shader_x_passes。

3个Shader

其中带有_x字样的shader提供一个result属性，可以使用Connection Editor来操作它，如著名的mia_material_x。

而带有_passes字样的shader则用于Maya的pass渲染，主要用于合成，如著名的mia_material_x_passes。

（2）misss_fast_simple_maya

有额外的高光、环境光，以及整体颜色参数组，它是我们在日常使用Maya的过程中最经常使用的一种。尤其是对于那些较薄的曲面来说，可以看见灯光穿透曲面的散射效果，如树叶、纸张、蜡烛葡萄等，它只需要简单的设置，并且渲染得很快。但在关掉高光的时候，仍然有高光

分量，很难去掉，因此若是合成的话就不能使用。

misss_fast_simple_maya

（3）misss_fast_skin_maya

这个shader和上面的shader几乎一样，但也有一些区别：misss_fast_skin_maya分为表皮和皮下层两层；高光分为两部分，包括边缘权重和模糊反射；另外还有用于全局调整的overall和ambient color参数。

misss_fast_skin_maya

（4）misss_physical

这个shader以GI、光子、焦散等物理真实的方式来处理灯光，这就使得渲染速度较为缓慢并且参数设置较为繁琐。它比较适用于光线散射很深的板状或片状半透明物体，如玉石、翡翠、大理石等。这是由于这些石头材质的质地、裂缝、管道等，可以使光线进入并在内部进行反射/折射，从而形成了这些物体独特的质感。但随着其他物理shader的引入，如Mila，这个shader逐渐被淘汰。

misss_physical

生物角色一般使用misss_fast_skin_maya

这个shader的3S层分为3层：Epidermal是最上一层，也就是外表层，第2层是Subdermal层，也就是中间层（皮下层），第3层是最内层，也就是Back Scatte层即光线从背后穿透物体那一层。颜色从表层到内层逐渐加深，所有的3层混合起来就得到最终效果。

3S层分为3层

值得注意的是,每层的Radius数值都是物理正确的，也就是说在现实生活中，光线将会透过人体表层皮肤8毫米的距离，穿透皮下层25毫米的距离，穿透背光层（如人的耳朵）25毫米的距离以及半径。但是问题在于它们的系统单位是毫米（mm），而Maya默认的场景单位是厘米（cm），也就是说，二者之间有10倍的缩放比率。

单位不匹配的几种解决办法

方法1：将相应的数值全部缩小10倍。

方法2：将原始模型放大10倍，但缩放模型是一个不好的选择，因为如果对模型进行了绑定，摄像机进行动画等操作后，进行缩放操作就会出现许多问题。

方法3：将Algorithm control（算法控制）卷展栏下面的Scale Conversion缩放为10，即原来的10倍大小。一般来说，这是我们在设置SSS材质的时候第一件需要做的事情，这也是较为正规和科学的方法。

一般在Epidermal Color上贴图后，还需要将相同的贴图贴到Diffuse Color上。由于我们将缩放系数设置到了10倍，现在我们就不需要设置数值（因为它们本身就是物理真实的），现在只需要设置各种贴图即可。

那么如何制作subdermal层的贴图呢？因为这一层是在皮肤的内层，所以它应该是充满血肉，类似于深红的颜色，只要在表皮层贴图上稍加处理即可。除了使用Photoshop之外，也可以使用Maya自己的Blend Colors对其进行处理。

高光贴图贴在Specularity卷展栏下的Overall weight下，如果黑白贴图连接进来后，连接线显示的是outalpha，那么就应该勾选贴图文件下的Color Balace卷展栏下的Alpha Is Luminance选项，这样就会把图片的黑白信息读入作为Alpha。

高光控制选项

一般来说，Primary Specular Color控制的是模型上大面积的有光泽区域（模糊反射），而Secondary Specular Color控制的是模型上集中的高光小点。

最后一步，需要为模型设置凹凸贴图/法线贴图/置换贴图。

当使用间接照明的时候（如日光系统，IBL照明）的三个问题

（1）需要关闭3S节点的screen Composite复选框，这个选项可以改变光线的作用方式。

Screen Composite复选框

打开的时候，会保证3S正面+背光面+皮下强度叠加后强度不大于1，适用于一些常规光源及照明方式。

关闭的时候，叠加后强度可以超过1，甚至可以曝光过度。只要使用线性流程，并工作在线性sRGB空间就没有问题。

（2）在lmap节点的Lightmap Smaple卷展栏中勾选Include Indirect Lighting，这样就告诉mental ray，我们的3S效果需要使用间接照明，即我们的3S效果不但要考虑直射光线的影响，还要考虑IBL、日光系统、FG等的影响。

Include Indirect Lighting选项

3.4.2 人物

无论是在电影、动画片，还是在许多广告中，虚拟角色的制作一直是一个高端而复杂的任务，在电影中，虚拟角色能完成许多真人不可能完成的任务，例如许多过于危险的拍摄等等，好莱坞的许多大片已经无数次为我们带来了强烈的震撼。下图就是著名的Digital Domain制作的《本杰明巴顿奇事》（又名返老还童），其真实程度和给人带来的震撼绝不亚于爆炸破碎等惊心动魄的大场景。

而虚拟角色制作中，角色皮肤的制作又是其中重要的一部分，许多业界大公司都为之付出了许多努力并进行持续的RD研发。在下面我们讲解的例子中，虽然不可能如好莱坞一般进行超极细致的大制作，但我们也将讲述如何制作一个相对真实可信的角色，希望通过下面的讲解，能对读者朋友的角色制作有一个帮助。

返老还童的幕后特效

下面将通过一个实际案例来学习如何使用Mial材质来制作3S人物皮肤效果，最后得到的效果如下图所示。

使用Mial材质来制作3S人物皮肤效果

在传统的制作中，通常使用misss_系列材质来进行制作，如下图所示。但是相比于传统shader，新增的Mila材质有着极大的优势，那我们就没有任何理由不尝试着使用它来进行制作。

misss_系列材质

Mila SSS材质的优势如下：

（1）没有LightMap，使用缓存机制，可以使用多线程，速度非常快，而且精确。

（2）和间接照明的良好配合，传统的3S在和间接照明配合的时候，非常麻烦，而且速度较慢，这无疑是一个很大的缺陷。

（3）参数的简化。

（4）物理真实。

现在对渲染结果放大局部进行观察，如下图所示。

对渲染结果放大局部进行观察

首先打开配套光盘中Mila目录下的场景文件，如下图所示。

打开配套光盘中的场景文件

场景打开后，看到这是一个男性人物模型，如下图所示。

场景中有一个男性人物模型

单击模型进行选择，发现模型进行了combine合并，即现在的模型是完整的一体。并且从图中也能看到，模型全部是由三角面所组成的，并且模型的精度并不是高的吓人，如下图所示。

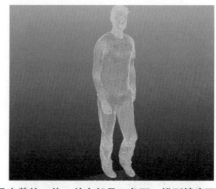

模型是完整的一体，并全部是三角面，模型精度不是很高

　　实际项目制作中，会经常使用到许多素材，或者其他项目组制作的模型，也经常遇到很多转换的模型，或者简模、低模，制作不规范的模型，给我们的制作带来困难，因此在这类模型上制作出好的效果还是非常有实际意义的。许多读者在使用规范的模型制作时，往往能制作出好的效果，但在实际制作中，一旦接触这些不规范的，或者其他软件转换后的模型或简单模型，往往显得力不从心，有很多模型甚至毛发都是绘制在贴图上的，整体面数不超过500个，很难想象，这些模型要制作出一个好的效果有多困难。

　　一般角色的毛发都是制作的难点，它需要专用的毛发模块或独立的毛发软件进行制作。现在就来观察一下我们的模型毛发是用什么原理制作的，拉近摄像机后，看到现在的毛发全部是一根的实体模型，类似于用ZBursh等软件生成后，转换后得到的。

角色毛发全部是一根一根的实体模型

　　打开outliner观察一下场景的结构，看到现在场景中就只有一个叫做Man的模型，如下图所示。

在outliner中看到场景中只有一个模型

　　打开材质编辑器进行观察，看到现在材质编辑器中仅仅只有默认的Lambert材质，如下图所示。

材质编辑器中仅仅只有默认的Lambert材质

　　由于现在模型是一整块，并不利于分别选择并赋予单独的材质。因此需要将模型的各部分单独分离出来。按F11键来进入面的选择级别，然后在人头模型上进行双击，选中人头模型上的所有面，而且在选择的过程中发现，其实这个模型是没有制作眼球模型的，他的眼球完全是靠贴图来进行实现，如下图所示。

选中人头模型上的所有面

选中了人头模型后，需要将其分离出来，切换到软件的Polygon模块，并且执行菜单Mesh > Extract来将模型进行抽取。

模型抽取后，需要删除历史，以避免历史的过度堆积，在将来的制作中产生问题，或者拖慢系统的速度，如下图所示。

删除模型历史

按照同样的方法，选择身体部分的面并且将其抽取出来，如下图所示。

抽取身体部分的模型

模型抽取完成后，现在看到模型分成了3部分，分别是人头、身体和毛发，这样会有利于后面的操作，如下图所示。

模型分成了3部分

首先选中人头模型并单击鼠标右键，从弹出的快捷菜单中为模型指定相应的材质，在这里选择一个普通的Lambert材质，如下图所示。

由于现在的Mila材质是第一版的集成，因此现在会有一些问题，比如这里无法预览贴图效果，需要先使用普通材质进行贴图预览。

为模型指定Lambert材质

现在为这个材质连接所需的贴图，如下图所示。

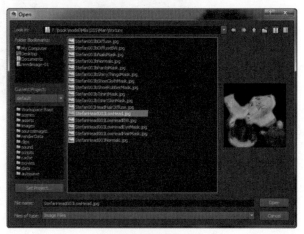

为材质指定颜色贴图

贴图连接完成后，按 "6" 键来显示贴图效果，如下图所示。

看到模型是没有眼球模型的，其眼球是靠贴图实现的，因此在调节3S材质的时候，需要注意避免使眼球部分产生过度的3S效果。

显示贴图效果，角色眼球是靠贴图实现的

使用同样的方法为身体和毛发都连接上正确的贴图，如下图所示。

为身体和毛发都连接上正确的贴图

为了查看正确的材质效果，首先需要设置正确的灯光，到底是先制作材质还是先制作灯光，因个人的习惯而异，在这里先指定灯光后指定材质，打开全局渲染设置窗口，切换到Common面板，展开Render Option卷展栏，取消对Enable Default Light复选框的勾选，禁用场景中的默认灯光。再展开Color Management卷展栏，勾选Enable Color Management复选框，并确认Default Input Profile参数被设置为sRGB，Default Output Profile参数被设置为Linear sRGB，开启颜色管理。

禁用场景默认灯光，开启颜色管理

继续在全局渲染设置窗口中，切换到Indirect Lighting面板，并展开Final Gathering卷展栏，勾选Final Gathering复选框，打开场景的间接照明。现在来设置场景的环境，展开Enviroment卷展栏，并单击Image Based Lighting旁边的Create按钮，如下图所示。

使用HDR+FG的间接照明方式

单击Create按钮后，弹出节点的属性编辑器，设置Mapping参数为Spherical，这是一种球形的映射方式，可以将球形的HDR图片映射到mentalrayIblShape节点上。然后在下面的Image Name输入框中指定一张配套光盘中所提供的HDR图片，如下图所示。

选择HDR图片

参数设置完成后，还需要设置渲染窗口的颜色管理，这样才能得到正确的结果。打开Render View渲染窗口，执行菜单Display > Color Management。

弹出默认视图的颜色管理节点，设置Image Color Profile参数为Linear sRGB，Display Color Profile参数为sRGB。

对场景进行渲染，得到的渲染结果如下图所示。现在的渲染结果灯光基本上正确了，但存在一些其他问题，首先背景图片上存在处理过的痕迹，上面有骑摩托人的重影，另外视图的透视也并不太准确，如下图所示。

渲染结果上存在一些问题

选中这个背景球体，并对其进行旋转，直至得到合适的透视及背景，如下图所示。

旋转背景球体直至得到合适的透视及背景

由于在上面的调节中灯光基本正确了，所以现在来调节场景中的材质。首先选中人头模型并展开其材质网络，这样模型的贴图节点就显示出来了，将在后面为这个模型指定一个Mila材质，并使用这张文件贴图，如下图所示。

展开人头模型的材质网络

选中人头模型后，单击鼠标右键为其指定一个新的Mila材质，如下图所示。

为人头模型指定一个Mila材质

在材质的属性编辑器中，找到并展开Base卷展栏，在下拉列表中选择Diffuse（Scatter）预设，由于材质没有其他的层，仅仅只有一个底层，因此使用这个预设来将底层转化成一个次表面散射的底层材质，相当于为模型指定了一个3S材质，如下图所示。

使用预设来将底层转化成一个3S底层材质

使用预设后，材质的属性编辑器如下图所示。

使用预设后的材质属性编辑器

现在对场景进行渲染，得到的渲染结果如下图所示。首先有两个感觉：第一就是渲染速度非常快，渲染这个场景仅仅用了12秒的时间；第二就是现在的3S效果过于强烈，几乎看不清人物的五官，只能看到很模糊的一片，并且在边缘有轻微的散射效果。

场景渲染非常快，但看不清楚人物五官

要达到真实的效果，其中最重要的就是尺寸，对于设置尺寸来说有两个需要注意的地方。首先就是材质的属性（mental ray）中所有的参数是以毫米为单位的，但是在Maya软件中参数设置中却是以厘米为单位的。并且由于材质所有属性参数都是基于物理真实的情况所设置的，这种软件之间的设置差异造成了失真和不匹配，因此需要将所有的材质参数放大10倍（毫米到厘米的转换）。在所有参数的属性编辑器中都有Scale Conversion这么一个参数，它就是用来进行缩放设置的。

单位缩放参数

改变了Scale Conversion参数然，先来看一下渲染后的结果，从渲染结果上来看，区别还是相当明显的，现在的渲染效果已经能够看出散射的效果，并且五官已经逐渐的清晰了。这就说明Scale Conversion参数是非常重要的。

角色五官已经逐渐清晰了

第二个需要注意的地方就是模型的尺寸，Maya中自带了测量工具，能比较方便地进行精确测量。如果不想用这个测量工具，也可以建一个立方体等参考物体，只要查看其尺寸参数就能得到模型的尺寸。这里使用测量工具来进行测量，首先执行菜单Create > Measure Tools > Distance Tool，创建一个测量工具。

创建了测量工具后，在模型的底部进行单击，并按shift键向上拖拽，直至到达模型的头部位置左右释放鼠标，这样就垂直创建了一个测量标尺。从测量工具上看到现在模型的尺寸大概是75.7 cm，也就是相当于一个1岁小孩的身高，这明显不合逻辑，如下图所示。

角色的大小太小，不符合物理真实

按"w"键，并按shift键向上拖拽，这样就会交互垂直移动测量工具的上端，时刻注意测量工具的数字变化，直到测量工具显示的数字大概是187左右，也就是一米八七的位置后释放鼠标，这样就得到了一个身高为一米八七的人的高度，如下图所示。

测量标尺

选择人物模型组，并按"r"键对其进行大小缩放，直至模型的高度达到合适的大小。

对人物模型组进行大小缩放

人物模型组缩放到合适的大小后，需要将其缩放信息进行清零，执行菜单Modify > Freeze Transformation来进行清零操作。清零操作后，模型本身就不再带有操作的变换信息，相对来说就是一个比较干净的模型，这样有利于后面的操作。

现在对场景进行渲染，得到的渲染结果如下图所示。从渲染结果上看，现在模型进一步达到所想要的效果，人物五官变得更加清晰。

角色五官变得更加清晰

一般3S效果都需要用背光来进行加强，并且从原理上来说，3S效果也是由于背光在模型内部的散射所造成的，因此需要创建一盏灯光，首先执行菜单Create > Lights >Directional Light来创建一盏平行光源。

由于平行光源的位置和缩放对其灯光强度没有任何影响，因此在创建光源后需要对其进行一定的旋转，旋转的原则就是尽量使灯光从模型的背后射出，这样就能使人物模型上较薄的地方，如耳朵呈现出3S效果，如下图所示。

使光源从模型的背后射出

这里给出灯光变换信息的参考数值：TanslateX、Y、Z为（-19.305、170.491、-9.937），RotateX、Y、Z为（162.138、21.529、-17.717），ScaleX、Y、Z为（13.372、13.372、13.372），如下图所示。

灯光变换信息的参考数值

为了不使灯光的影响过于剧烈，需要修改灯光属性。首先打开灯光的属性编辑器，将Intensity强度参数设置为0.400，然后展开Shadows > Raytrace Shadow Attribute卷展栏，将Light Angle参数设置为5.000，使灯光的阴影变得稍微柔和一些。为了避免模糊的灯光产生明显的噪点，需要提高灯光的精度，将Shadow Rays参数设置为32，如下图所示。

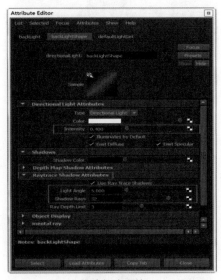

修改灯光属性

重新对场景进行渲染，得到的渲染结果如下图所示。如图中箭头所指的地方，看到耳朵周围出现了明显的3S效果，如下图所示。

耳朵周围出现明显的3S效果

但是现在发现人物模型的正面光线比较暗，旋转一下背景图片来观察灯光方向。从图片中可以看到汽车以及路牙的阴影几乎都是在垂直下方，因此大概可以推断现在应该是正午的时间，太阳就在顶部。注意，这种从阴影的方向来推断太阳方向的方法仅仅适用于日光比较强烈、阴影比较清晰的场景，对于很多阴天场景来说，其阴影一般来说都比较柔和，这个时候很难从阴影来推断太阳的方向，对于这种情况就需要在HDR图片上手动查找最亮的地方作为太阳的位置。

从阴影来推断太阳的方向

使用相同的方法创建一盏平行光源，并按照之前的分析，将其旋转到另一个合适的，能模拟正午太阳光的位置，如下图所示。

将灯光旋转到能模拟正午太阳光的位置

这里给出灯光变换信息的参考数值：TanslateX、Y、Z为（-8.665、72.446、0），RotateX、Y、Z为（307.914、37.812、13.669），ScaleX、Y、Z为（13.372、13.372、13.372），如下图所示。

灯光变换信息的参考数值

为了能够正确模拟太阳光，需要调整灯光属性，打

开灯光的属性编辑器，单击Color参数旁边的色块，从弹出的取色器窗口中设置颜色为HSV为（51.009，0.199，1.000），这是一个淡黄色，接近正午阳光的颜色。为了不让灯光过于锐利，展开Shadows > Raytrace Shadow Attribute卷展栏，将Light Angle参数设置为5.000，这样就使得灯光的阴影变得稍微柔和一些。为了避免模糊的灯光产生明显的噪点，需要提高灯光的精度，将Shadow Rays参数设置为32，如下图所示。

修改灯光属性

对场景进行渲染，得到的渲染结果如下图所示。从渲染结果上看，现在得到了比较正确的结果。

现在就得到了正确的结果

上面的渲染结果和照明效果都比较正确了，但是没有贴图的话，还是很难看得清楚材质灯光所起的效果，因此现在就需要为材质指定相应的贴图。打开人头模型使用的

Mila材质的属性编辑器，并展开Base卷展栏，在Color参数上连接刚才所展开的颜色贴图，如下图所示。

为材质连接颜色贴图

对当前场景进行渲染，得到的渲染结果如下图所示。从渲染结果上看得到了较为不错的3S效果。

初步得到较为不错的3S效果

虽然当前的效果较为不错，但是它也有很大的缺陷，那就是没有高光。在Mila材质上添加反射高光效果非常容易，这也是Mila材质的优势之一。

单击＋Layer按钮后，弹出一个层类型窗口。有3种可供选择的层类型：第1种是权重方式，它通过数字混合或遮罩的方式来进行层的叠加；第2种是菲涅耳反射层的方式，它和折射率有关；第3种是自定义反射角度的方式，它通过施里克曲线来定义注视角度和垂直角度的反射率，在其中选择第一种，也就是Weighted Layer的方式，如下图所示。

选择层类型

单击Weighted Layer按钮后，出现一个选择元素分量的窗口。在这个窗口中按照反射、透明、3S以及自发光等进行了分类。由于人脸上的皮肤相对来说比较粗糙，因此它是一种模糊反射，在这里单击Glossy Reflection按钮，如下图所示。

选择元素分量

创建了模糊反射层后，材质属性编辑器如下图所示。

创建了模糊反射层后的材质属性编辑器

现在就来对默认效果进行渲染，从渲染效果上看到，这是一种类似于金属的反射效果。现在角色的头上就像被刷了一层金属漆一样，如下图所示。

默认效果反射过强，角色头上像被刷了一层金属漆

从刚才的渲染结果中，看到现在反射的影响过强。再来打开属性编辑器，查看一下其中的参数设置，材质编辑器中有一个叫做Layer：Glossy Reflection的卷展栏，它是专门用于控制模糊反射层的卷展栏。在这个卷展栏下，看到weight权重参数的数值被设置为1.000，也就是说，现在底层之上完全覆盖了一层模糊反射层，并且这个模糊反射层所起的影响力为最大，从材质样本球上也能看到现在的材质效果，如下图所示。

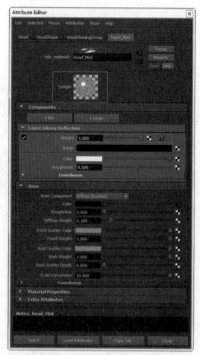

控制模糊反射层所起影响力的参数

根据上面的分析，首先将weight权重参数降低为0.264，并且交互查看现在材质样本球上的变化。从材质样本球的实时反馈上，反映出还需要将下面的Roughness粗糙程度参数值提高为0.920，如下图所示。

降低模糊反射层的影响力

对场景进行渲染，得到的渲染结果如右图所示。从渲染效果上看，现在的皮肤效果已经得到了明显的改善，但是高光效果仍然比较强。

继续打开Mila材质的属性编辑器，单击Color参数旁边的色块，从弹出的取色器窗口中设置颜色为HSV为（0.000，0.000，0.360），这是一个偏灰的颜色。现在将反射颜色从纯白色变为了一个偏灰的颜色，能有效地抑制高光过强的问题，如下图所示。

皮肤效果已经得到了改善，但是高光效果仍然比较强

降低模糊反射层的Color颜色数值

现在对场景进行渲染，得到的渲染结果如下图所示。从现在的渲染结果看，皮肤效果就比较自然了。

现在的皮肤效果就比较自然了

在得到上图的渲染结果后，仔细检查，看到现在的材质效果还是有一定缺陷，那就是皮肤没有凹凸不平的感觉，需要为其添加一定的凹凸，用来模拟皮肤褶皱等。打开Mila材质的属性编辑器，折叠Base和Compontents卷展栏，展开Material Properties（材质属性）卷展栏，看到下面有一个叫做Overall Bump的材质属性，这是用来对材质

整体效果和所有图层进行控制的参数，也就是说，在这里设置的凹凸会影响到材质的所有层，如下图所示。

为材质设置凹凸效果

同样展开材质的Layer：Glossy Refelction卷展栏，看到下面也有一个Bump参数，但是这里的凹凸效果是当前层的凹凸效果，也就是说，它的作用结果仅限于当前的层，

并不会对其他层产生影响，如下图所示。

层的凹凸控制参数作用结果仅限于当前的层

　　由于我们需要的是材质的整体凹凸效果，展开Material Properties（材质属性）卷展栏，并单击Overall Bump参数旁边的棋盘格按钮，从中选择一个file文件贴图节点。但是发现材质的Overall Bump属性上直接连接了一个file2文件节点，这并不是想要的效果。一般来说，单击凹凸节点的棋盘格按钮后，系统都会自动连接一个bump2d节点，也可以查看材质编辑器，如果发现系统并没有创建

一个凹凸节点，这说明Mila材质现在是集成在Maya中的第一版，在Maya软件中会存在一些问题，但在以后的版本中可能会得到改进，如下图所示。

系统并没有为我们创建一个凹凸节点

　　针对上面出现的问题，需要手动进行连接，在Overall Bump参数上单击鼠标右键，从弹出的菜单中选择Break Connection（断开连接）选项，这样就会从当前属性中断开file2文件节点的连接。

　　单击Overall Bump属性旁边的棋盘格按钮，从弹出的 Create Render Node窗口中选择Maya－Utilities目录下的Bump 2d节点，手动创建一个凹凸节点，如下图所示。

手动创建一个凹凸节点

在凹凸节点的属性编辑器中，将Bump Value参数连接上一张配套光盘中所提供的凹凸贴图，并将Bump Value参数设置为0.200，Maya默认的凹凸强度太大，因此需要将其数值进行降低。

现在对场景进行渲染，得到的渲染结果如下图所示。从渲染效果上我们发现，之前设置的高光效果消失了，并且角色的许多部位出现了奇怪的黑白亮点。

之前设置的高光效果消失，角色许多部位出现奇怪的黑白亮点

由于这种效果并不是正常的现象，将图片放大渲染进行观察，如下图所示。

将图片放大渲染进行观察

注意，由于Mila shader是对原有mia材质的颠覆性升级，其体系非常庞大，而且在Maya 2015版本中，是第一个版本的集成，因此可能不时地出现一些奇怪的bug。比如这里，连接bump的时候，速度会较慢，而且还会出现奇怪的亮点，可能会影响上面的模糊反射层，使模糊反射层没有作用，没有任何的高光。这就需要我们重启Maya几次，并且断开Bump2d节点多次连接，可能能够解决问题。

多次断开节点并重新连接，最后得到的正确效果如下图所示。从现在的效果上已经能够看得出凹凸效果，并且

材质的其他效果感觉也非常不错。

多次断开节点并重新连接，最后得到的正确的效果

回到摄像机视图并进行渲染，我们看到现在的效果就比较自然了，如下图所示。

回到摄像机视图进行渲染

注意，如果凹凸使用的是法线贴图，那么就需要在凹凸点中进行设置。打开bump2d1节点的属性编辑器，将Use As参数设置为Tangent Space Normals，这样就能使用法线贴图来渲染凹凸效果了，如下图所示。由于Mila材质现在的问题，因此推荐使用本书前面所讲的知识把法线贴图转化为凹凸贴图或是置换贴图。

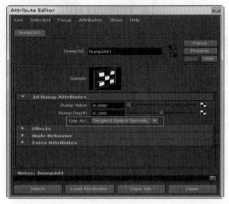

法线贴图的设置

在人头设置完成后，还需要设置模型的手臂，模型的手臂和人头可以使用相同的材质。在之前说过，我们的模型是一个整体，对于头部和毛发这些没有进行模型连接的

地方，处理起来还比较简单，但是角色的手臂和身体是通过面的连接和点的焊接连接在一起的，它们之间是不能通过简单的面抽取来单独隔离的。打开模型的贴图文件夹，看到其中有一些黑白的贴图，如下图所示，这些贴图是用来作为遮罩的，可以将需要的模型部分从整体模型中单独隔离出来。也可以使用别的方法，这里使用建模工具来对模型进行一定程度的重新布线，从模型的层面来将需要的部分从整体抽取出来。

黑白贴图

首先在Mesh Tools菜单中找到Split Polygon Tool工具，如下图所示。

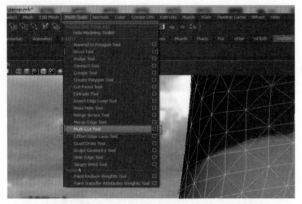

之前的Split Polygon Tool工具已经Multi－Cut Tool工具所淘汰

另外一种较为快速的使用Multi－Cut Tool工具的方法是：按住shift键，并单击鼠标左键，将会弹出一个标记菜单，在其中选择Multi－Cut Tool工具即可。

现在按照贴图的指示和参考，在模型线上单击并画出切割点，如下图所示。

在模型线上单击并画出切割点

在布线完成后，选中手臂上所有的面，然后将相应的模型抽取出来，为其指定相应的材质，也可以直接为其指定相应的材质，如下图所示。

抽取手臂模型并指定相应的材质

现在对场景进行渲染，得到的渲染结果如下图所示。从渲染结果上看，现在的手臂部分也得到了正确的材质效果。

手臂部分也得到了正确的材质效果

在角色的皮肤制作完后，就需要关注一下角色的毛发，在之前提到过角色的毛发是用实体模型制作的。在Maya 2015的mental ray（mental ray3.12）中新添加了毛发shader，为了得到最好的效果以及最强的控制力，就应该使用这个毛发材质。首先选择毛发模型，并为其指定一个毛发材质，在弹出的 Create Render Node窗口中，输入"hai"等字样，这样和hair相关的节点都会显示出来，省去了自己寻找的麻烦，在这里选择xgen_har_phen，从phen后缀可以看出这是一个phenomenon，如下图所示，从其名字可以看得出，它是为了渲染Maya的Xgen模块而开发的。

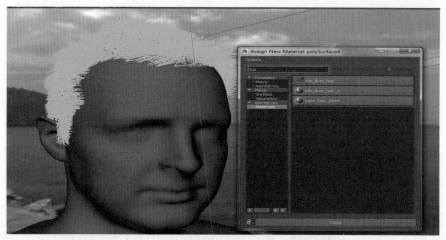

为毛发模型指定xgen_har_phen

在打开的材质属性编辑器中，需要为Ambient Color（环境颜色）、Diffuse Color（漫反射颜色）属性上连接相应的毛发颜色贴图，并降低Specular Color（高光颜色），如下图所示。

设置毛发材质参数

需要注意的是，Specular Color（高光颜色）会对最终渲染结果造成强烈的影响，例如保留Specular Color的颜色为默认的白色，如下图所示。

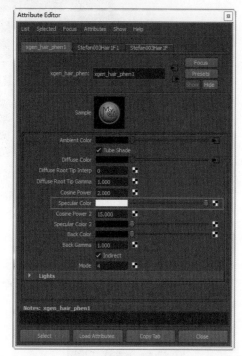

Specular Color参数会对最终渲染结果造成强烈的影响

对场景进行渲染，得到的渲染结果如下图所示。从渲染结果上看，角色的头发颜色改变较大，现在得到的是一种类似于白色头发的效果，虽然这种效果也很逼真，但具体需要哪种效果必须根据读者自己的喜好或者具体项目而定。这里想说的是，xgen_har_phenshader为我们提供了较强的控制及逼真效果，值得我们深入研究。

修改毛发高光参数，得到一种类似于白色头发的效果

3.4.3 传统做法

现在对比一下之前的经典传统做法中，3S材质是如何使用的。

同样选择人头模型，在弹出的窗口中为其指定一个新的3S材质，对于生物等角色模型来说，最适合的材质就是misss_fast_skin_maya，如下图所示。

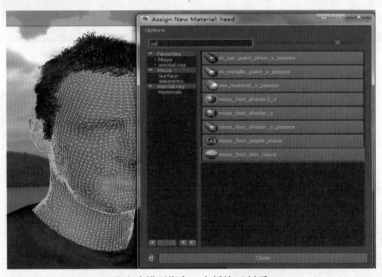

为人头模型指定一个新的3S材质

单击创建材质后，会弹出一个关于灯光贴图的窗口，在这里可以选择是使用已有的灯光贴图，还是创建一张新的。由于现在场景中并没有灯光贴图，因此单击Create New按钮来创建一张新的灯光贴图，如下图所示。

它的长度尺寸是渲染分辨率中，长度尺寸的两倍，而高度尺寸刚好是渲染分辨率中，宽度的尺寸，如下图所示。

创建新的灯光贴图

这时候会弹出灯光贴图的属性编辑器，在其中看到灯光贴图的尺寸是1920×540，那么这个贴图的尺寸是怎么计算出来的呢？严格来说，灯光贴图是一张32位的高动态图片，

灯光贴图长度尺寸是渲染分辨率中，长度尺寸的两倍

为了验证一下，可以查看现在渲染的分辨率。打开全局渲染设置窗口，在Image Size卷展栏下看到现在的渲染分辨率是预设的960×540，长度恰好是灯光贴图的一半，而高度则恰好相等，如下图所示。

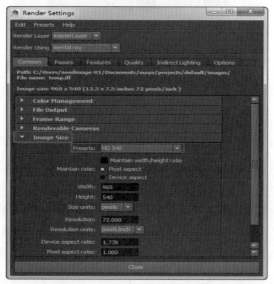

现在的渲染分辨率恰好是灯光贴图的一半

在灯光贴图创建完成后，打开misss_fast_skin_maya材质的属性编辑器，将各个卷展栏进行折叠。这样就能查看材质的构成，从属性编辑器中，可以看到这个材质由Diffuse层、3S层、高光层、凹凸层、灯光贴图、算法控制等几个大的部分所组成，如下图所示。

在属性编辑器中查看材质的构成

现在就来对场景进行渲染，从渲染结果上看，传统的

3S材质和新的Mila材质在算法上还是有相当大的差异，它们的渲染结果差异还是比较大的。并且注意到现在的3S材质效果比较强，感觉模型好像是空心的一样，如下图所示。

传统的3S材质和新的Mila材质渲染结果差异还是比较大的

继续打开材质编辑器，展开Algorithm Control（算法控制）卷展栏，将Scale Conversion（缩放转化）参数设置为10.0。在前面已经讲到过，影响材质的最重要因素就是模型和场景的大小是否符合物理真实，并且由于mental ray的3S材质参数值都是基于物质真实的，但其参数都是以毫米为单位，而Maya自身却是以厘米为单位的，因此需要将场景整体缩放10倍，如下图所示。

设置Scale Conversion（缩放转化）参数

对场景进行渲染，得到的渲染结果如下图所示。现在的材质渲染结果就比较正确了，但是注意到这种3S材质效果和之前的3S材质效果还是有很大区别。要说哪种方法更好的话，只能说之前的misss_fast_skin_maya材质，虽然参

数值是物理真实的，但整个材质本身的算法却并不是基于物理真实的。而新的Mila材质，无论是参数设置还是材质本身，都是完全基于物理真实的，因此它的效果要更加真实可信。

新的Mila材质完全基于基于物理真实

另外一个让我们感受比较明显的就是渲染时间的增加。可以看一下渲染结果，现在的尺寸是960×540，而渲染时间已经变成了1分16秒，如下图所示。之前使用Mila材质渲染的时候，在精度不是特别高的情况下，渲染高清（1920×1080）的分辨率，渲染时间也能控制在1分钟左右，这也能看出现在新的Mila材质免去了灯光贴图的创建过程，并且引入多线程的缓存机制，这对渲染时间的控制是非常明显的。

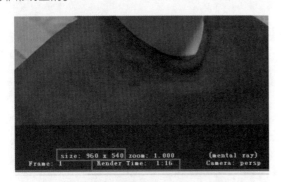

使用传统材质使得渲染时间大幅增加

类似的情况，在没有贴图的情况下，是很难看得清楚材质效果的。因此需要为材质连接颜色贴图。一般在传统的做法中，需要为Diffuse Color属性和Epidermal Scatter Color属性连接颜色贴图，如下图所示。

为Diffuse Color属性和Epidermal Scatter Color属性连接颜色贴图

现在对场景进行渲染，得到的渲染结果如下图所示。从渲染结果上看到颜色贴图已经起作用了，但是现在存在一些问题，那就是现在的颜色贴图并不明显，3S材质的效果过强。

颜色贴图并不明显，3S材质的效果过强

继续打开材质的属性编辑器，并为Subdermal Scatter Color属性连接颜色贴图，那么Subdermal Scatter Color属性需要连接什么样的贴图呢？很简单，因为上面为Epidermal Scatter Color属性连接了颜色贴图，Epidermal Scatter Color属性的意思是皮肤表层的颜色，而Subdermal Scatter Color属性是指皮下散射颜色。由于肌肉中血液的存在，皮下颜色一般是表皮颜色的偏红色版本，通常的做法都是在Photoshop软件中制作一个颜色贴图的偏红色版本，这里可以使用软件自带的程序节点。单击Subdermal Scatter Color属性旁边的棋盘格按钮，打开Create Render Node窗口，在其中找到Utilities目录下的Blend Colors，单击建立连接，如下图所示。

设置Epidermal Scatter Color属性颜色

在节点的属性编辑器中，将Color1属性设置为一个橙色，Color2属性连接上之前的颜色贴图，而Blender属性保持默认的0.500，将这个橙色和颜色贴图进行混合，如下图所示。

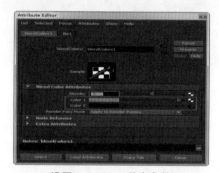

设置blendColor节点参数

对场景进行渲染，得到的渲染结果如下图所示，在渲染结果中，看到现在的颜色就比较明显了。

现在的颜色就比较明显了

现在为材质设置凹凸效果，展开Bump Shader卷展栏，单击Bump属性旁边的棋盘格按钮，如下图所示。

设置凹凸属性

这样系统会默认创建出一个bump2d节点，将Bump Depth强度设置为0.080，并在相连的file7文件节点中选择一张配套光盘中所提供的凹凸图片，如下图所示。

连接凹凸贴图，降低凹凸强度

由于现在默认的视图是最新版本的Viewport 2.0视图，它能较好地显示凹凸和法线效果，因此在视图中已经看到了凹凸效果，如下图所示。

在视图中已经看到了凹凸效果

　　对场景进行渲染，得到的渲染结果如下图所示。从渲染结果上看，现在就已经得到了较为逼真的效果。这样传统的3S材质制作也就完成了。

现在已经得到了较为逼真的效果

　　在上面材质调节完成后，还需要强调一下在使用传统的3S材质的过程中容易出现的一些问题。一般来说，因为使用灯光贴图的原因，模型上经常会出现许多噪点，这些噪点和Mila材质所产生的噪点并不相同，这里噪点的产生是由灯光贴图的分辨率和采样精度所造成的。如果在模型上发现了明显的噪点，就需要展开Lightmap卷展栏，将Samples采样精度参数值设置为一个较高的数值，在这里看到我们当前的参数值是64，如果需要进一步提高的话，这个参数值能给到512以上。

设置贴图的采样精度

　　另外一个需要讲解的问题是Screen Composite（屏幕合成）参数，在前面理论讲解的部分，已经对这个参数进行了详细描述，对于使用间接照明的情况来说，一般需要将这个参数进行关闭。在本例中，由于使用了HDR图片及Final Gathering照明方式，也需要取消对这个复选框的勾选，默认情况下这个复选框是勾选的。

　　现在展开Algorithm control卷展栏，取消对Screen Composite复选框的勾选，如下图所示。

取消对Screen Composite复选框的勾选

　　还有一个较为重要的参数是Include Indirect Lighting，在之前提到过，传统的3S方法对于间接照明的支持并不是特别好。一般来说，传统方法制作3S效果速度都比较慢，这就给我们的调节带来了困难，在调试过程中都是使用直接光源对场景进行照明，只有在最后的时刻才打开这个选项。通常来说，打开这个选项后，3S材质都会变亮。

　　注意，这个选项位于misss_fast_lmap_maya节点中，并不是位于misss_fast_skin_maya节点中，如下图所示。

Include Indirect Lighting参数和间接照明配合使用

在开这个选项后，对场景进行渲染。从渲染结果上看，现在的照明效果的确是更加的亮，更加的自然，如下图所示。

现在的照明效果更加的亮，更加的自然

但是也注意到，在开启这个选项后，540P分辨率的图片渲染时间相对于之前的1分16秒显著上升。现在已经达到了两分钟，相比Mila材质而言劣势更加明显，如下图所示。

开启Include Indirect Lighting选项后，渲染时间增加

3.4.4 玉石

对于3S材质的使用来说，经常容易出现的一个误区就是3S材质只能制作人物皮肤和一些有机生物。实际上3S材质的用途非常广泛，它并不仅仅限于制作上述所说的一些内容，它还能制作诸如玉石、蜡烛等许多效果，但是这些内容在大多数的教学中都鲜有涉及。在本节中将通过制作一个玉石案例来拓展读者的思路，在下一节中将制作一个西红柿及蜡烛，以进一步拓宽读者的思路。加上mental ray 3.12中Mila材质的引入，大大方便了制作流程，降低了传统做法的制作难度和局限性。这就使得创作更加自由，因此在将来的制作中应该大力使用3S材质。

首先打开配套光盘中所提供的一个场景文件interior. mb。

打开后的场景文件如下图所示，这是一个室内场景，我们已经预先设置好了灯光和材质，这个场景在编织物材质一章中也使用过。

打开的场景是一个室内场景，已经预先设置好了灯光和材质

现在将需要设置玉石材质的模型导入，在文件导入对话框中，找到一个配套光盘中所提供的模型文件statues.mb。

导入后的模型会出现在场景中，看到一个佛像模型，并且现在的大小尺寸和当前的场景并不匹配，如下图所示。

导入后的佛像模型大小尺寸和当前的场景并不匹配

将模型进行移动、缩放等操作，并将其放置到场景中的书架模型上，如下图所示。

将模型进行移动、缩放等操作，并将其放置到场景中的书架模型上

选中模型，并展开其属性编辑器，看到现在模型上的材质是一个普通的phong材质，如下图所示。

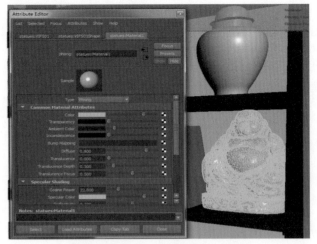

模型上的材质是一个普通的phong材质

现在对场景进行渲染，得到的渲染结果如下图所示。从渲染结果上可以看到，phong材质的渲染效果并不理想。现在材质的反射过于强烈，真实性较差。

phong材质的渲染效果并不理想

既然讲解的主题是Mila材质，那么就需要选中模型，并为其指定一个Mila材质，如下图所示。

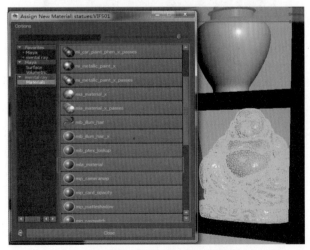

选中模型为其指定一个Mila材质

指定Mila材质后，会打开材质的属性编辑器，毫无疑问，这里需要将材质的底层设置为Diffuse（Scatter），如下图所示。

将材质的底层设置为Diffuse（Scatter）

现在看一下现实生活中的玉石材质到底是什么样的，如下图所示，玉石材质整体比较通透温润，在材质比较厚的地方，显得比较深邃，而在模型的边缘一些比较薄的地方，会显示出3S散射效果。并且在模型较厚的地方显示的是较深的绿色，而在边缘比较薄的地方，显示的是较浅的绿色。另外经过打磨后，玉石表面会非常光滑，它上面显示一种清晰的镜面反射高光。

现实生活中的玉石材质

经过上面的分析和观察，现在就对想要制作的效果比较理解了，这样就能使得调节过程有的放矢。打开材质的属性编辑器，将Color参数设置为一个较深的绿色，而将Front Scatter Color参数和Back Scatter Color参数设置为一个较浅的绿色，如下图所示。

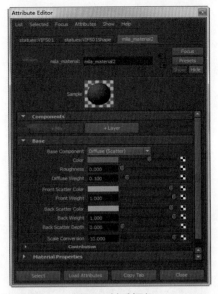

设置Mila材质颜色

现在对场景进行渲染，得到的渲染结果如下图所示。从渲染结果上看，3S材质效果已经初步表现出来了，初步得到了类似于玉石的温润效果。

3S材质效果已经初步表现出来了

对模型进行放大渲染以观察细节，从渲染结果上看，得到了不错的3S效果，现在模型的轮廓比较清楚，阴影结构和3S效果都很明显，如下图所示。

得到不错的3S效果

现在的渲染似乎是缺少了一些东西，显而易见那就是模型上的高光和反射。一般来说，玉石都是经过精心打磨和雕琢的，其表面都比较光滑，因此需要为其添加一层镜面反射。在材质的属性编辑器中，单击Components卷展栏下的＋Layer按钮，添加一个新的层，如下图所示。

为玉石材质添加一层镜面反射

单击＋Layer按钮后，弹出一个选择层类型的对话框，在其中选择一个Fresnel Layer层，如下图所示。

选择层类型的对话框

选择Fresnel Layer后，弹出一个对话框，选择这个层上应该设置的分量类型。由于需要设置的是反射，因此单击Specular Reflection按钮，如下图所示。

选择这个层上应该设置的分量类型

添加了层后的属性编辑器如下图所示，从属性编辑器中看到现在新加了一个反射层，但是从材质样本球的图标上没有看出任何变化。

新加一个反射层，但是从材质样本球的图标上没有看出任何变化

现在对佛像模型进行区域渲染，渲染结果如下图所示。从渲染结果上没有看出任何的反射效果，感觉和上面没有添加层之前完全一样。

渲染结果也没有看出任何反射效果

材质没有发生变化的根本原因在于IOR折射率，由于Fresnel层的原理就是通过折射率来对反射角度进行控制。折射率越大，那么在所有角度上观察反射现象就会越加明显，角度的差别也会逐渐减小。对于金属塑料这一类特别光滑的材质来说，其折射率一般都在20以上，因此在这里将折射率设置为20.000，如下图所示。

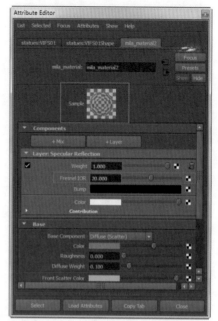

设置折射率

但是从上面的材质样本球可以看到，由于weight权重数值为1.000，那就相当于在底层上完全盖住一层镜面反射，因此模型现在完全由镜面反射所控制，模型也就呈现出镜子的感觉。需要将weight数值降低，参考材质样本球的变化，交互调节weight参数值，最后将weight参数值降低到0.352，如下图所示。

降低高光层的权重

对场景进行渲染，得到的渲染结果如下图所示。从现在的渲染结果上看，得到了比较好的玉石效果，如下图所示。

现在得到了比较好的玉石效果

放大局部进行区域渲染，并对渲染结果进行仔细观察。从现在的渲染结果上看，现在得到的玉石效果已比较自然了，如下图所示。

放大局部进行区域渲染

一般来说，制作3S效果都需要使用一盏背光对3S效果进行强化，这里也可以创建一盏背光。执行菜单Create > Lights > Directional Light，创建一盏平行光源。

再将灯光移动、旋转并缩放到如下位置，让灯光从佛像的后方发射光线，如下图所示。

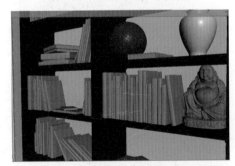

让灯光从佛像的后方发射光线

这里给出灯光的变换参考数值：TranslateX、Y、Z为（−137.859、167.335、−147.459），RotateX、Y、Z为（−7.392、−163.085、37.343），ScaleX、Y、Z为（24.885、24.885、24.885），如下图所示。

灯光的变换参考数值

由于这是一盏平行光源，其位置和缩放对最后的照明强度没有影响，只有旋转会影响最后的照明效果，并且平行光源是一个全局性的光源，在添加后，它会在某一方向上对场景内的所有物体都产生照明。因此，需要进行灯光排除，使这个平行光源只照射佛像模型，首先切换到Rendering模块，然后执行菜单 Lighting / Shading > Light Linking Editor。

这样就会打开Relationship Editor，在左侧光源一栏中选择创建的平行灯光，在右侧被照明物体一栏中取消对所有物体的勾选，然后再单击佛像模型，在灯光和被照明的佛像模型之间产生一一对应的关系，如下图所示。

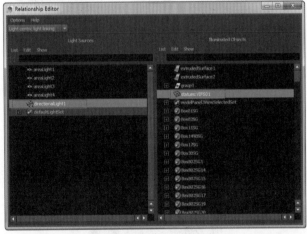

在灯光和被照明的佛像模型之间产生一一对应的关系

从刚才的照明结果上看，现在场景噪点较多，精度较低，需要提高渲染的质量。打开全局渲染设置窗口，切换到Common面板并展开Sampling卷展栏，将Quality参数设置为3.00，如下图所示。

提高渲染的质量

对场景进行渲染，得到了非常干净的渲染效果，如下图所示。

现在得到了非常干净的渲染效果

对佛像模型进行放大渲染，最终效果如下图所示。

对佛像模型进行放大渲染

3.4.5 水果和蜡烛

在之前提到过，由于3S材质是比较重要的，并且mental ray 3.12中对3S材质进行了较大的升级，使制作更加方便和高效。在本节中，将在一个室内场景中制作西红柿和蜡

烛的材质，水果和蜡烛也是3S材质重要的表现内容之一。

使用上一节使用过的室内场景，打开场景后，再导入西红柿模型fruit.mb。

导入后的模型位置和大小如下图所示。值得注意的是，所有的模型尺寸都是基于物理真实，因此不用对模型进行任何缩放，只需要调整其位置即可。

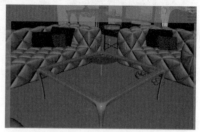

导入后的模型尺寸是基于物理真实的

在outliner窗口中选择导入的模型，按Ctrl + G组合键将模型进行成组，对模型成组有利于后续的操作，以及保持合理的场景结构，如下图所示。

对模型成组

在多个视图中操作模型，将其放置在桌面正确的位置之上，如下图所示。

将模型放置在桌面正确的位置上

同样选择烛台模型将其进行导入，导入后的模型如下图所示。

导入烛台模型

同样烛台模型的尺寸大小也是基于物理真实的，使用多个视图进行参考，将烛台模型进行位置摆放，如下图所示。

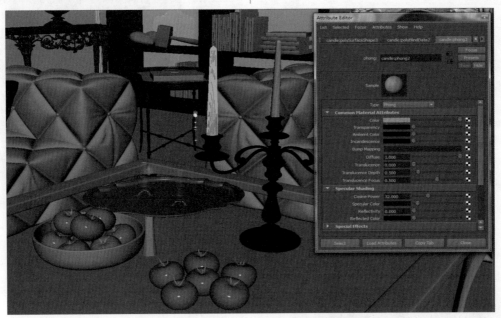

使用多个视图进行参考，将烛台模型进行位置摆放

对场景进行渲染，从渲染结果上看，现在的材质效果没有任何吸引人的地方。仅仅是渲染出了基本的材质照明效果，并且烛台模型上也因为只有默认材质的原因显示为黑色，如下图所示。

材质效果没有任何吸引人的地方

首先选中西红柿模型，为其指定一个Mila材质，如下图所示。

为西红柿模型指定一个Mila材质

同样选择蜡烛模型，也为其指定一个Mila材质。

选择烛台模型，为其指定一个Mila材质，并将Base卷展栏下的Base Component属性修改为Reflective（Anisotropic），如下图所示。

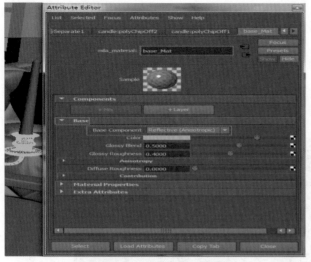

为烛台指定一个Mila材质并设置预设

现在稍微修改一下各项异性的金属材质，首先将这个材质命名为base_Mat，然后将Glossy Roughness参数值设置为0.600，然后展开Anisotropy卷展栏，将Anisotropy参数设置为0.100，在参数调节的过程中，始终注意观察材质的预览样本球，以进行交互调节，如下图所示。

修改各项异性的金属材质

现在选出蜡烛模型，展开其材质的属性编辑器，对其材质进行简单调节。首先将材质的名字修改为Candel_Mat，然后将其材质的预设修改为Diffuse（Scatter），如下图所示。

为蜡烛模型设置材质预设

选择盛放西红柿的木碗模型，同样为其指定一个Mila材质，并将材质名称修改为bowl_Mat，然后将材质预设设置为Reflective（Plastic），在Color属性上连接木纹贴图，如下图所示。

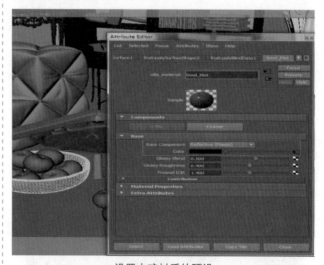

设置木碗材质的预设

选择西红柿模型，展开其材质属性编辑器，将材质名称修改为fruit_Mat，并将材质预设设置为Diffuse（Scatter），如下图所示。

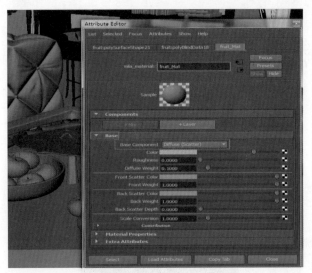

设置西红柿模型材质的预设

同样将西红柿的茎干模型名称修改为sterm_Mat，并将材质预设也设置为Diffuse（Scatter），如下图所示。

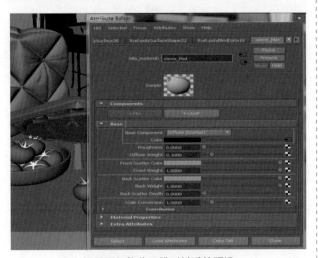

设置西红柿茎干模型材质的预设

对于每一个3S材质，都需要将其下的Scale Conversion参数设置为10.0000，如下图所示。这样就完成了场景中基本材质的指定，下面就来进行材质的精细调整。

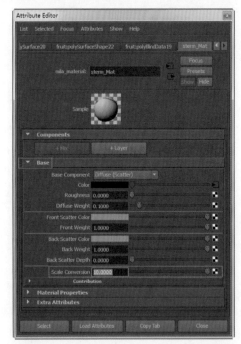

设置每一个3S材质的Scale Conversion参数

首先选中蜡烛模型，将其Front Scatter Color属性颜色设置为一个较深的橙色，将Back Scatter Color属性颜色设置为一个较浅的橙色，如下图所示。

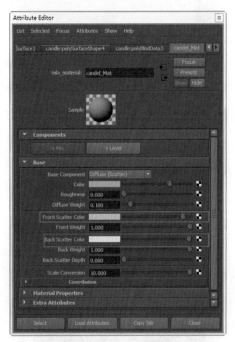

设置蜡烛模型的材质颜色

其中Front Scatter Color属性的颜色数值为RGB（230，202，161），请注意，这里RGB的格式是0~255的范围，如下图所示。

Front Scatter Color属性的颜色数值

而Back Scatter Color属性的颜色数值为RGB （252，244，201），同样这里RGB的格式也是0~255的范围。

设置颜色后，需要为蜡烛材质覆盖上一层淡淡的高光反射，单击Mila材质的＋Layer按钮。

单击＋Layer按钮后，将会弹出 Choose layer type的窗口，从中选择Weighted Layer。

弹出Choose elemental Component的窗口，从中选择Glossy Reflection。

为了不使反射层全部盖住底层的3S材质，需要降低顶部模糊反射层的强度，在Layer：Glossy Reflection层中，将Weight参数设置为0.200，Roughness设置为0.915，Color设置为一个较深的灰色，如下图所示。

降低顶部模糊反射层的强度

选中西红柿模型，打开其材质的属性编辑器，将其Color属性设置为一个较深的橙色，Front／Back Scatter Color设置为一个较浅的橙色，如下图所示。

设置西红柿模型颜色

其中Color属性的颜色数值为RGB（166，56，0），这里RGB的格式是0~255的范围。

而Front／Back Scatter Color属性的颜色数值为RGB（255，128，64），同样这里RGB的格式也是0~255的范围。

对于西红柿模型来说，同样需要为其添加一个反射层，在这里选择层的类型为Fresnel Layer。

在弹出的窗口中，为Fresnel Layer层选择Glossy Refelction的反射方式。

这样得到的材质结构如下图所示。

材质结构

对场景进行渲染，得到的渲染结果如下图所示。从现在的渲染结果看，当前材质效果相对于之前已经有了较大的变化。但是依然存在一些问题，例如西红柿的颜色并不正确；蜡烛的3S效果并不明显；烛台的材质效果也并不理想等，现在就来逐一进行改进。

当前材质效果有较大变化，但是依然存在一些问题

现在就来选择烛台模型的材质，将其Glossy Roughness参数降低为0.100，这样就能使烛台模型变得更加光滑，不像之前那么粗糙，如下图所示。

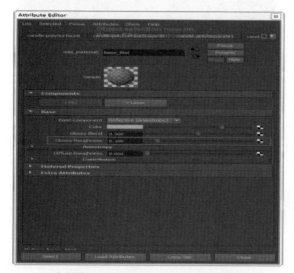

降低烛台模型的Glossy Roughness参数

选择蜡烛模型的材质，首先调整底层的材质，将Color参数的颜色修改为一个橙色，将Back Scatter Depth参数设置为100.000，这样材质的3S散射效果就会变得更加明显，然后修改反射层，将Weight参数设置为0.473，Roughness参数设置为0.768，如下图所示。

调整蜡烛模型底层的材质

其中Color属性的颜色数值为RGB（229，165，96）。

现在来修改西红柿的材质，将Base底层的Color属性修改为一个偏红的颜色，Front Scatter Color也修改为相对之前较深的颜色，如下图所示。

修改西红柿的材质颜色

其中Color属性的颜色数值为RGB（246，19，27）。

Front Scatter Color属性的颜色数值为RGB（166，56，0）。

对场景进行渲染，得到的渲染结果如下图所示。从现在的渲染结果上看，之前所提到的问题都得到了改进，基本满足要求，如下图所示。

现在的渲染结果基本满足要求了

同样在最终渲染的时候需要提高场景的精度，打开全局渲染设置窗口，切换到Quality面板，展开Sampling卷展栏，并将Quality参数设置为3.00，如下图所示。

提高最终渲染的场景精度

对场景进行渲染，得到的最终渲染结果如下图所示。

最终渲染结果

现在对模型放大渲染，分别来查看一下场景中各个模型的渲染结果，蜡烛和烛台的渲染结果如下图所示。

蜡烛和烛台的渲染结果

西红柿的渲染结果如下图所示。

西红柿的渲染结果

半透明渲染技法

在本节中，将通过制作一个水面上的荷花场景来讲述如何使用mia_material_x材质模拟半透明的效果，它主要适用于类似树叶等半透明的片状模型，同时讲解线性流程、颜色空间、颜色管理等一些知识。片状物体或者说没有厚度的单片、薄片物体，主要是指建模时没有厚度和体积的单面物体，如花瓣、青草、树叶、纸张；从效率和效果的角度来说，这种材质一般不适用于使用真正的SSS材质进行表现。

使用mia_material_x制作的荷花场景，最后得到的效果如下面4张图片所示。

最终效果1

顶部的渲染效果。

最终效果2

从顶部进行渲染。选取一个角度从上向下观察，在这个角度中能看到金鱼游到了荷叶之下，注意荷叶对金鱼的半透明效果。

最终效果3

另外选取一个自下而上的观察角度，从这个角度向上仰视天空，看到了荷叶之间互相遮挡的半透明效果。

最终效果4

4.1 初始场景设置

4.1.1 场景分析

下面就开始来学习并制作，首先打开配套光盘中提供的场景文件，如下图所示。

打开场景文件

对场景进行观察，发现荷叶是单面模型，并且有两条金鱼模型，将有助于在后面观察半透明效果，如下图所示。

场景带有两条金鱼模型

再来观察一下其他模型，如睡莲，发现莲花的叶子也是单面的，但是其中的花蕊却是实物模型，如下图所示。

花蕊是实物模型，花瓣却是单面的

继续观察红色的莲花，同样其模型也是单面的，如下图所示。

单面的红色莲花模型

最后观察一下其他形状的荷叶模型，发现也是单面。从这里可以推断出，这个场景中大部分最重要的、要进行表现的模型都是单面的，这就是我们制作mia_material_x半透明效果的主要依据。

场景中大部分模型都是单面的

4.1.2 尺寸检查

为了得到最真实的效果，其中一个重要的原则就是：使用真实世界的尺寸。这既能简化参数调节，也方便理解。这是由于mental ray中大部分的材质、灯光及渲染参数都是基于物理数值的。

从网上查询一下荷花的数值，从文章中可以看出，荷叶的直径可以达到60cm，而花朵的直径可以达到30cm。

使用物理真实的数值可以确保得到真实的效果。

依据查询到的数值，将场景缩放到正确的比例，如下图所示。

正确的场景尺寸

4.1.3 灯光设置

打开Hypershae观察场景中的材质，发现场景中的材质都是Maya自带的材质，如下图所示。

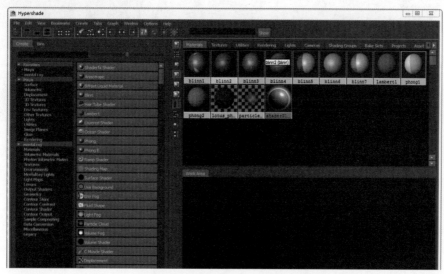

场景中的材质都是Maya自带的材质

对场景默认效果进行渲染，得到如下图所示的效果。

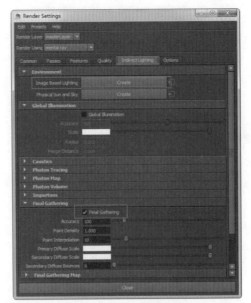

使用IBL对场景进行照明

默认渲染效果

打开渲染全局参数面板，在Indirect Lighting下，勾选 Final Gathering复选框，单击Image Based Lighting旁边的 Create按钮，创建一个图像照明节点，如下图所示。

在弹出的节点属性编辑器中，选择一张HDR图片，如下图所示。

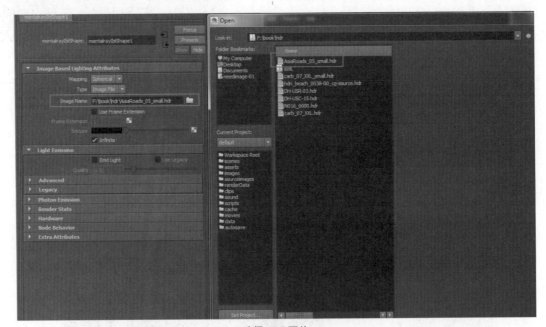

选择HDR图片

单击Common面板，展开Render Option卷展栏，取消对Enable Default Lighting复选框的勾选，这样就禁用了场景中的默认灯光，现在完全使用一张HDR图片进行照明。

取消场景中的默认灯光

现在来渲染场景，看看在HDR照明环境下的效果是什么样的。发现荷叶的材质不是很真实，叶子上反光过于集中强烈，没有半透明效果，整个HDR球及其照明亮度也不是很理想，整体比较暗，如下图所示。

默认的渲染效果

先来解决照明的问题。光照环境是通过线性流程来进行改进的，首先打开全局渲染设置窗口，展开Color management卷展栏，勾选Enable Color Management复选框，打开系统的颜色管理，并将Default Output Profile设置为Linear sRGB，如下图所示。

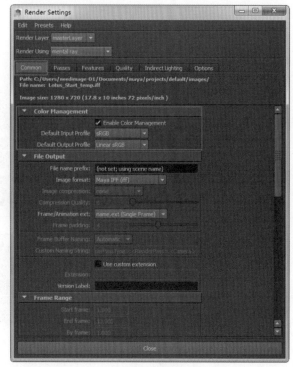

设置颜色管理

然后打开渲染窗口，选择菜单中的Display > Color Management命令，打开节点属性编辑器窗口，将Image Color Profile设置为Linear sRGB，这样渲染效果就明显亮了许多，如下图所示。

更改视图颜色管理后的效果

4.2 荷花和金鱼材质

4.2.1 荷叶材质

完成基本的灯光调节后，现在将对场景中的材质进行调节。先选择一片荷叶模型，打开Hypershade，展开其材质节点连接，如下图所示。

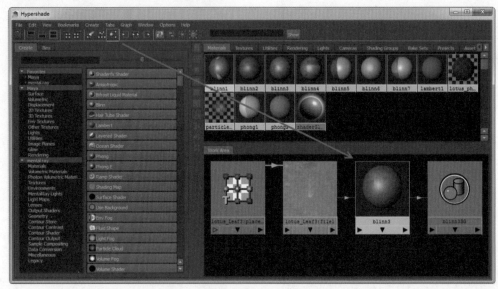

展开材质节点连接

在材质节点上单击鼠标右键，从弹出的快捷菜单中选择Select Object with Material命令，选择所有具有相同材质的模型，如下图所示。

选择所有具有相同材质的模型

在这些模型上单击鼠标右键，从弹出的快捷菜单中选择Assign New Material命令，从打开的窗口中选择一个mia_material_x。

然后将贴图文件拖拽到材质球上，选择diffuse，或者将其拖拽到材质属性的Diffuse－Color上，这样就为材质球指定了相应的颜色贴图。

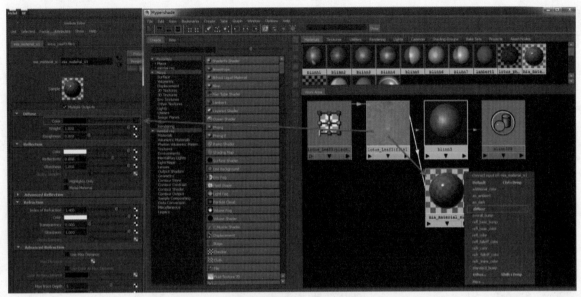

为材质球指定Color贴图

将材质球的reflection－Glossiness反射模糊程度降低为0.4，会产生较为模糊的反射效果，避免出现之前渲染结果中的锐利高光效果，如下图所示。其他材质类似，读者可根据这里讲解的方法自行操作，在此不再赘述。

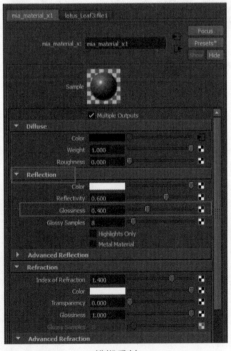

模糊反射

4.2.2 茎干和金鱼材质

选择如下图所示的根茎部分，为其指定一个misss_fast_skin_maya材质。

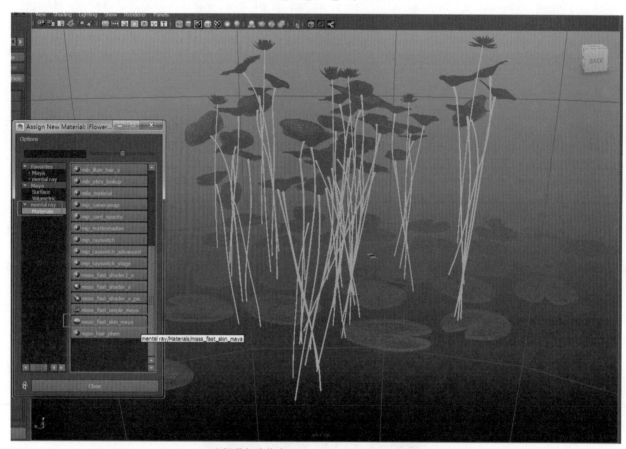

为根茎部分指定misss_fast_skin_maya材质

弹出一个关于灯光贴图的对话框，在对话框中选中相应的贴图，然后单击Create New按钮创建一张新的Lightmap贴图，如下图所示。

贴图大小是渲染分辨率的2倍（长2倍，高1倍），如下图所示。

为3S材质创建Lightmap贴图

系统会默认打开灯光贴图节点的属性编辑器，默认的

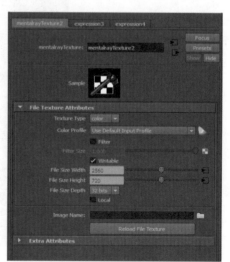

LightMap属性

　　现在来修改这个3S材质的属性，分别单击Diffuse Color/Epidermal Scatter Color，将漫反射颜色、表面散射颜色修改为HSV（106.028，0.684，0.797）。单击Back Scatter Color，将背光面散射颜色修改为HSV（106.028，0.380，0.473），在算法控制卷展栏中，取消对Screen Composite（屏幕合成）复选框的勾选，缩放系数（Scale Conversion）保持默认值为1.0，之所以将其保持为默认数值，是因为想加强根茎部分的3S效果，如下图所示。

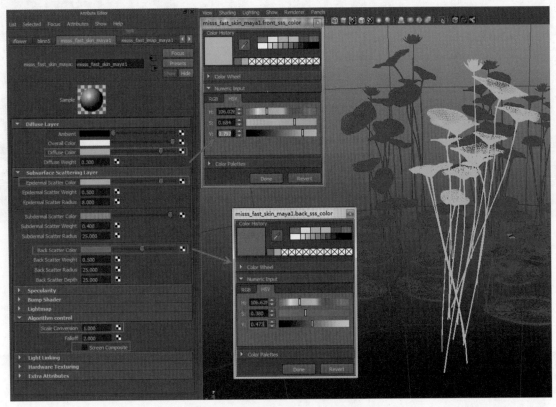

更改misss_fast_skin_maya参数

　　在misss_fast_lmap_maya节点的属性编辑器中，暂时不勾选Include Indirect Lighting（包含间接照明）复选框。从真实的角度来说，应该勾选这个选项，勾选后，其结果要比不勾选明亮一些，但是渲染速度会慢得多，一般在最后的步骤中才开启这项功能，如下图所示。

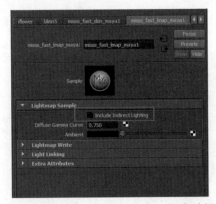

暂时不勾选Include Indirect Lighting复选框

　　同样的，选中金鱼模型，为其指定一个misss_fast_skin_maya，并为其赋予相应的贴图，更改Scale Conversionl（缩放系数）为10.0，取消对Screen Composite（屏幕合成）复选框的勾选，这样就完成了金鱼材质的制作，如下图所示。

为金鱼模型指定misss_fast_skin_maya并修改参数

4.2.3 花瓣材质

现在选中红色的莲花模型，为其指定一个**misss_fast_simple_maya**材质，之所以为莲花模型和根茎模型指定真正的3S材质，是由于它们的形状都带有一定的体积，莲花的每一片花瓣虽然是单面模型，但它的整体却是带有一定体积的，如下图所示。

为红色的莲花模型指定misss_fast_simple_maya材质

为莲花模型的属性指定相应的颜色贴图，并将Scale Conversionl（缩放系数）设置为10.0，取消对Screen Composite（屏幕合成）复选框的勾选，如下图所示。

为莲花模型的属性指定相应的颜色贴图

在Hypershade中，选择Edit > Delete Unused Nodes（清除无用的节点），清除以后的材质编辑器。

现在就完成了基本的材质设置，对于一些没有讲到的材质，读者可以自行完成。

对场景进行渲染，得到的效果如下图所示。现在的材质效果比刚才有了一定程度上的改善，如荷花叶上的高光现在比较真实了，没有之前那么锐利。但是材质整体效果仍然不是很理想。

改善的材质效果

4.3 Mia半透明材质

4.3.1 灯光设置

将视角转移到有金鱼的地方，对那里的荷叶进行渲染，得到的效果如下图所示。

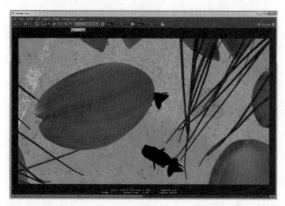

局部渲染

从效果上看，没有任何的半透明效果，不能从荷叶上看到下面的金鱼，问题出在哪里呢？3S效果在很多时候都取决于背光，从原理上说也是由于背光在物体内部散射所产生的，那是不是由于没有背光，所以看不到半透明效果呢？现在就制作一盏自底向上的平行光，在3个正交视图对光线进行调整，读者可以参考下面的图片自行调整。

创建背光

由于平行光和位置、缩放都没有关系，因此，可以只关注其旋转数值，RotateX、Y、Z（-360.286、110.51、646.882），如下图所示。

对平行光的属性做简单调整，在属性编辑器中，将灯

光颜色设置为HSV（60.000，0.212，1.000），灯光强度降低为0.500，确认勾选了光线追踪阴影，如下图所示。

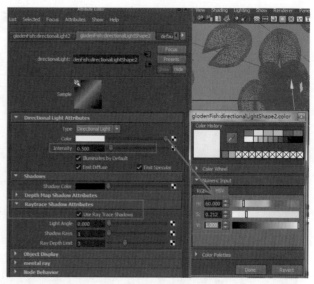

修改灯光参数

现在对场景进行渲染，发现效果没有任何变化，荷叶依然没有一点透光的感觉，如下图所示，这是由于没有开启材质中的半透明功能。

创建背光后，效果没有任何差别

4.3.2 开启半透明效果

打开材质的属性编辑器，展开Translucency（半透明）卷展栏，勾选Use Translucency（半透明）复选框，这就开启了材质的半透明功能，其他参数保持默认，如下图所示。

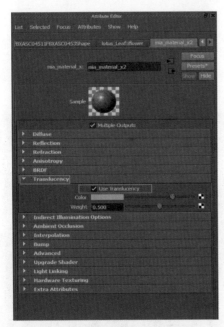

开启材质的半透明功能

对场景的相同角度进行渲染，发现依然没有材质的透光效果。但是渲染时间却有一点变化。

这是由于没有打开材质的透明属性，因为半透明也是一种透明，如果材质完全不透明，也就不存在半透明一说，就像水泥墙。打开材质的属性编辑器，看到参数值为0.000，如下图所示。

修改材质的透明度

现在试着把Transparency（透明度）设置为0.500，发现材质样本球发生了变化，已经能够透过材质样本球看到了它后面的棋盘格背景，这就说明参数设置已经起作用了，如下图所示。

调节Transparency参数后，材质样本球发生了变化

现在试着对场景进行渲染，得到的效果如下图所示。

参数调节后，渲染结果已经起作用

4.3.3 半透明强度调节

发现荷叶过于透明，很像折射的感觉，并不像半透明的效果，这是什么原因呢。这是由于半透明权重在起作用，这里的权重是一个混合比例，如果半透明的权重小于1.0，那么1.0-半透明权重，剩余的部分就是透明度的权重。

以上面的图片为例，半透明的权重值为0.5，透明度的权重就是1.0-0.5=0.5，这样0.5的透明度和0.5的半透明进行混合，最后的光学效果就是我们上面所看到的效果。如果半透明的权重为1.0，那么物体的所有透明度将全部变成半透明，但是请注意，我们并没有半透明的强度滑块，所有对半透明的控制都是通过Transparency参数来进行调节的。

在这里将半透明权重数值调节为1.000，将透明度数值调节为0.137，如下图所示。

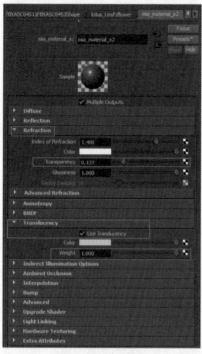

降低透明度参数值

现在对场景进行渲染，得到的效果如下图所示，看到现在就得到正确的半透明效果。

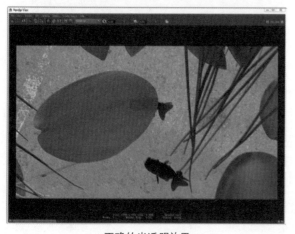

正确的半透明效果

4.3.4 半透明颜色调节

现在发现另外一个问题，那就是半透明颜色似乎不起作用，现在就来试验一下，在Translucency卷展栏下，将color参数修改为红色，如下图所示。

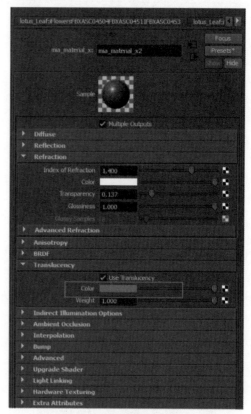

将半透明颜色更改为红色

然后进行渲染，发现渲染结果没有任何变化，这是为什么呢？

这是因为，当前使用的是Solid实体模式，它的意思是，模型是很厚的一块带体积的物体，这对于场景来说，是不恰当的，需要将其改为薄壁模式（Thin Walled），在这种模式下，物体将被视为由很薄的外壳所组成，如下图所示。

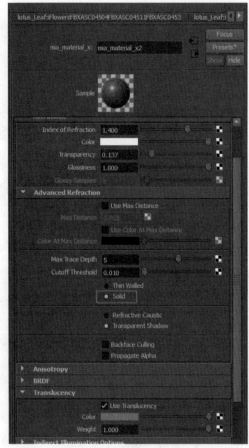

默认的渲染方式是Solid模式

举一个例子，对这个问题进行说明，在场景中新建一个Polygon小球，并为其赋予mia_material_x材质，在材质预设中选择PhysicalGlass，如下图所示。

新建小球并赋予材质及玻璃预设

对这个场景进行渲染，得到的效果如下图所示。发现其渲染效果是一种非常类似于实心小球的效果，它的感觉非常厚重，以至于小球完全变成了一个凸透镜。

渲染效果非常类似于实心小球，感觉非常厚重

将折射模式更改为Thin Walled薄壁模式，效果如下图所示。

将渲染模式更改为Thin Walled

对场景进行渲染，得到的效果如下图所示。发现现在的小球就是一个空心小球的效果，类似于一个灯泡，它是由很薄的外壳组成的。

Thin Walled方式的渲染效果是一种空心效果，类似于一个灯泡

在Thin Walled薄壁模式下，保持半透明颜色继续为红色，对场景进行渲染，得到的效果如下图所示。现在发现红色的半透明效果就显现出来了，说明这个参数起作用了。

半透明参数起作用了

现在为这个参数进行贴图，首先打开Hypershade，将一张荷叶贴图连接到半透明下的Color参数上，如下图所示。

为半透明下的Color参数贴图

对场景进行渲染，发现现在效果已经比较自然了，如下图所示。

正确的半透明效果

那么如何调整半透明的程度呢？将透明度下的Transparency参数调高，然后对场景进行渲染，现在荷叶的感觉更加薄了，下面的金鱼透出来的更多，如下图所示。

更强的半透明度

4.3.5　线性流程

这里需要说明，对场景中的贴图，须确保它没有受到二次Gamma矫正。首先打开贴图的属性编辑器，从中查看贴图的Color Profile，并选择Use Default Input Profile，由于在全局渲染设置窗口中，Default Input Profile设置的是sRGB，因此，在这里贴的图是不会受到二次Gamma矫正的，如下图所示。

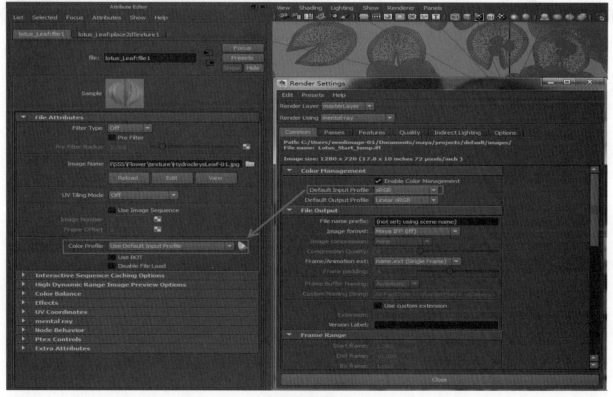

贴图的颜色管理

但是对于其他的一些颜色来说，是无法为其进行颜色管理的，因为没有相应的颜色空间参数可以选择，那就需要自己手动为其进行Gamma矫正。可以在Hypershade中，使用一个Maya自己的Gamma Correct节点来完成这个任务，如下图所示。

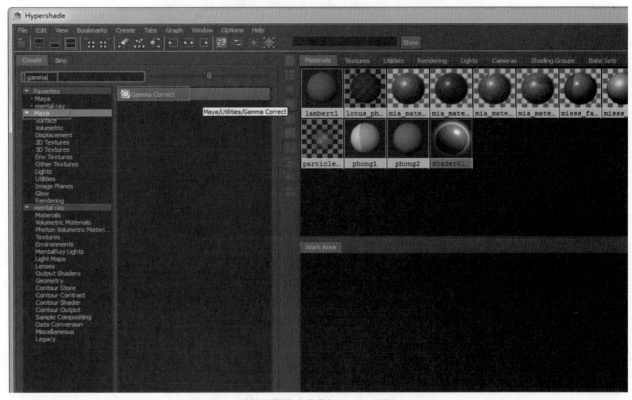

对颜色需要手动进行Gamma矫正

4.3.6　创建并调整太阳光

在一般的HDR照明中，都需要使用一盏手动的灯光来对太阳光进行补偿和加强，在这个例子中，也不例外。创建一盏平行光，将其旋转到HDR图片中，太阳的位置如下图所示。

手动创建太阳光并对位

对于平行光，其位置、大小对最后的灯光照明都没有影响，有影响的仅仅是其旋转的角度，因此我们给出其最后旋转角度的参考数值，RotateX、Y、Z（-95.537、-50.691、-2.657），如下图所示。

现在来调节灯光属性，将灯光的颜色调整到一个类似于阳光的偏黄的颜色，参考数值（H，S，V）为（60.000，0.212，1.000），如下图所示。

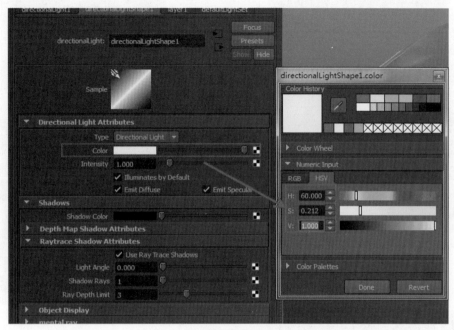

调节灯光颜色

4.4 水面材质

4.4.1 置换参数设置

现在来制作水面，在视图中创建一个Polygon平面，并将其缩放到合适的大小，如下图所示。

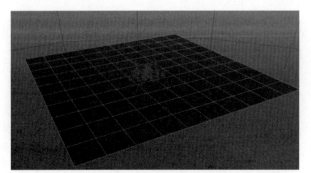

创建多边形平面作为水面

为这个模型赋予一个mia_material_x材质，并在材质的预设窗口中，选择最下面的Water，如下图所示。

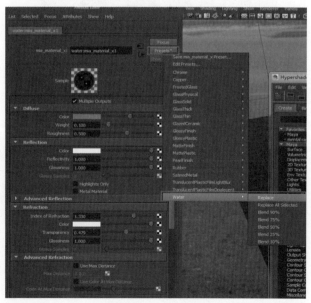

为模型赋予材质及预设

找到这个mia_material_x材质的材质组节点，在其中的Displacement mat下面指定一个Maya自带的ocean程序纹理，如下图所示。

找到mia_material_x材质的材质组节点，指定ocean程序纹理

根据场景大小，将Displacement置换节点的Scale参数缩小为0.005，如下图所示。

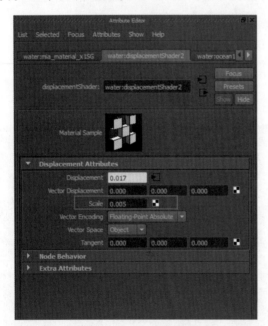

根据场景大小调整Displacement置换节点的Scale参数

打开ocean节点的属性编辑器，依据下图的参数进行设置。请注意，将Wave Length Min／Max的参数设置为（0.010，0.400），这样贴图就有足够的重复度以产生更多的细节，如下图所示。

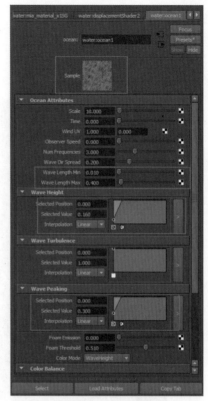

调整ocean节点参数

4.4.2 mental ray置换方式设置

对于置换物体来说，一般需要为它添加一个mental ray "近似"，它的意思是，调用相应的 "近似" 算法，对多边形进行细分，不断地去 "逼近" 我们所想要达到的效果，因此这是一种 "近似"算法。我们从Window ＞ Rendering Editor ＞ mental ray ＞Approximation Editor中，打开 "近似" 编辑器。

在编辑器中，在Subdivision（Ploygon and Subd. Surface）下单击Create按钮，如下图所示。

创建Approximation节点

这样就创建出一个 "近似" 节点，依据下图设置其参数，选择Approx Method为Spatial，将 Min／Max Subdivisions分别设置为1和5，勾选View Dependent复选

框，它的意思是选择细分方法为"空间式的方法"，将最小和最大采样设置为1和5，并且和视图相关，只要空间中，物体边的长度大于Length参数所设置的数值时，就会将物体的边进行细分，细分的倍数在最小和最大采样数值之间。对于本例来说，这些参数的含义可以翻译为，如果视图中的边大于屏幕上的一个像素，那么我们就需要对其进行1~5倍的细分，直到它小于一个像素为止，如下图所示。

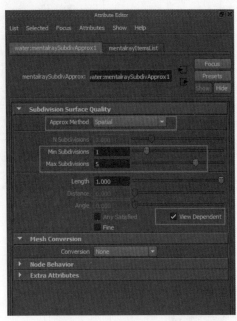

调整Approximation节点参数

现在对场景进行渲染，得到下面的结果，除了手动制作的水面大小和背景图片无法匹配之外，其他的整体效果还是比较令人满意的。

基本满意的渲染效果

4.5 场景设置

4.5.1 取消HDR背景显示

现在就来解决水面问题，采取照明和背景分开进行控制的方法，选择IBL照明节点，展开其Render Stats卷展栏，取消对Primary Visibility复选框的勾选，如下图所示。

取消IBL节点在渲染中的显示

这样，IBL球就只提供照明效果，其自身并不能被渲染出来，如下图所示。

IBL球不再被渲染

4.5.2 手动创建背景

手动创建一个Polygon球体，将其缩放到合适的大小，并为其指定一个Maya自带的Surface Shader，在Surface Color的Out Color上，连接上使用的HDR图片，之所以指定Surface Shader，是因为它不受灯光的影响，能真实地展现贴图细节。但是请注意，Surface Shader虽然不会

受到灯光的影响，但是却会受到场景中Gamma矫正的影响，如下图所示。

创建球体，并指定Surface shader和贴图

展开这个多边形球体的属性编辑器，取消除了Primary Visibility、Smooth Shading、Double Sided这3个Flag之外的其他属性，如下图所示。

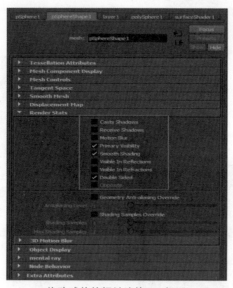

修改球体的相关渲染Tag标记

在视图中旋转球体，选择一个合适的角度，最终得到变换参数为：tanslateX、Y、Z（0、645.65、0），RotateX、Y、Z（0、－116.666、0），ScaleX、Y、Z（3000、3000、3000），如下图所示。

旋转球体，对背景位置进行摆放

对场景进行渲染，得到下面的效果，发现HDR背景非常的暗，这是因为它是高动态图片的原因，需要对它进行Gamma矫正。

HDR背景渲染的非常暗

在Hypershade中，手动创建一个Gamma Correct节点，并将上面的HDR图片连接到它的Value属性上，将其Gamma三元组属性设置为（2.000，20000，2.000），最后将这个Gamma Correct节点连接到Surface节点的out color参数上，如下图所示。

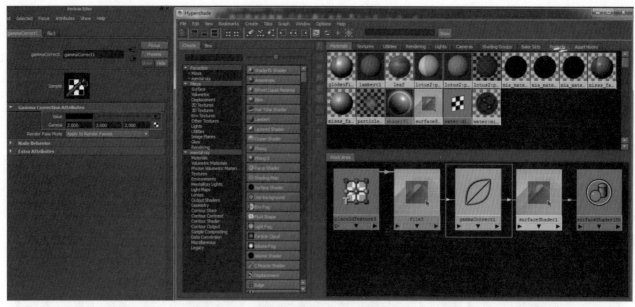

为背景图片进行Gamma矫正

现在对场景进行渲染，得到了下图所示的最终效果。

最终渲染效果

将图片进行保存，发现最后保存到硬盘上的图片很暗，如下图所示，这是因为它是一张线性sRGB图片的原因。

保存在硬盘上的图片非常暗

使用外部软件，例如Photoshop对其进行矫正。在Photoshop中选择菜单Image > Adjustments > Exposure，打开Exposure编辑器，在Gamma Correction中输入数值2，最后得到了正确的效果，将其保存，如下图所示。

最终效果

钻石的表现

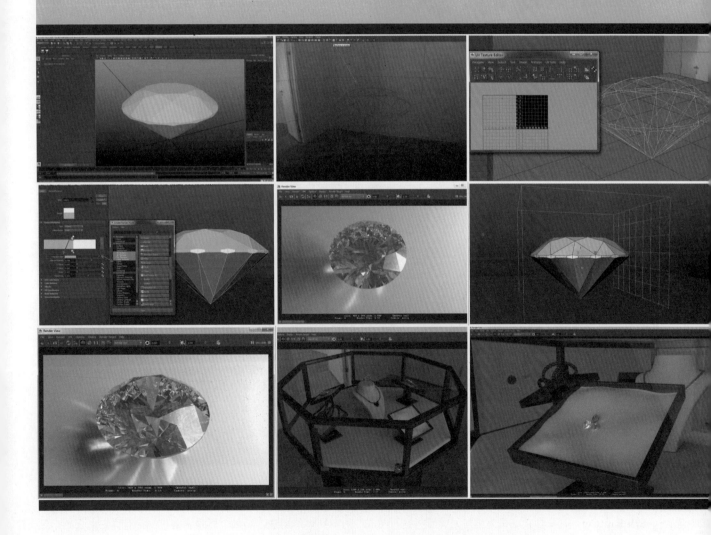

5.1 模型要求

5.1.1 理论介绍

在本节中，将学习如何制作钻石效果，最终得到的效果如下面两张图片所示。

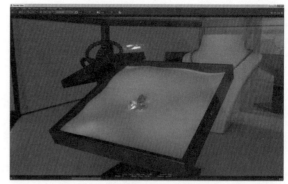

复杂环境下的钻石效果

首先来打开场景文件01-diamond_start.mb，从下图中看到，这是一个标准的钻石模型。

Studio照明下的钻石效果

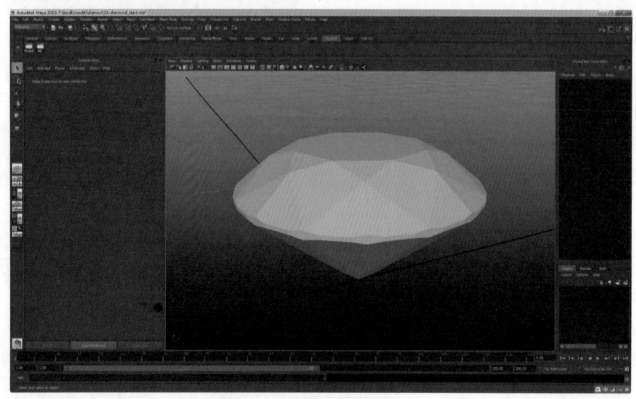

标准的钻石模型

其实，钻石是有一定加工工艺限制的。可以打开维基百科，从中搜索到钻石，我们发现，钻石的切割工艺被称为"Brilliant Cut"，其含义就是为增加光辉而将钻石刻成约六十面体的切法，其每个面的切割尺寸都有详细的规定。因此，使用物理真实的钻石模型是我们得到真实可信效果的关键，因为如果不这样，钻石内部各个表面之间的反射折射将是错误的，得到的效果也就不正确。

5.1.2 尺寸设置

除了模型本身的外形准确之外，模型的尺寸也非常重要。我们从下表中可以看到，标准1克拉的钻石，其直径尺寸为6.5毫米（mm），高度为3.9毫米（mm）。

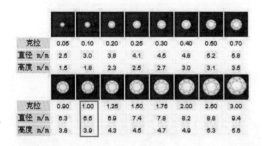

克拉	0.05	0.10	0.20	0.25	0.30	0.40	0.50	0.70
直径 m/m	2.5	3.0	3.8	4.1	4.5	4.8	5.2	5.8
高度 m/m	1.5	1.8	2.3	2.5	2.7	3.0	3.1	3.5
克拉	0.90	1.00	1.25	1.50	1.75	2.00	2.50	3.00
直径 m/m	6.3	6.5	6.9	7.4	7.8	8.2	8.8	9.4
高度 m/m	3.8	3.9	4.3	4.5	4.7	4.9	5.3	5.6

钻石的尺寸

首先在Maya的全局参数设置中查看场景单位，打开 Window > Setting/Preferences > Preferences窗口，在Setting 目录下找到Working Units，看到其中Linear设置为centimeter，也就是厘米。这个步骤是每次启动Maya，首先需要检查和设置的。

现在使用测量工具来对模型的尺寸进行测量，从菜单Create > Measure Tools >Distance Tool 中创建一个距离测量工具。

在纵向和横向两个方向上，分别单击两个最远端点，得到两点之间的距离。看到模型尺寸基本上是很精准的，如下图所示。

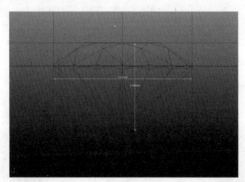

测量模型

再来看一下模型本身的拓扑结构，首先观察模型的顶面，看到模型是由大量的三角面和N边面所组成，如下图所示。

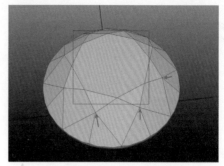

模型顶面由大量不规则面所组成

然后看一下模型的侧面，发现模型同样是由这些不规则的面所组成的，如下图所示。对于其他场景或模型来说，这一般是不太好的，但对于我们的模型来说，它比较特殊，因为这是严格规定的钻石切割工艺，并且它是一个非有机物的硬表面模型，本身并不需要变形。因此，它存在于场景中并没有问题。

模型侧面也是由大量不规则面所组成

打开outliner窗口看一下场景中的模型，发现场景中只有一个叫做diamondMesh的模型，如下图所示。

场景中只有模型物体

5.2 材质设置

5.2.1 场景检查

打开Hypershade，看到场景中只有一个模型自带的Phong材质，它进行了一些简单的设置，但对于所要达到的效果来说，这基本上是不可用的，需要另外调节其材质，如下图所示。

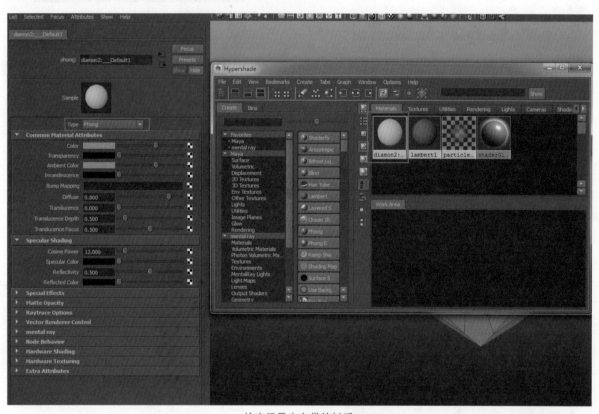

检查场景中自带的材质

现在对模型进行渲染，检查一下有没有问题，得到的渲染结果如下图所示。这个过程有助于理解模型的渲染效果，也有助于检查模型的渲染时间。特别是对于这种异面体，这个检查尤为重要。对于实际制作来说，上面一系列的检查过程是非常必要的，它从场景组成、材质、渲染结果等几个方面来了解我们打开的一个陌生模型，从这几个角度来确认打开的模型有没有问题。

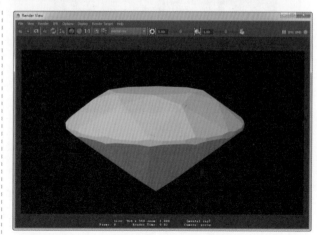

渲染场景，对模型进行检查

如果打开的场景中，钻石的显示是下图所示，那就需要对其进行一定的处理，因为它会影响到渲染的结果。

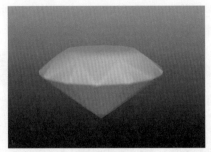

错误的视图显示

对场景进行渲染，发现模型的面之间的棱角分明效果消失了，取而代之的是边界模糊的效果，以至于无法看清模型的结构。这是由于原始模型的法线所造成的。

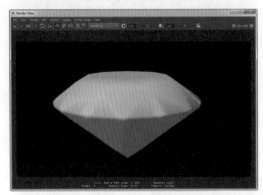

错误的渲染结果

这时就需要对模型进行一定的处理，选中模型，执行菜单Normal > Set to Face。

最后得到的结果如下图所示，它和我们最早打开的模型是一致的，这样模型就得到了修正。

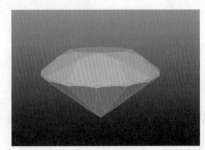

修正后的模型

在模型上单击鼠标右键，从弹出的快捷菜单中选择Assign New Material，为模型指定一个新的材质。从弹出的菜单中选择mia_material_x。

在材质预设中选择物理玻璃（GlassPhysical），这个预设已经使用过多次，这里不再进行赘述，如下图所示。

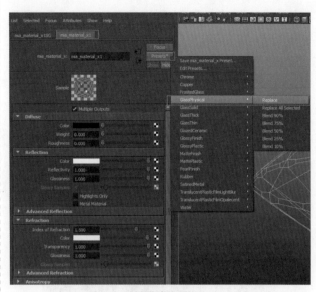

对材质使用预设

5.2.2　初始灯光设置

现在需要对模型继续渲染，看看赋予材质后的渲染效果。在第1章玻璃章节的相关讲述中，对于玻璃物体来说其环境是非常重要的，可以想象在一个漆黑的屋子里面，是无论如何也看不出玻璃的美丽透明效果的。对于Maya来说，制作环境的方式有多种多样，但是无论使用哪一种，都应该考虑到环境并不是孤立的，它和灯光有非常密切的关系，因此需要综合选择灯光和环境。

在mental ray中有两种间接照明的方式：日光系统以及图像照明都能提供物理真实的环境。但是日光系统只能提供一个没有周围物体的大气环境，对于玻璃这种对环境要求较高的物体来说，并不太适合。相反，HDR图像照明提供了现实生活的真实环境和真实照明，从诞生的一开始就被誉为"照明的圣灯"，因此用在这里是最适合不过的。但这种照明方式存在的问题就是：HDR图片有限，很难获取想要的环境下的高品质HDR图片，而且也很难处理并模拟HDR图片中较亮的太阳光。

由于HDR图片是高动态的，我们需要使用线性流程。首先打开全局渲染设置窗口，在Common面板中的Color Management卷展栏下，勾选Enable Color Management复选框来启用颜色管理，并将Default Input Profile设置为

sRGB，Default Output Profile设置为Linear sRGB。然后展开Render Option卷展栏，取消对Enable Default Light复选框的勾选，以禁用场景中的默认灯光，如下图所示。因为对于纯HDR图片照明来说，它是不会在场景中创建任何灯光的，这样就会在HDR照明之外，使用Maya的默认灯光，得到错误的结果。

继续单击Indirect Lighting面板，在其中的Enviroment卷展栏下，单击Image Based Lighting旁边的Create按钮创建一个IBL节点；另外展开Final Gathering卷展栏，勾选Final Gathering复选框以启用最终聚集的间接照明方式，如下图所示。

使用线性流程，禁用场景默认灯光

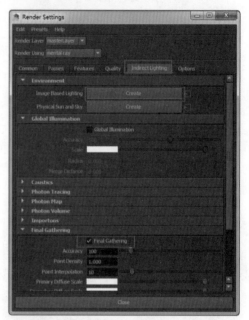

创建IBL节点，开启FG

在弹出的IBL节点中，选择一张配套光盘中所提供的HDR图片，如下图所示，这是一张室内的360° HDR环境图片。

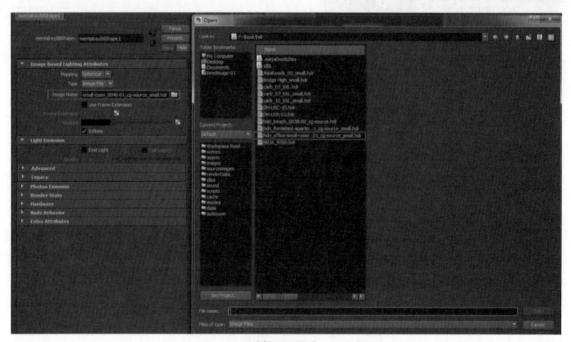

选择HDR图片

这时，场景中的显示效果如下图所示，赋予了玻璃材质的钻石模型变得不可见了。

场景显示效果

为了观察的方便，单击视图的线框显示，将模型显示出来，如下图所示。

线框显示模型

在所有的工作准备完成后对场景进行渲染，得到的效果如下图所示。

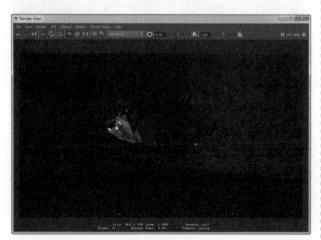

渲染场景

发现场景过于黑暗，很难清楚看到细节，这是由于使用线性流程的原因，需要在渲染窗口中对其进行补偿。在渲染窗口中，选择菜单 Display > Color Management。

在弹出的节点属性面板中，将Image Color Profile设置为Linear sRGB，Display Color Profile设置为sRGB。渲染视图实时进行了反馈，如下图所示。

补偿后的显示效果

从图中可以看到，得到了基本的钻石效果，但是其结果没有任何精彩的地方。另外，由于钻石内部的反射/折射较多，所以需要提高渲染品质，打开全局渲染参数设置窗口，在其中的Quality面板中展开Raytracing卷展栏，将Reflection和Refraction都设置为20（默认值是4），Max Trace Depth设置为40（默认值是二者之和8），这样就能保证在渲染的过程中，能最大程度地得到细节，如下图所示。

增大光线追踪的深度

5.2.3 基本材质设置

在全局渲染设置窗口中进行深度的设置并不够，还需要在材质中也进行相应地设置，打开钻石材质属性面板，将材质的名称修改为diamon_Mat，如下图所示。

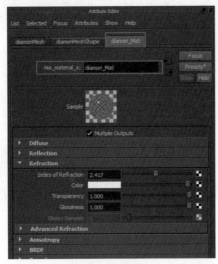

对材质进行重命名

在材质的Refraction卷展栏中，将材质的Index of Refraction（折射率）参数修改为真实的钻石折射率2.417，如下图所示。

修改材质折射率

单击渲染视图上的图片保存按钮，这样就能对渲染出来的图片进行比较，如下图所示。

单击渲染视图的图片保存按钮

对场景进行渲染，发现现在钻石有了一定的重量感，更加的深邃，不再像是轻飘飘的玻璃，而且更重要的是，钻石上各个面之间的反射和折射更加明显和绚丽，如下图所示。

材质有了重量感，反射和折射也更加绚丽

现在再来对模型材质做进一步的调节，使之更加完美，展开Refraction卷展栏下的Advance Refraction子卷展栏，取消对Use Max Distance复选框的勾选，因为并不想制作彩色玻璃的效果。将材质的Max Trace Depth提高到20，确认勾选的是Solid的渲染方式，并确认使用的是Refractive Caustic（折射焦散），而不是Transparent Shadow（透明阴影），这是因为后面我们需要为钻石制作彩色的焦散效果，如下图所示。

设置材质的高级折射参数

类似的，展开Reflection卷展栏下的Advanced Reflection子卷展栏，将其中的Max Trace Depth设置为20，并取消对No Highlights For Visible Area Lights复选框的勾选，因为在后面将需要使用面光源，并不想让面光源在钻石上产生高光，只想使用环境HDR，再取消对Skip Reflection On Inside复选框的勾选。

对比上面的渲染结果，发现现在的钻石明显更亮了，这是由于加大了折射和反射深度的原因。

钻石现在更亮了

现在钻石的材质基本就制作完成了，需要为其添加七彩的散射效果。

5.2.4　Abbe散射和焦散模拟

经常能在钻石上看到七彩的焦散效果，这种现象在物理上被称为Abbe散射。Abbe数值越高，最终渲染中，看到的散射效果就越少，如果Abbe数值高到60~70之间，就几乎看不到散射效果。

Abbe散射的产生原因是：白光包含了所有波长的光线，穿过某种材料的时候，不同波长的光线会被折射为稍稍不同的角度，这就产生了散射，经常可以看到一束光线穿过棱镜，并且被分割为不同波长的光线效果。

在一些软件中，提供了对这种现象很好支持的选项，比如Maxwell渲染器，如下图所示。

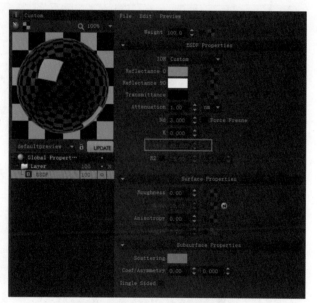

Maxwell材质中对Abbe现象的支持

从下面的几张图片中能看到Maxwell渲染器能得到非常漂亮、精确的Abbe效果。

Maxwel渲染器的Abbe现象渲染效果1

Maxwel渲染器的Abbe现象渲染效果2

Maxwel渲染器的Abbe现象渲染效果3

这是一种代价高昂的效果，甚至比焦散还要耗费时间，因此即便在Maxwell这种物理真实的渲染器中默认都是关闭的，在mental ray for Maya中通过模拟的方法来对其进行模拟，只要从视觉上满足要求即可，这样就生成一个"假"的abbe散射。CG表现行业竞争激烈，完全是以最后的效果来进行评判，因此时间就是金钱，时间就是效率，就是成功。不是完全否定技术，但大多数实际制作的情况下，没有必要花费大量的时间得到一个完全"物理真实"的效果，况且模拟的操作，其实际控制力还更强。

现在就来对这种效果进行模拟，首先，创建一个名为RenderCam的渲染摄像机，如下图所示。

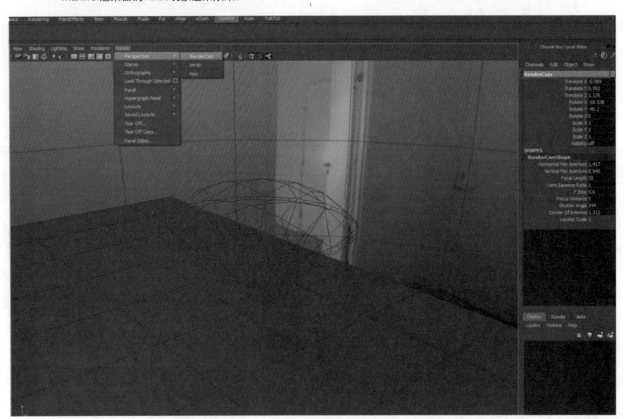

新建摄像机

通过视图菜单Panels > Perspective > RenderCam来将视图切换到这个渲染摄像机，并调整摄像机的角度。

从刚才的渲染效果中看到，钻石是直接悬浮在背景图片上的，这既不真实，也不利于我们制作，更无法创建焦散效果。因此需要创建一个平面作为地面物体，从菜单中选择 Create > Polygon Primitives >Plane创建平面物体，并进行缩放，如下图所示。

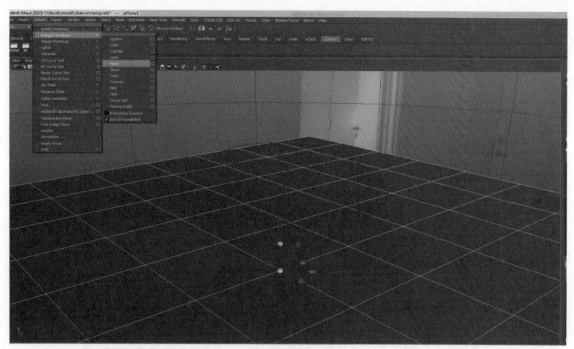

创面地面

为平面物体指定一个Lambert材质，并将其Color颜色调节的更白，如下图所示。

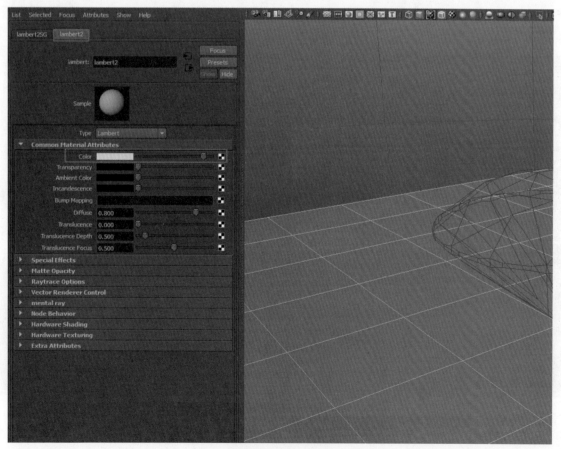

为地面指定材质和颜色

现在对场景进行渲染，得到的效果如下图所示。发现地面上有一些很脏的噪点，这是由于采样精度过低的原因，这里为了加快渲染的速度，可以不予理会，而在最终渲染中进行解决。

渲染结果出现很多噪点

准备工作做好以后，就可以模拟Abbe散射效果了，对Abbe现象的模拟主要是通过在Refraction的color参数上进行贴图来实现的，单击color后面的棋盘格按钮，打开创建渲染节点对话框，在其中选择Ramp节点，如下图所示。

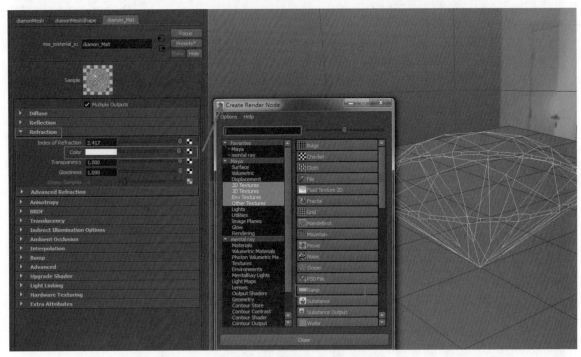

为折射颜色赋予Ramp贴图

打开后的ramp贴图是一张黑白的渐变贴图，如下图所示。

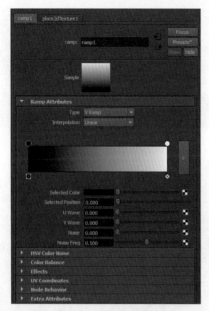

ramp贴图是一张黑白的渐变贴图

材质连接效果

在ramp贴图的Preset预设中选择Rainbow方式的渐变，如下图所示。

现在对场景进行渲染，得到了红宝石的效果，但并没有得到预期想要的效果，如下图所示。

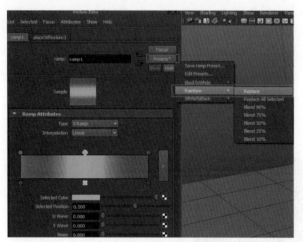

为Ramp贴图选择Rainbow预设

出现红宝石效果

回到材质面板，发现现在的材质图标已经有了变化，并且color属性显示已经有连接，color颜色显示为红色，如下图所示。

打开Ramp贴图，并在渲染窗口中选择交互式IPR渲染，用鼠标拉出一个框，进行局部IPR，将Ramp贴图的绿色圆圈向红色一端拉近，这样就减少了红色的范围，如下图所示。

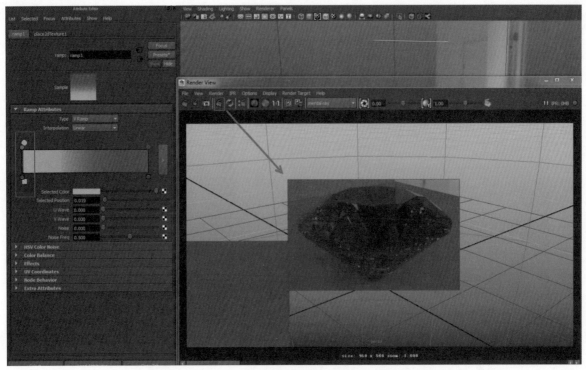

渲染效果

在Maya 2015中，mental ray增加了一种新的渐进式渲染，它非常类似于Arnold或Vray的渐进式渲染，这种方式的特点在于：先整体计算出大概的效果，使制作者有一个大概的印象，然后再逐步细化，mental ray中，可以选择是在IPR还是最终渲染中使用渐进式渲染，这无疑是一个很大的进步。但Maya 2015中的渐进式渲染比起Max中的相同功能，还处于较早期开发阶段，功能上并不成熟。因此要想完美地使用这个功能，还需要时间上的等待，现在就来尝试使用这个功能，如下图所示。

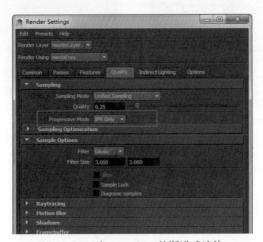

Maya 2015中mental ray的渐进式渲染

对场景进行渲染发现，其效果并没有本质的区别，出现这个问题的原因在于：ramp贴图是一张2D贴图，它依赖于模型的UV，那是否是模型的UV有问题呢？现在就来检查一下。

选中钻石模型并打开UV编辑器，发现钻石模型并没有UV，如下图所示。这就是上面为什么出现红色，并且无法进行调节的原因。

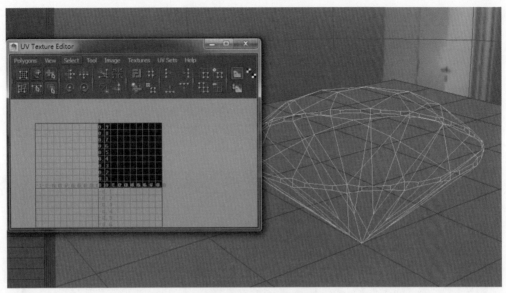

钻石模型并没有UV坐标系

在UV编辑器中，单击菜单 Polygons > Unitize，这样使得模型上每一个面的UV都标准化，如下图所示。

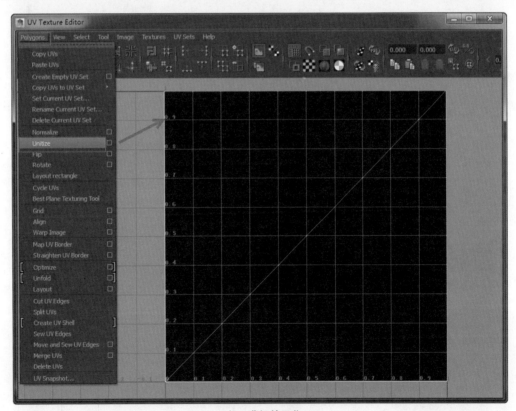

对UV进行单元化

在UV编辑器中，单击菜单Texture并选择Ramp贴图，这样就能在UV编辑器中，看到我们Ramp贴图，如下图所示。

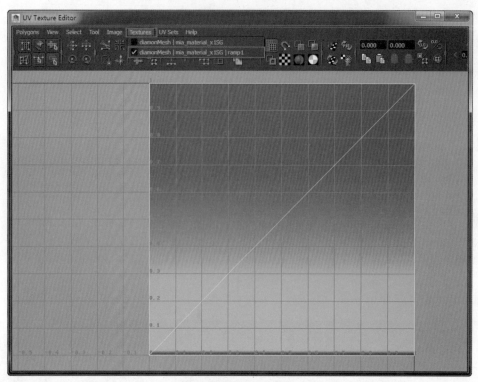

在UV编辑器中显示贴图

在UV编辑器中，单击菜单 Polygons > layout，这样会把模型上的每一个面的UV打散并进行整齐排列，如下图所示。

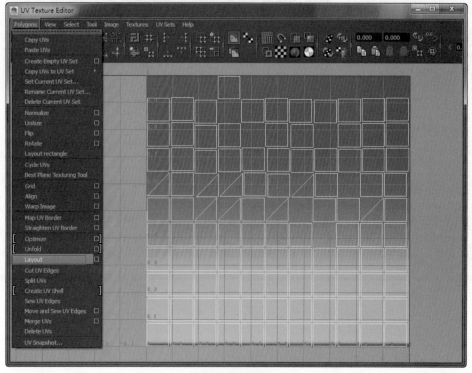

对UV进行排列

为了对UV及Ramp贴图进行可视化的查看，需要将Ramp贴图连接到钻石材质的Diffuse >color属性上，并将Refraction > Transparency的数值设置为0.000，如下图所示。

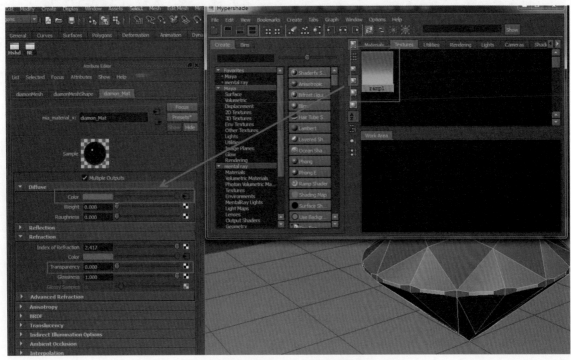

设置用于预览Ramp贴图效果的材质

在Ramp贴图的节点面板中重新选择Rainbow预设，这样，Ramp贴图就会将操作进行重置，如下图所示。

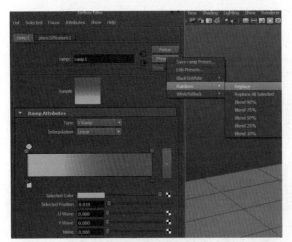

重新选择Ramp的Rainbow预设

在视图中看到钻石模型依然是黑色的，这是由于使用了新的Viewport 2.0的原因，需要将其切换为以前的视图显示方式。从视图菜单中选择 Renderer > Legacy Default Viewport。

看到切换视图后，模型上就显示出了Ramp贴图的渐变效果，如下图所示。

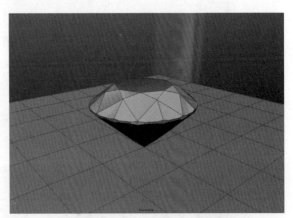

切换视图显示后，出现了正确的显示效果

但是由于来回调整参数非常麻烦，所以决定制作一个专门用于渲染的材质，并保留刚才的材质作为预览用途。首先打开Hypershade，选中钻石材质，选择菜单 Edit > Duplicate > With Connections to Network，材质节点网络，如下图所示。

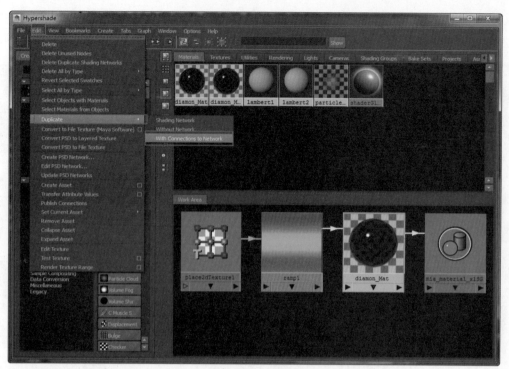

复制材质节点网络

选中两个节点，分别将其命名为diamon_RenderMat和diamon_TestMat，展开两个材质的上下游节点网络，看到两个节点共用一张Ramp贴图，这样对Ramp贴图的修改会同时反映在两个材质球上，如下图所示。

两个材质共享相同的贴图

用于渲染的材质diamon_RenderMat，将 Diffuse > Color 还原为黑色，Refraction > Transparency还原为1.000，这样整个材质就还原为之前的样子，如下图所示。

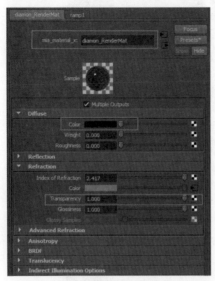

设置渲染用的材质参数

用于预览材质diamon_TestMat，将Ramp贴图连接到它的 Diffuse >Color上，Refraction > Transparency则设置为0.000，就像之前所看到的那样，如下图所示。

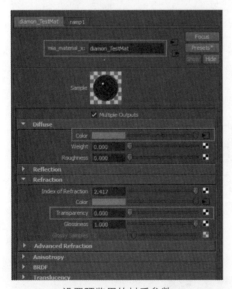

设置预览用的材质参数

通过右键快捷菜单，就能在预览材质球和渲染材质球之间很方便地进行切换了，如下图所示。

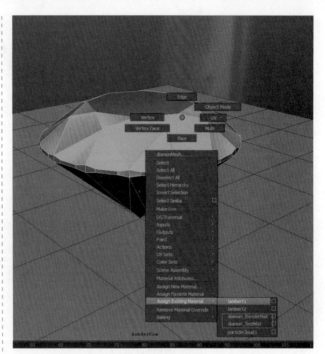

可以切换材质

对现在的场景进行渲染，发现Ramp贴图已经起作用了，得到由绿到红的钻石效果，如下图所示。

Ramp贴图已经起作用

现在的材质颜色效果并不准确，钻石的亮白绚丽效果并没有表现出来，选中钻石顶部的面，单击菜单Create UVs >Planar Mapping旁边的四方形按钮，展开其选项面板，从中选择映射方向为 Y axis，如下图所示。

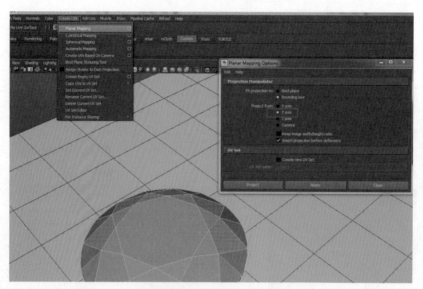

为钻石顶部的面指定UV坐标系

对得到的UV进行缩放，并移动到图中所示的蓝色位置，如下图所示。

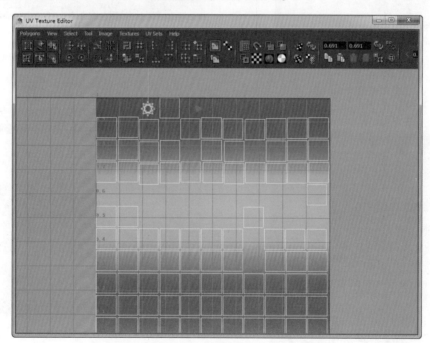

移动顶部UV

这样模型顶部就完全变成了蓝色，如下图所示。

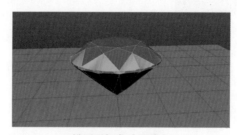

模型顶部变成了蓝色

在Ramp贴图中单击蓝色的小圆圈，将其颜色改为白色，这样钻石顶部的颜色就变成了白色，如下图所示。

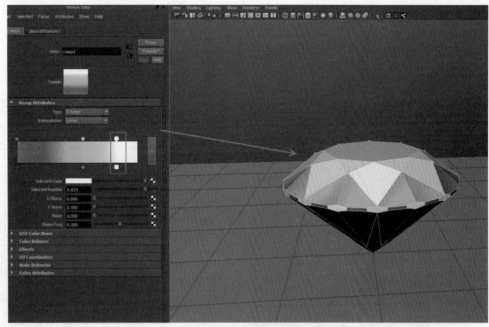

将模型顶部设置为白色

旋转视图视角，对场景进行渲染，看到了白色的顶部效果，以及五彩的周边效果如下图所示。

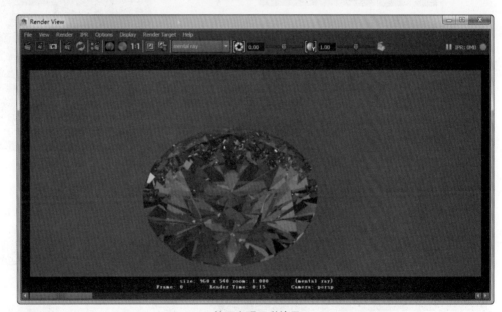

钻石出现五彩效果

现在场景中由于没有光源的存在，导致：一钻石的轮廓及阴影并不明显；二不能产生焦散效果。现在就在场景中添加一盏面光源，并将其位置调整到HDR图片中最亮的窗户位置，调整其大小，如下图所示。

创建面光源并调整位置

现在来调节灯光的属性，打开灯光的属性编辑器，将灯光颜色调整为一个偏黄类似于太阳光的颜色，将其Intensity强度调整为20，在mental ray-Area Light卷展栏下，勾选 Use Light Shape复选框，如下图所示。

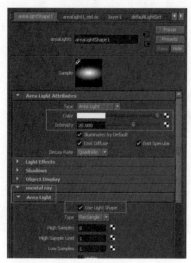

灯光参数调节

现在对场景进行渲染，发现已经有了一些红色的阴影，但是渲染效果并不理想，整体颜色显得很杂乱，而且没有出现想要的焦散效果，如下图所示。

渲染效果并不理想

之所以没有出现焦散，是因为场景中没有发射光子的灯光，并且在全局渲染设置窗口中并没有打开焦散选项。

首先创建一盏聚光灯，并将其调整到和面光源近似的角度。打开灯光的属性编辑器，将灯光的颜色设置为黑色，Intensity强度设置为0.000，并取消对Emit Diffuse和Emit Specular复选框的勾选，这样灯光就只能充当光子发射器的作用，并不对场景的照明产生任何的影响。

在mental ray-Area Light－Caustic and Global Illumination 卷展栏下，勾选 Emit Photon 复选框，并将Photon Intensity光子强度设置为1000.000，Caustic Photons光子数量为10000，如下图所示。

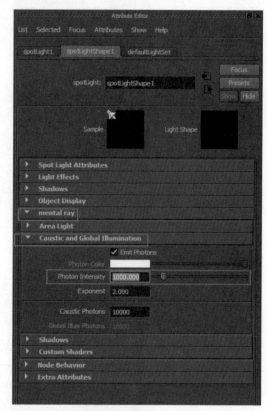

设置灯光焦散光子参数

在全局渲染设置窗口中设置焦散选项。对场景进行渲染，发现已经渲染出了七彩焦散，如下图所示。

渲染出了焦散效果

现在对钻石的细节进行调整，首先打开Ramp贴图，去掉红色，并使白色和绿色靠的很近，如下图所示。

这时场景中的钻石模型显示出如下效果。

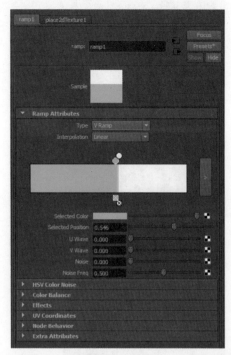

调整Ramp贴图

渲染效果

单击Ramp渐变条上的绿色圆圈，单击其右边的棋盘格按钮，打开创建渲染节点的窗口，从中选择Crater贴图，如下图所示。

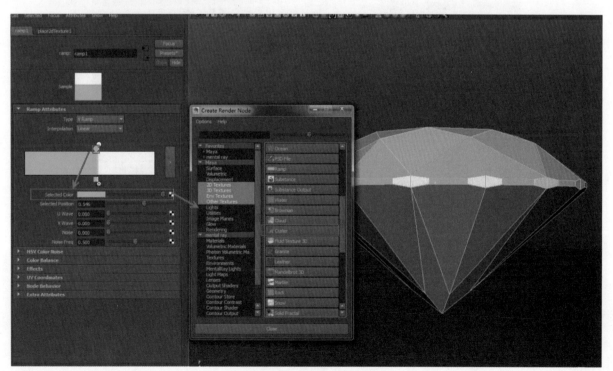

为Rap贴图连接Crater贴图

使用这张贴图来为颜色增加一些岩石纹理的随机效果，如下图所示。

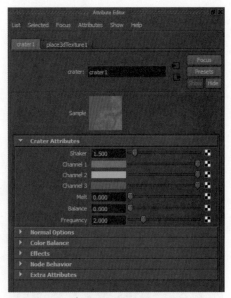

使用Crater贴图来为颜色增加一些岩石纹理的随机效果

展开Crater贴图的属性编辑器，看到其参数如右图所示。

Crater贴图参数

将其中的Channel1和Channel2设置为白色，并为Channel3赋予一张Ramp贴图，如下图所示。

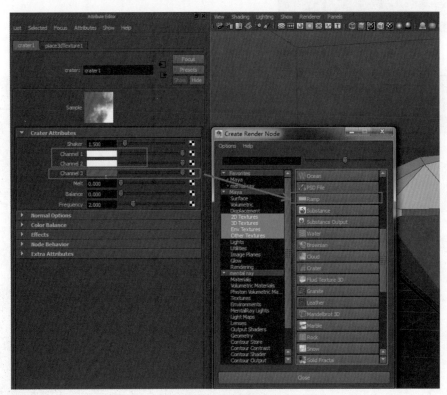

设置Crater贴图参数

按照彩虹的红、橙、黄、绿、蓝、靛、紫的顺序为ramp贴图赋值，如下图所示。

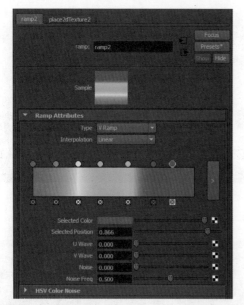

按照彩虹的红、橙、黄、绿、蓝、靛、紫的顺序为ramp
贴图进行赋值

这里最好使用Maya取色器中的Color Palettes（颜色面
板）对其进行赋值，会容易得多，如下图所示。

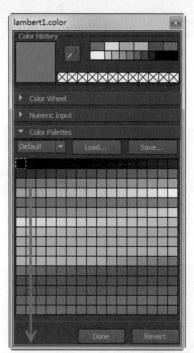

使用取色器的Color Palettes进行颜色设置

回到材质面板，发现材质的预览样本球已经发生了变
化，如下图所示。

材质的预览样本球已经发生了变化

对现在的效果进行渲染，发现效果就准确多了，已
经没有之前的杂乱无章，并且也显示出一定的彩色焦散效
果，如下图所示。

现在较为准确的效果

对Crater进行进一步调节，以得到更满意的效果，
首先将Shaker参数值调整为3.609，将Balance参数调整为
0.985，如下图所示。

调节Crater贴图参数

现在对场景进行渲染，发现效果又有所不同，如下图所示。

效果发生变化

另外，由于Crator是一张3D贴图，因此在场景中存在坐标网格，如下图所示。

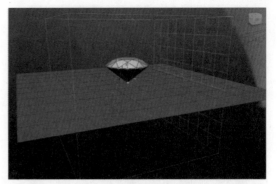

Crator贴图的坐标网格

将其缩放并匹配到钻石的大小，如下图所示。

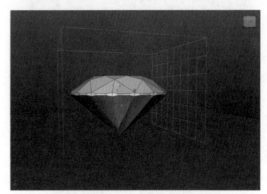

Crator贴图的坐标网格匹配钻石大小

现在将焦散光子的数量提高到30000，对场景进行渲染，得到了更加满意的效果，钻石的颜色比较自然了，而且焦散的颜色和层次也更加丰富了，如下图所示。

提高焦散光子数量，得到更加满意的效果

注意，如果把焦散光子的数量设置得很高，如3000000，那么焦散就会显得非常锐利，反而产生不真实的效果，如下图所示。

过高的焦散光子数量反而产生不真实的效果

现在就可以对场景进行最终渲染了，打开面光源的属性面板，将mental ray-Area Light卷展栏下的Hign Samples设置为64，如下图所示。

设置灯光采样

打开全局渲染设置窗口，在Quality面板下，展开Sampling卷展栏，将其中的Quality参数设置为2.0，如下图所示。

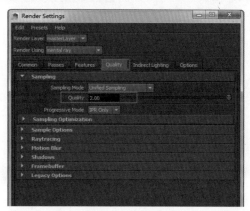

设置渲染品质参数

在Indirect Lighting面板下，展开Caustics卷展栏，将Accuracy参数设置为300。展开Final Gathering卷展栏，将Accuracy参数设置为500，如下图所示。

设置焦散和FG精度

对场景进行渲染，就得到了如下图所示的效果。

最终渲染效果

5.3 场景整合

如果想看看模型在真实的环境中是什么样子，那么就可以使用一个较为复杂的模型作为背景环境。首先保存上面的钻石文件，重新打开这个珠宝展世柜文件，如下图所示。

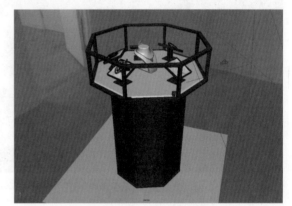

保存前面的文件，打开展示柜文件

近距离渲染场景，得到如下效果。

近距离渲染场景

导入钻石文件，并复制出几个新的钻石模型，并摆放在合适的位置上。注意，由于Crater贴图是3D贴图，其带有三维坐标系，最好将它和钻石模型进行成组，以便保持相对距离不会改变，如下图所示。

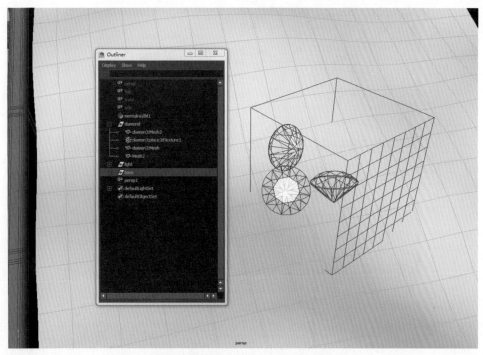

复制并摆放钻石模型，注意3D坐标系

对场景进行渲染，发现所得到的效果也还是不错，如下图所示。

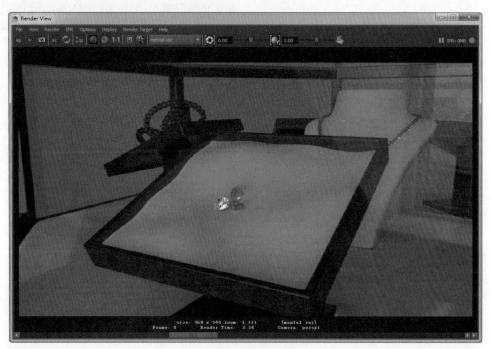

导入钻石模型的渲染效果

由于场景中还有其他的透明闪亮珠宝物体，如果要从全局的角度观察这个场景，只是让发射光子的聚光灯照射到钻石是不够的。因为场景中的其他模型也可能产生焦散效果，因此需要将聚光灯进行缩放，如下图所示。

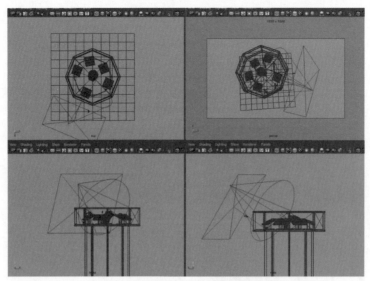

对投射焦散的灯光进行重新放置

在下图中给出聚光灯的参考位置：TranslateX、Y、Z（−16.015、24.632、26.467），RotateX、Y、Z（−25.784、−34.019、0），ScaleX、Y、Z（30.06、30.06、30.06），如下图所示。

现在对场景进行渲染，得到最终的渲染效果如下图所示。注意，玻璃展示柜的外面带有玻璃遮罩，能看到它上面的反射。

最终带有环境的钻石渲染效果

灯光的参考位置

自发光渲染技术

可以说，自发光并不是mental ray的强项，同时它也是一个学习和制作的难点。这也是为什么很多mental ray和Maya的教学避开这一块的原因，但它又很重要，好莱坞大片就对这种效果用的得心应手，如2013年大片"环太平洋"。

为什么可以称为自发光。其答案就是：因为灼热，所以发光，在光谱学图谱上，温度越低就越发红光，温度越高就越发蓝光。这就存在两种现象：物体本身的灼热白炽和向周围的辉光，这一节主要讨论的是前者，使用mental ray自身的shader来产生灼热白炽效果并影响周围的环境，类似于一个光源。后者辉光效果我们将通过分层和pass渲染结合后期软件来进行处理。

可以说类似于这种拥有大量可视光线的场景存在着大量的计算，例如很高的灯光细分，很难消除的噪点，缓慢的渲染速度，如果存在一些穿过森林、窗户的阳光等可视光线，那么就涉及参与媒介粒子，计算就更加复杂。

在其他软件中，如Vray的MatLight、Arnold的MeshLight，相对来说就容易很多，但是mental ray一直以来就没有类似的物体自发光功能，直到3.11版本开始，引入了一些新功能，现在Maya 2015对应的mental ray 3.12功能上又得到了一定的加强，消除了Bug。

这样，除了物体的glow、glare等辉光之外，就没有任何缺憾了。现在mental ray也能制作出非常精彩的自发光效果，下图就是一个范例。

mental ray制作的自发光效果

在Maya中，如果要制作glow、glare等效果，一般使用一个Blinn材质，对其进行glow模拟。但注意，这是一个后期效果，本身并不是很好，其Alpha通道并没有glow效果，而且使用Blinn材质就意味着无法使用mental ray的其他材质效果，因此大多数情况下，并不考虑Maya的glow。

在mental ray中有一个叫做LumeTool Collection的shader库，它里面就有可用于glare和glow辉光的shader。

但可惜的是，它并不能用于Maya，如下图所示。它只能用于Max和XSI，而且需要一定的手段将其暴露出来，对于Maya用户来说，需要较为繁琐的手段得到其dll库，进行重新编译，并且不太稳定，这不能不说是一个遗憾。

MAYA USER'S GUIDE

mental ray Manual

The mental ray Manual is now a separate part of the Maya Help. You can find the mental ray Manual at http://www.autodesk.com/mentalray-help-2015-enu.

NOTE: The LumeTools Collection is not supported for Maya.

Maya并不支持mental ray中的LumeTool Collection

现在一般较为通用的做法就是进行后期处理，通过Photoshop、Nuke、AfterEffects，Fuison等后期软件进行处理以方便修改，提高交互性和制作速度。

6.1 圣诞树

在本节中，将通过一棵圣诞树的案例来讲解mental ray builtin_object_light的使用方法，同时还讲到mental ray 的各种光源，mia_portal_light、physical_light、mib_blackbody的使用方法。最终渲染效果如下图所示。

mental ray默认渲染效果

还将学习在NUKE中如何对灯光影响区域进行分层，并在后期中调节的技巧。

要声明的是，本节所讲的是一种模拟方法，并不是真正的物体自发光，它并不是物理真实的，本身并不精确。如果读者读了本章的下一节"路灯"案例，那么读者可能会问：既然已经有了真实的物体灯光（下一节的内容），为什么还需要学习这种模拟自发光的材质贴图？

原因在于 mia_light_surface属于建筑学材质库，它能用于制作自发光光效，类似于VRay的VRayLightMtl，如下图所示。它们的共同点都是利用材质效果来模拟自定义外形的灯光效果，相对灯光而言，这是一种"轻量级"的自发光模拟方法，适用于大规模的自发光效果，如果读者还是不太清楚的话，可以观看下面的例子。

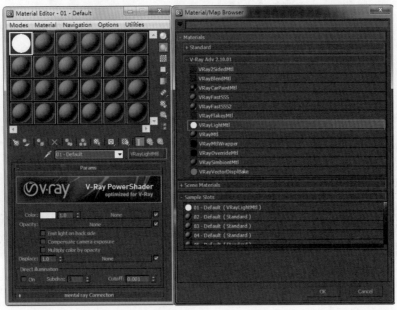

VRay的VRayLightMtl材质

经常可以看到超市门口很多拉成各种形状的LED彩色灯带，它们可用来吸引顾客，以及进行促销等，对于这么多的发光体，每个都采用灯光来模拟是极其不现实的，成本也极其高昂。

彩色LED灯带，使用真实灯光来模拟极其不现实

同样，对于圣诞树的例子来说，之所以不使用真实的灯光，是因为在这个例子中，圣诞树灯泡非常多。可以想象如果这些发光体全部使用灯光来构成的话，那渲染时间会非常长，并且阴影、采样都是很大的问题。

因此，在实际制作中，出于对效果可控性和时间效率成本等各种因素的考虑，经常需要mia_light_surface这种自发光贴图。

6.1.1 理论介绍

为了说明mia_light_surface shader的使用方法，先来看一个非常简单的例子。首先执行菜单Create > Polygon Primitives > Plane创建一个平面，然后执行菜单Create > CV Curve Tool激活一个CV曲线工具。

在视图中绘制一条曲线，如下图所示。

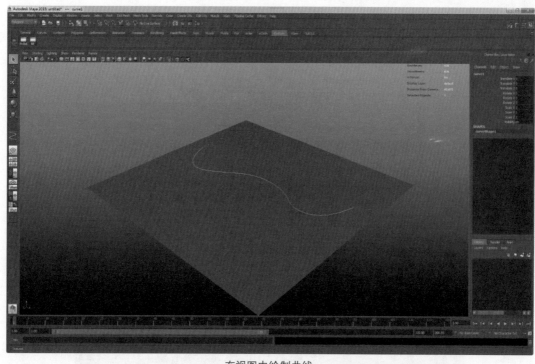

在视图中绘制曲线

执行菜单Create > NURBS Primitives > Circle，得到一个Nurbs圆形物体。单击W键，将圆环移动到曲线的起点附近，如下图所示。

将圆环移动到曲线的起点附近

执行菜单Surface > Extrude，将圆环沿着曲线进行挤压。在弹出的选项窗口中设置参数，如下图所示。

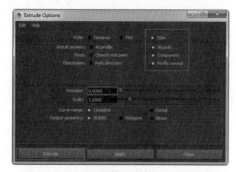

设置挤压参数

这样就得到了一个管状物体，如下图所示。

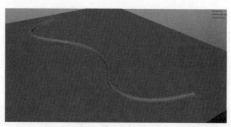

挤压得到管状物体

按数字"4"键，对模型进行线框显示，选中之前绘制的轮廓线。按"W"键，并向上移动曲线，使管状物体和平面之间没有穿插，如下图所示。

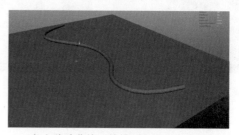

向上移动曲线，使模型之间没有穿插

为了方便观察，可以利用Maya新的Viewport 2.0的高级视图显示功能，单击视图上的AO按钮，这样视图中将会显示出AO效果，如下图所示。

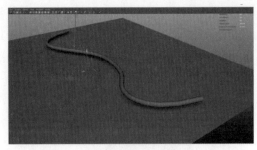

打开视图的AO效果

现在的曲线精度过低，需要提高它的分段数，按数字"4"键，对模型进行线框显示，选中之前绘制的轮廓线，执行菜单Surface > Rebuild Curve重建Nurbs曲线。

在弹出的选项窗口中，将Number of spans设置为100，提高曲线精度。从视图中可以看到，现在曲线的精度明显高多了，管状物体变得很光滑，如下图所示。

曲线精度明显变高，管状物体变得很光滑

选中管子，单击鼠标右键，从弹出的快捷菜单中选择Assign New Matyerial。

这时会弹出指定新材质的窗口，在其中的mental ray – Materials目录下选择mia_material_x，为模型选择mia_material_x材质。

现在单击Render View按钮，从弹出的窗口中选择mental ray，并进行渲染，得到的渲染结果如下图所示。

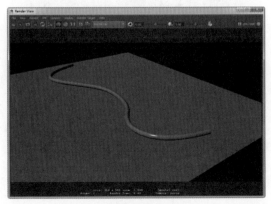

对场景进行渲染

现在场景中有默认的灯光，需要将其关闭，并指定自己的照明。打开全局渲染设置窗口，切换到common面板，展开Render Options卷展栏，取消对Enable Default Light复选框的勾选，如下图所示。

关闭场景默认灯光

现在对场景进行渲染，得到了正确的全黑效果，证实场景默认灯光已经关闭。

选中管子物体上的mia_material_x材质，打开其属性编辑器，展开Advanced卷展栏，找到Addition Color参数，单击参数的棋盘格按钮，如下图所示。

mia_material_x材质的Addition Color参数

在弹出的窗口中，在mental ray－Textures目录下，找到mia_light_surface，单击它进行连接，如下图所示。

连接mia_light_surface节点

这样将会弹出mia_light_surface shader的属性编辑器，首先单击Extra Attributes检查一下，看看下面是否还有其他属性，这是一个比较好的习惯。由于在Maya中存在着成百上千的节点，每个插件还会生成许多自定义的节点，并且许多属性就隐藏在Extra Attributes卷展栏下。对于一些非常规范的软件，如RenderMan来说，自定义的属性几乎都放在Extra Attributes下面，但是其他一些插件，可能有一些节点在Extra Attributes有控制参数，而另外的一些又没有，所以在新接触一个节点的时候，都需要进行检查，如下图所示。

检查mia_light_surface shader的Extra Attributes

现在对场景进行渲染，看到现在模型变成了纯白色。

这个shader如果要起作用，就需要打开Final Gathering。打开全局渲染设置窗口，切换到Indirect Lighting面板下，展开Final Gathering卷展栏，并勾选其中的Final Gathering复选框，如下图所示。

打开Final Gathering

对场景进行渲染，发现效果似乎没有什么变化。

打开mia_light_surface shader的属性编辑器，查看一下里面的参数，发现Fg Contrib参数值为0.000，也就是这个shader对场景Final Gathering的贡献为0.000，如下图所示。

shader对场景Final Gathering的贡献为0

其实mia_light_surface shader的效果主要就是一种

FG效果，因此需要加大Fg Contrib的参数值，将其设置为10.000，如下图所示。

增大Fg Contrib参数值

对场景进行渲染，得到的渲染结果如下图所示。现在就得到了一种自发光的效果，看到模型已经对周围的地面产生了照明效果

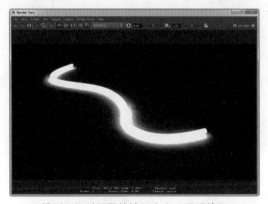

模型已经对周围的地面产生了照明效果

现在就来更改一下其他参数，看看到底是什么效果。首先将Color参数设置为红色，如下图所示。

将Color参数设置为红色

看到模型已经变成了红色的自发光，并且对周围的地面产生了红色的照明效果，如下图所示。

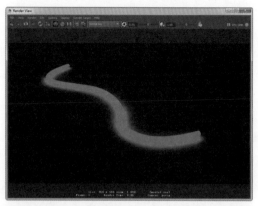

模型变成红色并对周围的地面产生了红色的照明效果

将Fg Contrib参数降低为3.000。

对场景进行渲染，得到的渲染结果如下图所示。看到物体周围的自发光光晕变小了，强度也减弱了。

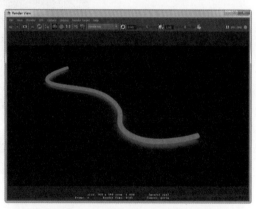

对场景进行渲染，物体的强度减弱了

再将Intensity参数设置为10.000，如下图所示。

提高Intensity参数数值

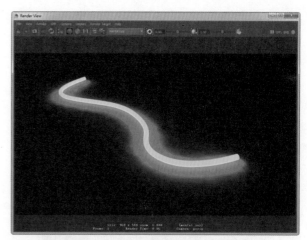

对场景进行渲染，得到的渲染结果如下图所示。看到现在又是另外一种效果，感觉物体本身变得更加炙热，整体变成了一种黄色，从而也对周围的地面有强烈的影响，如下图所示。

自发光外观变化

将Intensity参数值恢复到默认的1.000，并对场景进行渲染，如右图所示。

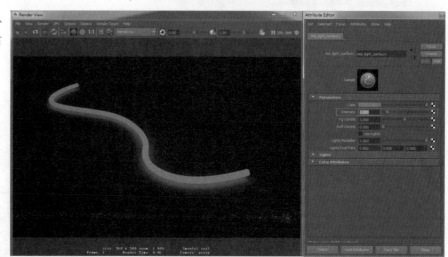

恢复默认Intensity参数值

现在就来看一下，为什么需要使用mia_light_surface shader，它的优点到底在哪里？回到mia_material_x的属性编辑器，首先观察一下材质样本球的样子，单击Preset按钮，从中选择GlassPhysical预设材质，如右图所示。

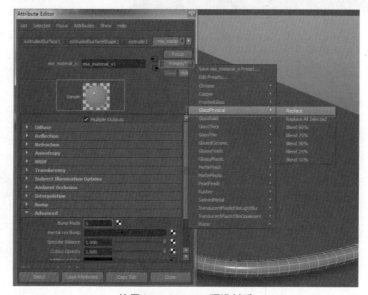

使用GlassPhysical预设材质

选择预设后，材质样本球已经发生了变化，变成一种带有自发光的透明效果，如下图所示。

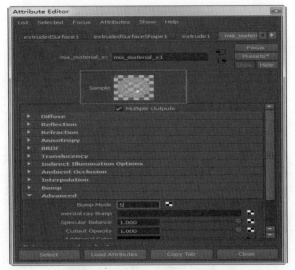

材质样本球变成带有自发光的透明效果

由于玻璃的外观很大程度上取决于它所处的环境，因此需要为其创建一个好的照明环境。一般来说，HDR比较适合玻璃金属一类物体的照明，因为它不但能够提供良好的光线，还能提供良好的反射环境。打开全局渲染设置窗口，切换到Indirect Lighting面板，展开Enviroment卷展栏，单击Image Based Lighting旁边的Create按钮，如下图所示。

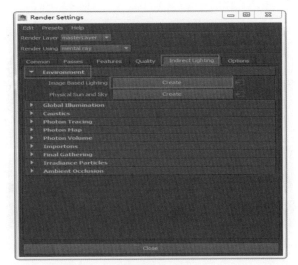

创建IBL节点

在弹出的IBL界点窗口中，选择一张配套光盘中所提供的HDR图片，如下图所示。

选择HDR图片

在全局渲染设置窗口中，切换到Common面板，勾选Enable Color Management复选框，并确认Default Input Profile被设置为sRGB，Default Output Profile被设置为Linear Output Profile，如下图所示。

启用全局渲染设置的颜色管理

对场景进行渲染，得到的渲染结果如下图所示。看到HDR已经显示在图片中了，只不过现在场景非常暗，看不出任何的质感。

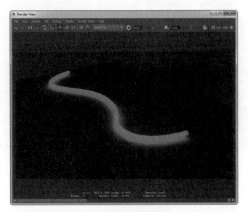

渲染结果非常暗

在渲染窗口中，执行菜单Display > Color Management，设置渲染窗口的颜色管理。

在弹出的属性窗口中，将Image Color Profile设置为Linear sRGB，Display Color Profile设置为sRGB，设置渲染窗口的颜色管理节点参数。

现在渲染窗口的亮度马上进行实时反馈，在模型的某些局部上看到了反射的高光效果，如下图所示。

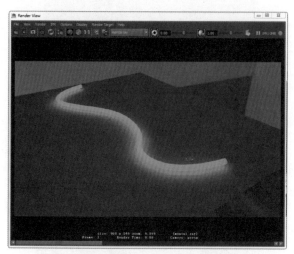

在模型上看到了反射的高光效果

回到mia_light_surface shader的属性编辑器中，依据刚才所讲的参数作用，将Intensity降低为0.100，Fg Contrib设置为6.000，如下图所示。

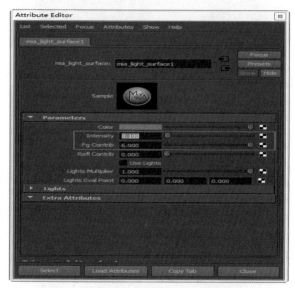

调整mia_light_surface参数

对场景进行渲染，得到的渲染结果如下图所示。现在

就能清楚地看到mia_light_surface shader的作用，既有了玻璃的效果，也有自发光的效果，得到一种混合炙热玻璃质感及其对周围环境影响的效果。

得到一种混合炙热玻璃质感及自发光的效果

注意，这种效果只是一种Final Gathering效果，它和后面路灯教学中所要讲到的builtin_object_light Shader并不一样，后者真正地将物体的外形转化成了灯光，而这里的效果却需要其他物体的参与，否则将起不到任何作用。可以来做一个实验，选中地面物体，将其删除，重新对场景进行渲染，看到现在模型已经没有对周围环境的影响效果了，如下图所示。

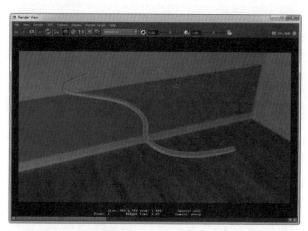

这种效果只是一种Final Gathering效果，周围必须要有其他物体的参与

再来查看一下物体的Alpha通道，发现的确是这样，物体的辉光效果已经不见了，如下图所示。

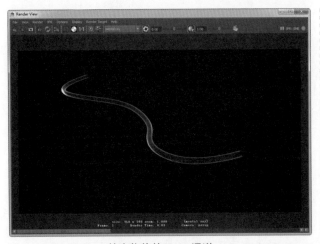

检查物体的Alpha通道

6.1.2 场景灯光

经过上面的理论讲解，现在就来进入到实际的场景制作，首先打开配套光盘中所提供的场景文件01-start.mb。

这是一个室内场景，里面摆放了许多模型，数据量和工作量都较大，在场景中还有一棵圣诞树模型，如下图所示。

打开的文件是一个室内场景

打开outliner大纲窗口进行观察，可以看到里面有两个组，选中其中的一个christmas_tree，就选中了圣诞树组，如下图所示。

大纲窗口中有两个组

选中另外的一个Interior组，就选中了整个室内场景，

包括室外所有模型，如下图所示。

Interio组包括室内、外的除了圣诞树之外的所有模型

查看一下显示层面板，发现其中有一个christmasTree显示层，可以对其进行显示或隐藏。之所以这么做，是由于圣诞树的模型量比较大，容易影响视图的操作速度和渲染速度，因此有必要对其进行显示或隐藏，如下图所示。

层面板有一个christmasTree显示层

单击显示层上的V按钮，将圣诞树模型进行隐藏。

旋转视图，将摄像机切换到室外，看到室外有一个作为背景和照明的半圆面片，如下图所示。

室外有一个作为背景和照明的半圆面片

首先来查看一下渲染效果，打开全局渲染设置窗口，切换到Common面板，展开Image Size卷展栏，在Presets下拉列表中选择HD 540，设置渲染分辨率。

单击视图上的Resolution Gate按钮来显示渲染分辨率框，如下图所示。

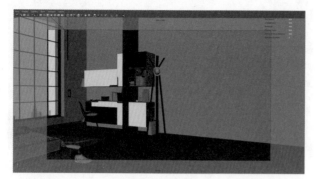

显示渲染分辨率框

现在对场景进行渲染，现在得到基本的渲染效果。从渲染效果看，它没有任何的光影感觉，整体效果非常差，如下图所示。

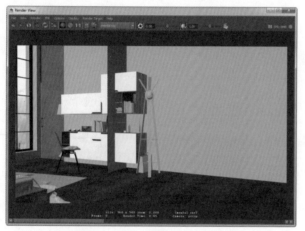

渲染效果没有任何的光影感觉，整体效果非常差

从渲染结果看，现在是场景中的默认灯光提供了照明，需要将其关闭。打开全局渲染设置窗口，切换到Common面板，展开Render Options卷展栏，取消对Enable Default Light复选框的勾选。

对场景进行渲染，得到的渲染结果如下图所示。看到现在场景有了阴影，以及一定的灯光衰减，效果比刚才真实了许多，但场景整体比较暗。最令人感觉奇怪的是，关闭的场景默认灯光依然有照明效果，那么这个灯光是从哪里来的呢？

关闭默认灯光后，渲染效果更真实，但是从哪里来的呢？

答案在于室外的环境，它通过FG对场景进行照明，选中它将其删除，如下图所示。

删除室外环境

对场景进行渲染，从得到的渲染结果中发现，现在场景就已经漆黑一片了，这说明的确是室外的环境对场景进行了照明，按Ctrl + Z组合键进行回退，回退之前删除的环境模型。

对于室内场景来说，由于它不像室外场景一样有大量的光线，而仅仅靠提高灯光强度，又会产生曝光过度、采样难以控制等一些问题。因此，在大多数情况下都需要使用入口灯光。现在就来学习mental ray中入口灯光的使用方法，首先执行菜单Create > Lights > Area Light，创建面光源。

执行同样的命令菜单两次，创建两盏面光源，并参考图片中的位置、大小进行摆放，如下图所示。

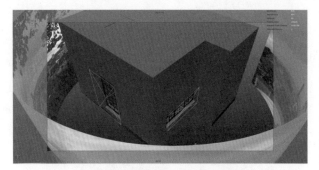

创建两盏面光源，并摆放位置

在摄像机视图中，看到面光源从外到内对场景进行照明，如下图所示。

摄像机视图中看到面光源从外到内对场景进行照明

给出两个面光源最后的transform参考数据，areaLight2：TranslateX、Y、Z（611.816、248.214、-257.582），RotateX、Y、Z（0、-180、0），ScaleX、Y、Z（130.382、184.474、184.474）。

areaLight1：TranslateX、Y、Z（155.337、232.37、40.927），RotateX、Y、Z（180、90、0），ScaleX、Y、Z（165.08、78.941、276.86）。

现在对场景进行渲染，得到的渲染结果如下图所示。看到现在的场景一片惨白，曝光过度，失去了基本的颜色对比。

场景曝光过度，失去了基本的颜色对比

出现上面问题的原因有许多，其中一个是没有打开灯光的衰减参数。选中其中一个面光源，在其属性编辑器中，将Decay Rate设置为Quadratic，这是一种二次方的衰减，也是现实生活中灯光的衰减方式，同样设置另外一盏灯光，如下图所示。

设置灯光的衰减参数

对场景进行渲染，得到的渲染结果如下图所示。得到了和上面渲染较为类似的效果，现在的照明效果就比较正确了，但从图中看，渲染结果非常暗，这就是需要使用mental ray入口灯光的原因。

渲染结果非常暗

为了加快渲染速度，需要降低FG的质量，打开渲染全局设置窗口，切换到Indirect Lighting面板，展开下面的Final Gathering卷展栏，将其中的Accuracy参数设置为30。

打开灯光的属性编辑器，展开mental ray – Area Light目录，勾选Use Light Shape复选框，这样就使用了mental ray自己的灯光对场景进行照明。

对场景进行渲染，得到的渲染结果如下图所示。发现现在场景的渲染精度下降了，但是场景的亮度并没有上升。

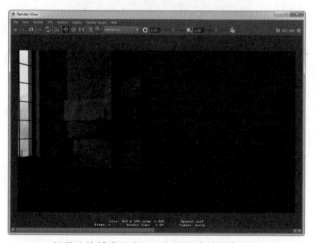

场景渲染精度下降了，但是亮度并没有上升

展开mental ray – Custom Shaders卷展栏，看到下面有Light Shader和Photon Emitter两个属性，需要把入口灯光shader连接到这两个属性上，首先单击Light Shader右边的棋盘格按钮，如下图所示。

Light Shader和Photon Emitter属性

在弹出的窗口中，单击mental ray – MentalRay Lights目录下的mia_portal_light shader，它以mia开头，证明它是mental ray建筑学材质库中的一个shader，如下图所示。

连接mia_portal_light shader

弹出入口灯光的属性编辑器，将其中的Intensity Multiplier设置为1.500，增大Intensity Multiplier参数。

回到灯光属性编辑器中，仍然打开Custom Shader卷展栏，拷贝上面的mia_portal_light1，将其粘帖到下方的Photon Emitter中建立连接，如下图所示。

连接Light Shader和Photon Emitter属性

同样对另外一盏面光源进行相同的处理，将其mia_portal_light2的Intensity Multiplier参数设置为2.000，并按上面的方法连接Photon Emitter，如下图所示。

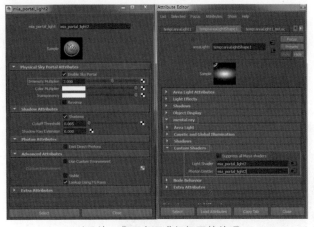

对另外一盏面光源进行相同的处理

对场景进行渲染，得到的渲染结果如下图所示。看到现在的渲染结果就比较自然了，场景中的噪点也得到很大程度上的控制，这说明mia_portal_light shader的效果非常好。

现在的渲染结果就比较自然了

由于在后面经常需要测试渲染，因此需要在这里创建一个测试摄像机。执行视图菜单Panels > Perspective >New，创建一个新的摄像机，在通道盒中将其重命名为RenderCam，并调整视图。

最后得到的摄像机参考位置为：TranslateX、Y、Z（226.368、112.496、274.792），RotateX、Y、Z（2.662、-75.8、0），如下图所示。

最后得到的摄像机变换参数

现在得到的摄像机视角如下图所示。

最后得到的摄像机视角

分别选中两个mia_portal_light shader，将其Intensity Multiplier都设置为10.000，如下图所示。

提高两个mia_portal_light shader的Intensity Multiplier参数

在渲染窗口中，执行菜单Render>Render>RenderCam，渲染RenderCam摄像机视图。

现在得到的渲染结果如下图所示，看到场景的照明效果就比较自然了。

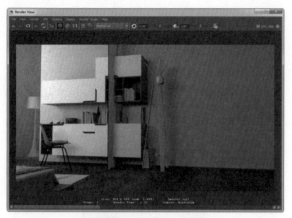

现在的照明效果就比较自然了

将刚才隐藏的圣诞树模型显示出来，对视图进行渲染，得到的渲染结果如下图所示。现在只需要再做一定的调整，就能得到较为满意的照明效果，这说明mia_portal_light shader的控制力和效果都是不错的，但现在的问题在于，这比较像一个白天的场景，我们需要一个夜晚的室内

场景，才能显示出圣诞树的照明效果，因此需要修改我们的灯光方案。

显示圣诞树模型并进行渲染

使用上面的方法的问题在于，它们的灯光效果太像白天的日光效果，而我们需要的却是夜晚的效果，这样才能凸显圣诞树模型，否则，在白天点燃圣诞树上的蜡烛给人的感觉会非常奇怪。现在打开刚才两个面光源的属性编辑器，将两个灯光的Intensity参数设置为0.000，并取消对Illuminates by Default复选框的勾选，如下图所示。

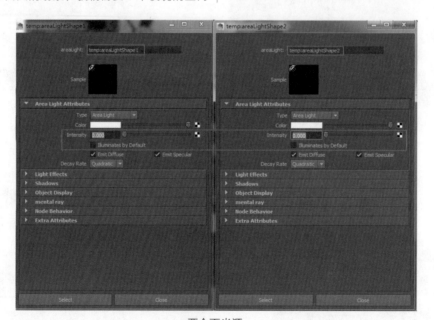

两个面光源

使用刚才的办法创建一个面光源，并将其放大，放置在屋顶结构的位置，如下图所示。

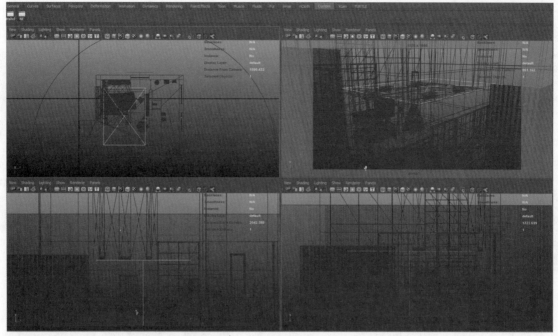

修改灯光方案

在通道盒中将灯光命名为topLight，在这里我们给出灯光的变换参考数值为：TranslateX、Y、Z（456.746、325.608、176.025），RotateX、Y、Z（−90、0、0），ScaleX、Y、Z（208.771、281.503、281.503）。

为了得到真实的灯光效果，需要打开灯光的衰减。打开arealight的属性编辑器，在Decay Rate下拉列表中将其设置为quadratic，这样场景中的灯光照明就会过暗，为了补偿灯光衰减所带来的问题，需要加大灯光的强度，在这里将Intensity参数设置为500，如下图所示。

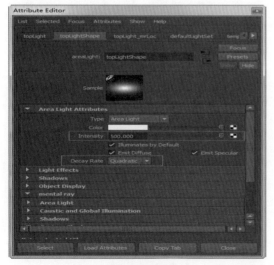

打开灯光衰减

展开灯光的mental ray – Area Light卷展栏，并确认勾选Use Light Shape复选框，出于快速测试的目的，需要将High Samples设置为一个较低的数值，这里保持默认的8即可。

展开灯光的mental ray – Custom Shaders，单击Light Shader旁边的棋盘格按钮，如下图所示。

单击Light Shader的棋盘格按钮

在弹出的窗口中，找到mental ray – MentalRay Lights目录，从中选择physical_light，这里将使用mental ray的物理光源来对场景照明，物理光源和真实灯光不同，它使用的是物理参数来控制灯光的照明，如下图所示。

使用mental ray的物理光源来对场景照明

从弹出的属性编辑器中，看到物理灯光有4个参数，分别可以控制颜色、锥角等，如下图所示。

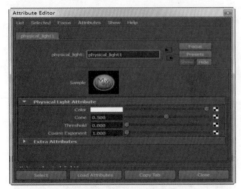

物理灯光的属性编辑器

对场景进行渲染，得到的渲染结果如下图所示。现在得到的渲染结果非常黑暗，出现这种问题的原因在于物理灯光默认的灯光强度非常低，下面将使用**mib_blackbody**对场景进行照明。

渲染结果非常黑暗

首先打开physical_light的属性编辑器，单击color属性旁边的棋盘格按钮，如下图所示。

单击physical_light的color旁边的棋盘格按钮

在弹出的窗口中找到mental ray－MentalRay Lights目录，从中选择mib_blackbody，如下图所示。

选择mib_blackbody

在打开的属性编辑器中，可以看到**mib_blackbody**的参数非常简单，它只有温度（Temperature）和强度（Intensity）两个参数，其中温度以开尔文为单位，如下图所示。

mib_blackbody的参数非常简单

和普通的灯光非常不同，它是利用不同的色温对应不同颜色的原理来设置颜色的，其中温度越低，颜色就越偏向于红色，而温度越高就越偏向于蓝色，如下图所示。

色温表

对场景进行渲染，得到的渲染结果如下图所示。现在得到的渲染结果仍然非常黑暗，这是由于mib_blackbody默认的强度为1.0，仍然非常低。

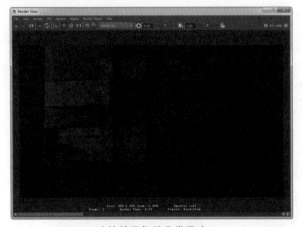

渲染结果仍然非常黑暗

打开mib_blackbody的属性编辑器，将温度（Temperature）设置为5000，这是一个偏黄的颜色，比较符合室内偏黄的灯光，接着将Intensity参数设置为400000。注意，虽然这个参数值看起来很大，但是渲染结果却不一定非常亮。

对场景进行渲染，得到的渲染结果如下图所示。现在看到场景得到了较为满意的亮度效果，在这里，因为很多材质都没有进行设置，而且由于使用的是EXR线性流程，还可以将最终结果在后期软件中进行调整。

阶段性渲染结果

6.1.3 圣诞树材质

现在进入场景的材质设置，由于圣诞树是重点，因此先设置其发光材质。首先查看圣诞树模型，选中其中的一个灯泡模型，看到所有的灯泡和彩带模型都合并在一起了，如下图所示。

灯泡和彩带模型合并在一起

由于并不需要彩带模型也发光，因此将发光的灯泡单独提取出来，按F11键进入面的选择级别，然后按住shift键双击每个灯泡模型，直到选中所有的灯泡模型，如下图所示。

将发光的灯泡单独提取出来

为灯泡赋予mia_material_x材质

然后，为选中的面赋予新的材质，从打开的窗口中，找到mental ray－Materials目录，单击其中的mia_material_x材质，如下图所示。

在弹出的材质属性编辑器中，单击Preset预设按钮，从中选择GlassPhysical预设。

展开材质的Advanced Refraction卷展栏，将Max Distance参数设置为5.000，Color At Distance设置为一个偏红的颜色，其HSV分别为（360，0.886，0.848），如下图所示。

设置灯泡材质参数

按照同样的方法，按F11键进入面的选择级别，按住Shift键并双击另外的灯泡，直到将其全部选中，如下图所示。

按照同样的方法处理另外的灯泡

同样为其赋予mia_material_x材质。

同样为材质设置GlassPhysical预设，如下图所示。

为材质设置GlassPhysical预设

同样，展开材质的Advanced Refraction卷展栏，将Max Distance设置为5.000，Color At Distance设置为一个偏蓝的颜色，如下图所示。

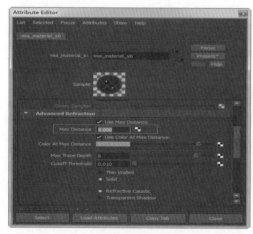

设置材质参数

对场景进行渲染，得到的渲染结果如下图所示，现在就得到了一种彩色玻璃球的效果。

得到了彩色玻璃球的效果

展开材质的Advanced卷展栏，找到Additional Color参数，单击其右边的棋盘格按钮，如下图所示。

材质的Additional Color参数

在弹出的窗口中，找到mental ray－Textures目录，单击其下的mia_light_surface，如下图所示。

连接mia_light_surface shader

在弹出的mia_light_surface shader的属性编辑器中，将Fg_Contrib设置为20.000，如下图所示。

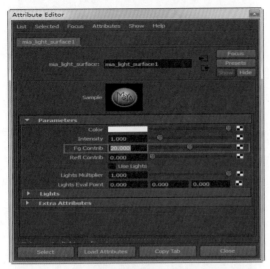

设置参数

对场景进行渲染，得到的渲染结果如下图所示。看到现在灯泡已经产生了发光效果，但很糟糕，它自身的亮度非常刺眼，而且在周围的物体上产生特别大的白色光斑，如下图所示。

发光效果非常糟糕

再次打开mia_light_surface shader的属性编辑器，将其中的Color参数设置为一个偏黄的颜色，其数值设置为HSV（36.469，0.899，0.823），如下图所示。

设置mia_light_surface shader参数

再次对场景进行渲染，现在的灯光颜色就比较自然了，但光斑现象依然很明显，并且场景中遗留有建模过程中的中间模型，选中它将其删除，如下图所示。

灯光颜色比较自然了

由于mia_light_surface shader是一种Final Gathering材质，因此其噪点的出现一定就和FG精度有关，需要将FG精度提高。首先打开全局渲染设置窗口，切换到Indirect Lighting面板，展开其中的Final Gathering卷展栏，将Accuracy参数设置为500。

现在对场景进行渲染，得到的渲染结果如下图所示。看到场景的噪点明显减少了，但是由于在这里已经将全局的FG参数设置到了一个较高的数值，对比之前1分17的渲染时间和现在的3分34，可以想象，继续加大场景全局的FG精度将会使渲染时间急剧恶化，这是我们并不愿意看到的，需要其他的解决办法。由于噪点的祛除需要后面的材质部分配合，在这里把这种效果称之为"可以了"。

渲染效果

6.1.4 场景中的其他材质

现在由于圣诞树的材质大部分调节好了，需要调节场景中的其他材质。对于场景中的其他材质，主要使用材质预设来设置材质，mental ray的建筑学材质库预设非常强大，它拥有种类较多，适应面较广的材质预设。使用这种方法不但效果好，而且非常简单，只要按照需求更改几个参数，或者根本无需做任何修改就能得到非常好的效果，适用于实际的项目制作。

（1）玻璃材质

首先来调节玻璃材质，从视图中可以看到，场景中使用玻璃材质的主要是玻璃门，以及桌面上的几个玻璃器皿，如下图所示。

（2）陶瓷材质

现在来设置一些陶瓷类材质，选中灯座模型，单击材质属性编辑器中的Preset按钮，从中选择GlazeCeramic预设，它非常适合表现陶瓷一类的光滑材质，如右图所示。

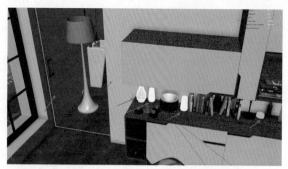

场景中使用玻璃材质的几个模型

按住shift键，逐个单击选中这几个模型，并为其指定mia_material_x材质，然后从材质的Preset预设面板中选择GlassPhysical预设，如下图所示，这样玻璃材质就算制作完成了。

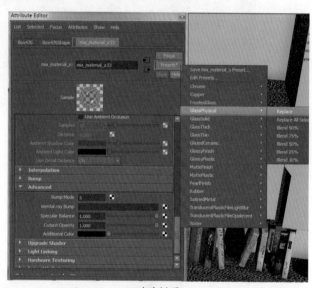

玻璃材质

为灯座模型选择GlazeCeramic预设

同样选中桌面上的瓶子模型，单击材质属性编辑器中的Preset按钮，从中选择GlazeCeramic预设，并将其Color参数设置为黑色，如下图所示。

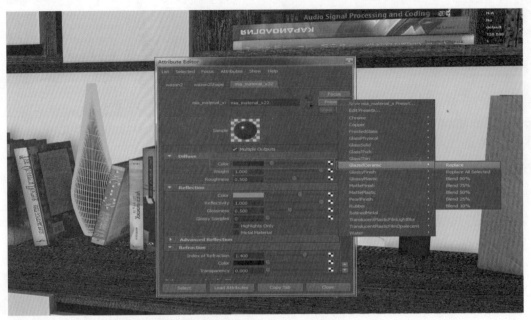

为瓶子模型选择GlazeCeramic预设

（3）拉丝金属

现在来设置拉丝金属材质，首先设置银白色的拉丝金属，在场景中主要是玻璃门的把手，以及挂衣服、帽子的架子，选中这些模型，为其指定mia_material_x材质，并从材质的Preset预设中选择StainedMetal预设，默认的金属材质效果较为粗糙，需要对其稍做修改，使之变得稍微光滑。展开Reflection卷展栏，Glossiness参数设置为0.600，将其中的Glossy Samples参数设置为16，如下图所示。

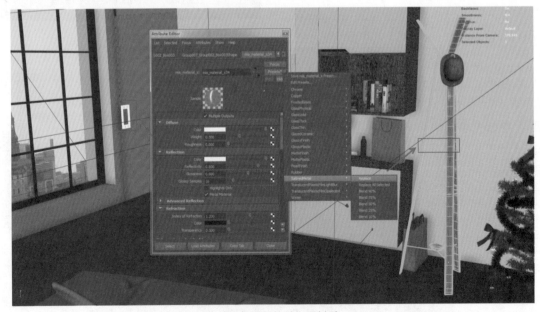

为挂衣架设置拉丝金属材质

由于现在高光的方向不太正确，因此需要对其进行一定的修改，展开Anisotropy卷展栏，交互地调节Rotation参数，并观看材质样本球的变化，最后得到的参数值是0.239，如下图所示。

参数设置

选中桌面上的金属水杯，同样为其指定mia_material_x材质，并从材质的Preset预设中选择StainedMetal预设，将材质的Diffuse－Color修改为红色，并将Reflection－Glossiness参数设置为0.500，Refelction－Glossy Samples参数设置为16，如下图所示。

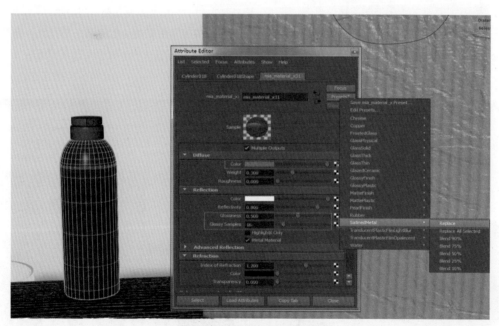

设置金属水杯的拉丝金属材质

同样指定瓶盖部分的材质，将Reflection－Glossiness参数设置为0.600，Refelction－Glossy Samples参数设置为16，如下图所示。现在就完成了场景中所有拉丝金属材质的制作。

设置瓶盖的拉丝金属材质

（4）蜡烛材质

现在来制作蜡烛材质，由于蜡烛是一种3S材质，如果使用传统的办法，那就需要为它指定灯光贴图，并且调节许多复杂的参数，对于蜡烛这种场景中的配角模型来说，并不值得这样做。幸运的是，在Maya 2015所携带的mental ray 3.12中，新增了mila分层材质，它里面有更先进的3S预设，其效果更好，并且不需要复杂的灯光贴图和其他参数，在这里选中所有的蜡烛模型，为其指定一个mila材质，并在Base卷展栏的Base Component下拉列表中选择Diffuse（Scatter），如下图所示，这样就完成了蜡烛材质的制作。

设置蜡烛的3S材质

设置书本材质

（5）书本材质

现在来设置书本的材质，由于场景中有很多的书本模型，因此把所有书本都设置类似的材质。以其中一本书为例，选择书本模型，为其指定一个mia_material_x材质，并在Diffuse－Color上进行材质贴图，将Reflection－Glossiness参数设置为0.300，如下图所示。这样就完成了书本材质的制作，如果对单独某一本书的材质不满意，也可以单独进行调节。

（6）镜子材质

现在来制作镜子的材质，使用一个mia_material_x的chrome材质预设就可以了，这是一种完全反射的材质，非常适合表现高反射的镜子物体。

设置镜子材质

（7）普通材质

对于镜子的支架，我们只需要为它指定一个mia_material_x，并把diffuse－color设置为较黑的颜色就可以了，如下图所示。

设置普通材质

（8）纸袋材质

现在来制作再生纸纸袋的材质，选择相应的纸袋模型，为其指定一个mia_material_x材质，并在Diffuse－color和Bump－Standard Bumpxa参数上进行颜色贴图，把Reflection－Glossiness参数设置为0.300，这就完成了纸袋的材质制作，如下图所示。

设置纸袋材质

（9）毛绒材质

现在来制作帽子的材质，帽子的材质相对要复杂一些，因为要表现出帽子的毛绒质感。首先选中帽子模型，然后执行菜单Window > Node Editor 打开节点编辑器，并展开模型材质的上下游节点，如下图所示。

展开帽子模型材质的上下游节点

首先选中帽子的mia_material_x材质，并将其Diffuse－Color参数设置为暗黄色，单击Refelction－Color旁边的棋盘格按钮，如下图所示。

设置材质参数

从弹出的窗口中找到Maya－Utilities（实用程序）目录，在其中找到Blend Colors节点，并单击进行创建，如下图所示。

创建Blend Colors节点

在弹出的Blend Colors的属性编辑器中，将Color1设置为白色，将Color2设置为刚才的暗黄色，并单击Blender旁边的棋盘格按钮，创建新的节点，如下图所示。

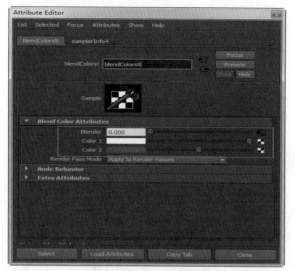

设置Blend Colors节点参数

从弹出的窗口中，仍然找到Maya - Utilities（实用程序）目录，在其中找到Sampler Info节点，并单击进行创建，如下图所示。如果找不到的话，也可以输入文字进行查找。

创建Sampler Info节点

创建SamplerInfo节点后，系统会自动弹出Connection Editor连接编辑器，确认在samplerInfo1一端选中的是facingRatio，而在blendColor1一端选中的是blender，当连接建立后，两边的字体都会变成斜体字，如下图所示。

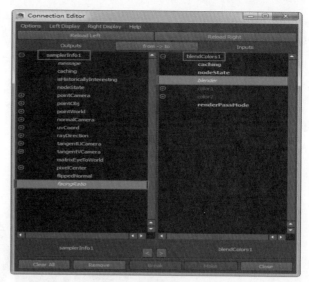

属性连接

在Node Editor中，把鼠标放在连线上，就可以看到SamplerInfo节点和blendColor节点的连接方式，如下图所示。

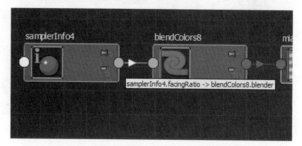

SamplerInfo节点和blendColor节点的连接方式

在渲染之前，需要做一个准备工作。首先看一下之前的渲染结果，从之前的渲染结果中看到，即便把FG设置到了一个很高的精度（500），白色的墙面上依然有非常多的噪点，如下图所示。

即便把FG设置到了一个很高的精度，依然有非常多的噪点

在上面讲到，继续提高全局的FG精度来消除噪点是不划算的，需要另外的方法。这个方法就是在材质级别上进行设置，选中白色的柜子模型和墙面模型，打开其材质的属性编辑器，展开Indirect Illumination Options卷展栏，将其中的Final Gathering Quality设置为20.000，这就是所谓的"每材质覆盖"，它是建立在每个材质的基础上，非常类似于分层渲染中的层覆盖（Layer Override）。由于场景中，白色或者是浅色的物体非常容易产生FG的噪点，通过这种对材质单独设置的办法，使得场景中就只有这个材质的FG品质较高，而其他材质的FG精度都保持一个合理的范围，如下图所示。

材质级别的FG设置

现在对场景进行渲染，得到的渲染结果如下图所示。看到FG噪点已经消除了很多，现在已经保持在一个合理的范围之内。

FG噪点已经消除了很多

但现在存在的问题是，即便渲染时间已经上升到7分03秒（几乎翻了1倍），场景中依然有非常多的噪点，这些噪点看起来并不像FG那种噪点，而且从形式上看，它形成一个由上至下噪点逐渐减少的形式，如下图所示。

渲染效果

回想刚才的制作过程，可以发现之前面光源的照射方向，就是由上往下进行照射，而且从噪点的分布和面光源的位置来看，这似乎更像是面光源产生的噪点。为了验证我们的结论，打开灯光的属性编辑器，展开其中的mental ray－Area Light卷展栏，将其下的High Samples设置为128，如下图所示。

提高顶部灯光的采样

对场景进行渲染，得到的渲染结果如下图所示。从图中已经看到，我们的设想是正确的，现在场景已经变得非常干净，大部分的噪点都已经消除。注意，现在的渲染时间又几乎上升了1倍，已经达到13分36秒。通过上面的材质、灯光、渲染等环节，对最后的效果还比较满意，将对这个效果提高精度进行最终渲染，并把后续的一些调节放到后期的过程来完成。

渲染结果

6.1.5　设置Pass

由于我们需要在后期对效果进行调节，而后期又主要是自发光效果，自发光主要是由于Final Gathering引起的，因此需要能够调节Indirect间接照明，并且场景中有许多反射和折射物体，需要向场景中添加折射和反射的控制。首先打开全局渲染设置窗口，切换到其中的Passes面板，单击Render Passes旁边的第一个按钮，弹出Create Render Passes窗口，在其中选择Indirect、Refelcted Material Color、Reflection、Refraction Material Color、Refraction，如下图所示。注意，虽然在这里添加了许多pass，但是并不一定每个pass都能渲染出需要的内容，至于哪些pass中带有信息，需要前期多多测试，这里为了模拟实战，就选择这5个pass。

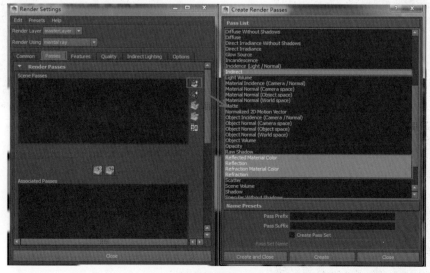

创建合适的pass

单击Render Passes下方的关联按钮，将把当前创建的pass关联到当前渲染图层上。注意，由于屏幕截图大小的原因，这个窗口并没有显示完全，其实它下面还有一个设置贡献贴图的区域，这样，从渲染层－Passes——贡献贴图，就

由小到大的组成了一个完整的体系，如下图所示。

Pass关联

关联后的pass将出现在下方的Associated Pass区域，它是和当前选中的渲染图层关联在一起的，当前没有选中任何渲染图层，默认将使用MasterLayer，注意图片下方的Contribution Map区域，较为完整的Passes面板看起来应该如下图所示，由3个部分所组成。

较为完整的Passes面板由3个部分所组成

Pass设置好以后，现在就来设置最终渲染参数。打开全局渲染设置窗口，首先切换到Common面板，在Color Management卷展栏下，勾选Enable Color Management复选框，并确认Default Input Profile被设置为sRGB，Default Output Profile被设置为Linear sRGB，这是由于需要将最终图片输出为线性流程的EXR文件。在File Output卷展栏下，将Image formt设置为OpenEXR（exr），最后在Image Size卷展栏下，选择Preset下拉列表中的HD 1080预设，如下图所示。

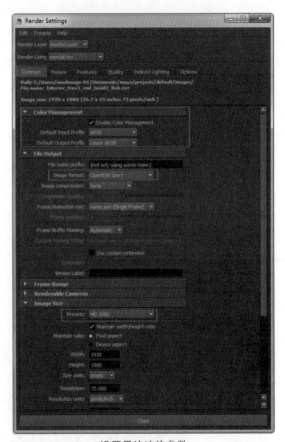

设置最终渲染参数

仍然打开渲染全局设置窗口，切换到Quality面板，展开Sampling卷展栏，并将Quality参数设置为2.00（实际使用的是3.0，读者可以根据自己的情况合理安排，不同的渲染参数影响极大），如下图所示。

设置采样率

最后需要检查FG参数，切换到Indirect Lighting面板，展开其中的Final Gathering卷展栏，并确认勾选了Final Gathering复选框，而且Accuracy品质参数设置为500，如下图所示。

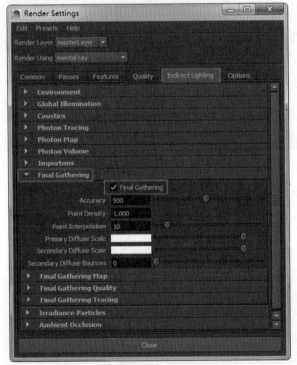

确保勾选了FG

经过"漫长"的渲染时间，得到了最后的效果，如下图所示。

渲染结果

在渲染窗口中，执行菜单File > Load Render Pass，就可以查看渲染出来的各个Pass。

例如，当选择Indirect的时候，就会弹出imf_disp这个应用程序，从中可以看到间接照明的信息。注意，由于现在显示的是线性流程的高动态exr图片，因此图片可能显示的非常暗，如下图所示。

使用imf_disp查看indirect pass信息

解决图片显示较暗的办法就是使用翻页键pageup和pagedown来进行曝光的调整，下图就是调亮后的效果。

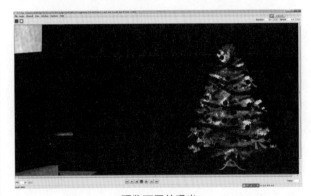

预览不同的曝光

223

现在再来检查一下其他的pass，例如reflection，看到reflection通道漆黑一片，里面并没有信息。

使用翻页键pageup和pagedown来进行曝光的调整，看到pass中没有太多可用的信息，如下图所示。

pass中没有太多可用的信息

如果单击load pass后没有打开imf_disp.exe的窗口，那么就需要关联这个实用程序。imf_disp.exe实用程序是mental ray的一个组件，它位于Program files/Autodesk/mentalrayForMaya2015/bin文件夹之内，如下图所示。

imf_disp.exe的存储位置

那么设置的pass文件又存储在哪里呢？它们存在于Maya的工程文件夹内，如果设置了工程文件夹，那么它将存储在相应的磁盘和文件夹中；如果没有设置工程文件夹，那么它将存储在系统的默认工程文件夹之中，其路径一般为：我的文档 > maya > projects > default > images >tmp，进入这个文件夹后，看到现在系统根据pass的设置，有单独的文件夹来存储我们设置的pass，如下图所示。

pass文件的存储位置

对于刚才使用imf_disp查看的pass文件，可以将其单独存储出来，在imf_disp实用程序中，执行菜单 File > Save Image as，看到默认就是选择的OpenEXR格式。

到这里，就结束了前期三维部分的制作，下面的内容将进入Nuke后期合成的部分。

6.1.6 设置色彩空间

首先启动Nuke，软件开启后的界面如下图所示。

软件启动界面

在下方的节点操作区域，按"R"键（代表read），从硬盘上读取素材，由于刚才渲染的pass中，只有indirect带有可用的信息，并且也只有indirect是我们最需要的信息，因此将其读入，如下图所示。

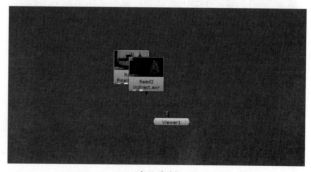

读入素材

看到读入的素材堆叠在一起，选中两个节点，按
"L"键（代表Layout），将其进行重新排列，如下图所
示。

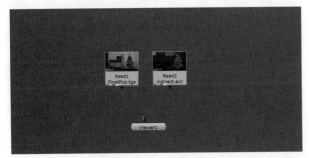

对读入的素材进行重新排列

选中带有主要颜色信息的节点，按"N"键，将其重
命名为 beauty，选中indirect节点，同样按"N"键，将其
重命名为 indirect_Pass，如下图所示。

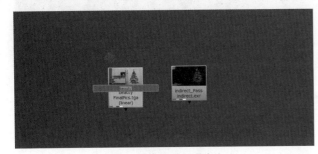

对读入的素材进行重命名

首先选中beauty节点，按 "1"键（数字1），将其显
示在viewer1视图中，看到现在的图片很暗，和渲染时看到
的并不一样，这是使用线性流程的原因，如下图所示。

显示beauty层，图片很暗

双击beauty节点，打开其属性编辑器，从中看到图
片格式是tga，由于tga是低动态格式，因此Nuke默认将其
colorspace颜色空间设置为sRGB，这就是造成图片过暗的
原因，如下图所示。

Nuke默认将beauty层的colorspac设置为sRGB

将图片的colorspace修改为linear，如下图所示。

修改图片的colorspace

现在看到，图片的亮度和颜色就完全正确了，如下图
所示。

修改图片的colorspace，图片的亮度和颜色就完全正确了

选中indirect_Pass节点，按"1"键，将其显示在视图
中，发现现在图片的亮度和颜色都是正确的，如下图所示。

indirect_Pass图片的亮度和颜色都是正确的

图片颜色和亮度正确的原因在于它是exr高动态格式，双击节点打开其属性编辑器，看到图片格式是exr，而colorspace设置的是default（linear），因此，无需设置就能得到正确的结果，如下图所示。

图片颜色和亮度正确的原因在于它是exr高动态格式

6.1.7 设置遮罩

但是，现在的indirect_Pass通道却有一些是我们不想调整的区域，如下图所示。

indirect_Pass通道有一些不想调整的区域

在节点操作区域，按"P"键，加入一个新的Rotopaint节点，如下图所示。

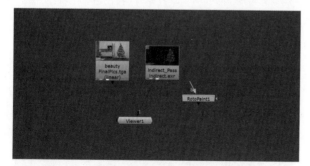

加入了Rotopaint节点

拖动RotoPaint节点，将其拖动到indirect_Pass节点和viewer1节点的虚线连接线上，这个时候，RotoPaint1节点将自动连接，如下图所示。

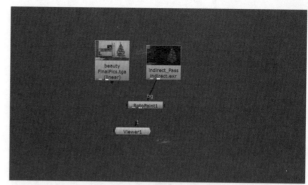

RotoPaint1节点自动进行连接

现在选中RotoPaint1节点，按"1"键将其显示在Viewer视图中，将会在Viewer的视图中显示出RotoPaint1的工具栏，从中选择Bezier工具，如下图所示。

在Viewer的视图中显示出RotoPaint1的工具栏

在视图中单击并勾勒出图形以盖住不想要进行glow的部分，勾勒出的图形是纯白色的遮罩图形，在视图中，它完全把不想要调整的部分盖住了，如下图所示。

纯白色的遮罩图形完全把不想要调整的部分盖住了

按"A"键，显示出所选节点的Alpha通道，看到之前的渲染结果并没有Alpha通道，而仅仅只有现在绘制的bezier图形带有Alpha通道，如下图所示。

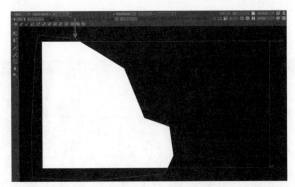

查看Alpha通道

6.1.8 辉光调整

现在按"Tab"键，并在其中输入"glo"等字样，这样将会过滤出一个glow节点，按向下键选中它，按"Tab"或者"Enter"键来确认创建，然后拖动这个创建的glow节点，并将其拖拽到 RotoPaint1节点的下游，也就是RotoPaint1节点和Viewer1节点的连接线上，这样Glow1节点将会自动进行连接，如下图所示。

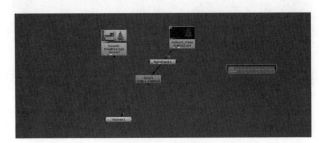

创建并连接glow节点

现在选中Glow1节点，并按"1"键将其显示在视图中，从视图中看到现在的白色遮罩和圣诞树都出现了明显的辉光效果，但这并不是想要的效果。我们需要的效果是视图中显示的是正确的渲染效果，而不是白色的遮罩，并且白色遮罩盖住的地方并不受Glow1节点的影响，如下图所示。

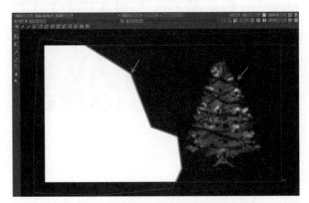

白色遮罩和圣诞树都出现了明显的辉光效果

之所以出现上面的问题，是由于RotoPaint1节点设置不正确所致，现在就来做正确的设置。首先双击RotoPaint1节点，显示出其属性编辑器，在output参数部分，取消对red-green和blue复选框的勾选，Alpha部分确认选中的是rgba.Alpha，如下图所示。这样就能确保RotoPaint1节点只输出Alpha信息，而不输出rgb颜色信息。

只输出Alpha信息，而不输出rgb颜色信息

选中Glow1节点，并按"1"键，将其显示在视图中，看到现在画了遮罩的部分（也就是我们不想出现glow的部分）和圣诞树部分仍然存在glow，这说明我们的RotoPaint1遮罩并没有起作用，如下图所示。

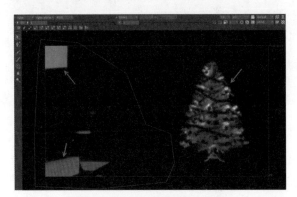

遮罩部分和圣诞树部分仍然存在glow

这是由于Glow1节点参数设置不正确的原因，双击Glow1节点，显示出其属性编辑器，在mask参数部分，将其设置为rgba.Alpha，如下图所示。

设置Glow1节点的mask参数

227

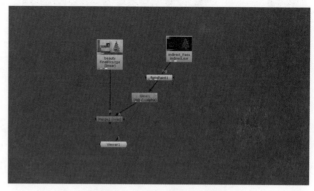

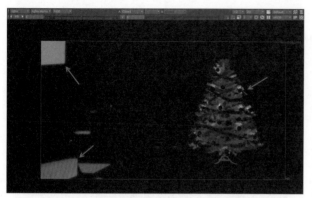

选中Glow1节点，再次按"1"键，将其显示在视图中，看到现在遮罩的部分出现了glow效果，而圣诞树部分却没有glow效果，这说明遮罩效果是相反的，如下图所示。

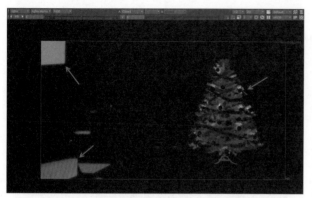

遮罩效果是相反

双击Glow1节点，显示出其属性编辑器，在mask参数部分，勾选invert复选框，如下图所示。

勾选mask参数的invert复选框

再次对Glow1节点效果进行预览，看到现在效果正确了，遮罩的部分没有受到Glow1节点的影响，而圣诞树部分却出现了glow效果，如下图所示。

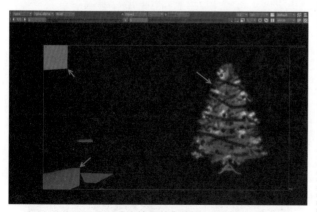

现在效果就正确了

现在按"M"键，将会创建出一个Merge1节点，将分

支连接到Merge1节点的B端口（背景），而将Glow1节点分支连接到Merge1节点的A端口，如下图所示。

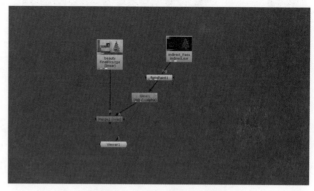

创建出一个Merge节点并连接

对Merge1节点效果进行预览，看到视图中出现了错误的效果，现在就来改正它，如下图所示。

Merge1节点的效果是错误的

双击Merge1节点，显示出其属性编辑器，在A Channels和B Channels参数部分，取消对Alpha复选框的勾选，如下图所示。

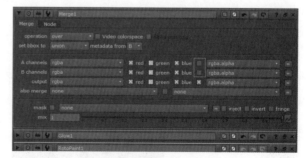

设置Merge1节点参数

现在对Merge1节点效果进行预览，看到视图中出现了正确的效果，如下图所示。

视图中出现了正确的效果

调节测试不同的辉光效果，发现现在只有圣诞树受到影响，遮罩的部分不再变化，这说明现在已经得到了正确的效果，如下图所示。

测试辉光效果，遮罩的部分不再变化

双击Glow1节点，显示出其属性编辑器，调节参数并在视图中实时预览效果，最后将brightness参数值设置为1.8，size参数值设置为17.6，如下图所示。

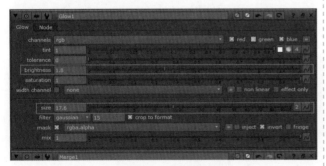

设置Glow1节点参数

这样就得到了最终的效果，如下图所示。

最终的调整效果

得到最终效果后，需要将其进行输出，首先按"W"键，创建一个write输出节点，将其连接到Merge1节点上，如下图所示。

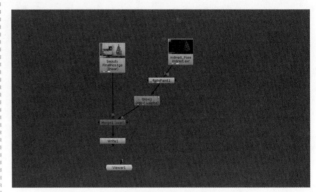

write输出节点并连接

双击Write节点，显示其属性编辑器，在file参数部分设置最终的输出路径，将colorspace参数设置为default（linear），file type参数设置为exr，如下图所示。

设置write节点参数

注意，如果最终图片格式设置的是低动态的图片格式，如targa，那么就需要将colorspace参数设置为sRGB，最后单击Render按钮进行渲染，如下图所示。

设置正确的colorspace参数并渲染

在弹出的对话框中设置输出参数，主要是序列帧的范围，由于这里是单张图片，因此保持默认参数即可，单击OK按钮将图片输出到硬盘上，如下图所示。

设置渲染参数

渲染完成后，从硬盘上打开相应的文件，最终得到的效果如下图所示。

最终渲染文件

6.2 灯泡

在本节中，将带领大家制作一个街角路灯的场景，最终效果如下图所示。这种类似的自发光效果在电影、电视、广告、效果图、建筑动画等领域使用都非常广泛，它

能很好地烘托气氛，衬托情节，有助于故事的发展以及对观众的引导。因此可以说，学会了相关的制作方法，就能使大家的制作水平更上一层楼。

灯泡效果

6.2.1 材质的启用

灯光物体和自发光配合FG是有区别的，一般来说自发光配合FG需要大量的FG光线来达到精确的效果。而mental ray 3.11中引入的builtin_object_light却是一个真实的灯光，它将物体的形状转化为一个面光源，从而达到良好的照明效果。

因为测试的原因，它并没有暴露给大众使用；需要一定的步骤来启用它。由于它是builtin内置的，因此无需使用任何的库文件，如dll动态链接库等。只需要使用一个文本文件制作一个.mi声明文件，并将它保存在mental ray的include文件中即可。

首先在硬盘任意位置新建一个名为builtin_object_light.txt的txt文件。然后在文本文件中输入下面的代码：

```
declare shader
    color "builtin_object_light" (
    color "surface" default 1 1 1 1,
    light "light"
    )
    version 1
    apply material, photon
end declare
```

从上面的代码可以看出，这是一个定义申明语句，定义了两个属性：color和light。

输入完成后将代码改为：builtin_object_light.mi

为了正确修改文件的扩展名，需要将扩展名显示出来。如果读者的计算机已经进行了这一步骤的操作，那么可以略过，如果没有，那就请执行相关操作。

打开一个新的标准windows管理窗口，执行窗口菜单组织 > 文件夹和搜索选项。

从弹出的窗口中选择 "查看" 面板，并在高级设置中取消对隐藏已知文件类型的扩展名复选框的勾选。

将builtin_object_light.txt重新命名为builtin_object_light.mi。

将这个文件拷贝到mental ray插件的安装目录，目录位于 :/Program Files/Autodesk/mentalrayForMaya2015/Shaders/include。

现在启动Maya，需要确认builtin_object_light这个Shader已经得到了正确的加载，执行菜单Window> Rendering Editor >mental ray >Shader Manager。

在弹出的面板中，看到builtin_object_light这个Shader已经得到了正确的加载，如右图所示。

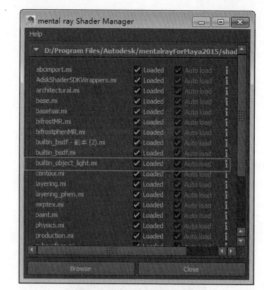

在Shader Manager中进行检查

打开Hypershade，在mental ray\Materials目录下，已经看到了builtin_object_light这个Shader，如下图所示。注意，它的目录是Material，这说明它是一个表面材质shader。

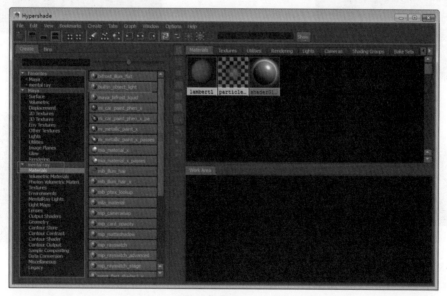

取人加载Shader

现在就可以正常使用了。

6.2.2 使用方法

启用完成了，但是使用上还有一些需要注意的问题，如果不按照这几点来操作，效果还是无法生效。而且这几点每一步都很细微，很容易疏忽。

先举一个简单的小例子来进行说明。

首先执行菜单Create > Ploygon Primitives > Cube (Torus)，创建一个多边形圆环，以及一个多边形立方体。

对立方体进行一定的缩放，使之成为一个类似于房间的空间，包围住圆环，如下图所示。

对创建的模型进行大小位置调整

选中圆环物体，在通道盒的Input部分，更改圆环的Radius半径，这里输入3.9，如下图所示。

更改圆环半径

这时，圆环和立方体的关系如下图所示。

调整模型间的比例尺寸

再来创建一个圆柱，按Insert键改变圆柱物体的轴心点，按 "V" 键，将轴心点捕捉到圆柱底部的中心点上，这样就能对圆柱进行任意移动和缩放了，如下图所示。

创建圆柱并改变轴心点

将圆柱复制几份，并分别放置在场景中，如下图所示。

复制圆柱并摆放模型

按 "5" 键进行实体显示，发现场景非常黑暗，很难看清楚，这是由于在Maya 2015中，默认取消了原来的 "双面显示"，这么做的原因在于使我们可以方便检查物体的法线方向，避免在后续过程中造成严重问题，如下图所示。

默认的显示很暗

为了观察的方便，需要打开视图的双面灯光，执行视图菜单Lighting > Two Sided Lighting，如下图所示。

改变视图显示方式

看到视图现在明显清楚了许多，如下图所示。

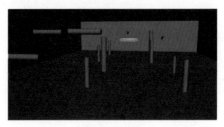

视图亮了起来

现在需要为圆环添加一个builtin_object_light Shader，使之成为一个光源，照亮场景，如下图所示。

为圆环指定builtin_object_light，使之成为一个光源

单击后，会弹出builtin_object_light的属性编辑器，在弹出的属性面板中看到builtin_object_light Shader有两个属性：一个是设置表面颜色的Surface属性；另外一个则是Light属性，它用来和灯光建立连接，如下图所示。

builtin_object_light有两个属性

单击Light参数旁边的棋盘格按钮，弹出一个创建灯光的面板，由于里面没有需要使用的Area Light，因此将其进行关闭，如下图所示。

创建灯光的面板

现在来手动创建一个面光源，执行菜单Create > Lights > Area Light。

现在就在圆环的正中，创建了一个面光源，如下图所示。

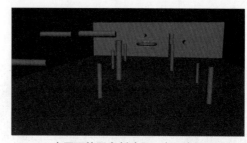

在圆环的正中创建了一个面光源

选中builtin_object_light shader，展开其属性编辑器，单击属性编辑器面板下方的Copy Tab，对这个面板进行复制，如下图所示。

拷贝属性面板

首先执行菜单Window > Outliner，打开大纲窗口，在其中选择areaLight1，然后执行菜单 Window > Node Editor打开节点编辑器，单击工具栏上的 "显示上下游节点" 按钮，展开灯光的连接网络，从中确认选到的是areaLight1这个Transform变换节点。注意，这里一定需要选中变换节点，如果选择的是areaLightShape1这个形态节点，那么builtin_object_light将不会起作用，如下图所示。

选择面光源的Transform节点

选中 areaLight1这个Transform变换节点后，使用鼠标中键将其拖拽到复制的builtin_object_light Shader面板的Light参数上，建立连接，如下图所示。

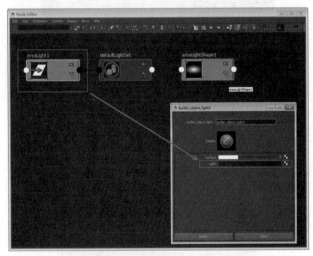

灯光和builtin_object_light Shader建立连接

这样在软件的下方信息输出窗口中就会显示这样一行文字：//Result:Connection areaLight1.message to builtin_object_light.light。它的意思就是，已经将areaLight1的message参数和builtin_object_light的Light参数建立了连接。出现这行文字也就表明连接已经成功了。

如果对这个隐含的操作过程不放心的话，可以自己手动建立连接，首先执行菜单WIndow > General Editor >

Connection Editor，打开连接编辑器。

在builtin_object_light Shader的属性编辑器中，单击左下方的Select按钮，这样就选中了builtin_object_light Shader。

注意，在建立连接之前，需要确认节点的隐藏属性全部被显示出来了，在连接编辑器中执行菜单Left Display > Show Hidden，以显示隐藏的属性。

在连接编辑器中，分别单击Reload Left以读入areaLight1节点，单击Reload Right，读入builtin_object_light。然后分别在左侧窗口中单击message，在右侧窗口中单击light，当两边的文字都变成斜体字的时候，连接就建立成功了，如下图所示。

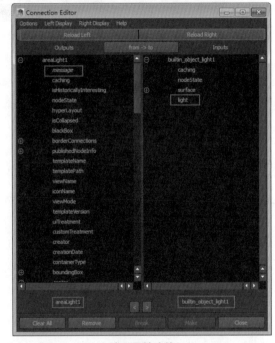

建立属性连接

建立连接后，builtin_object_light Shader的属性面板如下图所示。

builtin_object_light Shader的属性面板显示已经建立了连接

现在就来渲染，查看一下builtin_object_light Shader是否已经起作用。首先需要关闭场景中的默认灯光，打开全局渲染设置窗口，在Common面板下展开Render Options卷展栏，取消对Enable Default Light复选框的勾选，如下图所示。

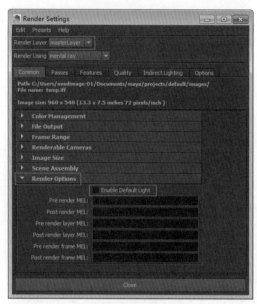

关闭场景默认灯光

对场景进行渲染，得到的渲染结果如下图所示。发现现在已经渲染出一个白色的圆环，如果仔细看，能在立方体的角落看到一些很微弱的光线，这说明灯光已经起作用，如下图所示。

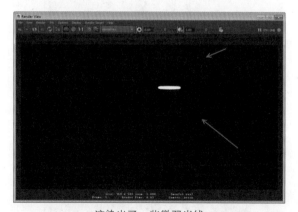

渲染出了一些微弱光线

既然光线很暗，那么就来加强灯光的亮度。单击builtin_object_light Shader，打开其属性编辑器，在展开的面板中单击Surface参数右边的白色色块，弹出一个取色器，在取色器中，将颜色的HSV的V设置为20.000，增大builtin_object_light Shader强度。

再选中面光源，在其属性编辑器中，将Intensity设置为5.000，如下图所示。

增大灯光强度

再次对场景进行渲染，得到的渲染结果如下图所示。现在就能清楚地看到灯光的照明效果。现在发现灯光的光线很暗，而且似乎是有一定的方向性，如下图所示。

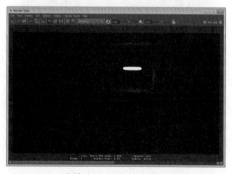

渲染出了一些灯光效果

在视图中进行观察，发现渲染视图中被照亮的区域似乎是面光源所指的方向，如下图所示。这就说明builtin_object_light Shader依然没有起到作用。

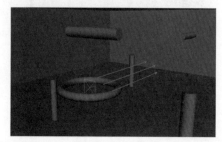

面光源有方向，builtin_object_light Shader没有起作用

现在就来简单地测试一下，在视图中将面光源进行旋转，使得它指向一个朝下的方向，如下图所示。

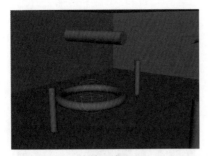

旋转面光源

现在对场景进行渲染，得到的渲染结果如下图所示。通过测试结果可以看到，的确是和预测的一样，光源具有一定的方向性。这与我们对物体光源的理解有较大的偏差，在理解中物体光源应该是自发光的，它应该会向四面八方都发射光线，而并不应该具有这种方向性，唯一的解释就是builtin_object_light Shader并没有起到作用。

面光源有方向，证明builtin_object_light Shader没有起作用

那么会不会是由于没有开启FG的原因呢？现在就来测试一下，打开全局渲染设置窗口，切换到Indirect Lighting面板，展开其下的Final Gathering卷展栏，勾选Final Gathering复选框，如下图所示。

打开FG

现在对场景进行渲染，得到的渲染结果如下图所示。可以看到，由于开启动了FG场景稍微亮了一些，却引入了非常多的噪点，从图中看，问题并没有得到解决，这说明还有其他关键的步骤被我们忽略了。

开启FG，仍然没有解决问题，灯光shader仍然没有起作用

忽略了一个关键点，就是没有使用mental ray自己的灯光，展开面光源的属性编辑器，确认其Intensity强度为1.000，展开mental ray－Area Light卷展栏，勾选Use Light Shape复选框，这样就使用了mental ray控制的面光源，如下图所示。

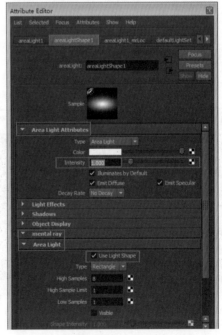

使用mental ray灯光

现在对场景进行渲染，得到的渲染结果如下图所示。从渲染结果上看，场景似乎得到了相当程度的改善，但是光源依然具有方向性，场景上部一片漆黑，并没有被照亮。

灯光依然具有方向性，场景上部一片漆黑

出现这个问题的原因说明还有其他关键的步骤被忽略了，现在就来解决这个问题。首先执行菜单 Window > Node Editor，打开Node Editor，选中面光源，单击Output Connection（显示下游节点）按钮，展开光源的下游节点，从中选择builtin_object_light1SG，如下图所示。

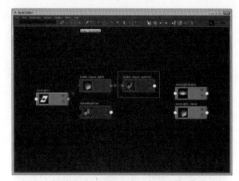

选择builtin_object_light1SG

从builtin_object_light1SG的属性编辑器中取消对 Export with Shading Engine复选框的勾选，如下图所示。

取消对Export with Shading Engine复选框的勾选

现在对场景进行渲染，得到的渲染结果如下图所示。可以发现，builtin_object_light Shader已经起作用了，对比之前的渲染结果，现在的结果无疑令人满意很多。

正确的渲染结果

但是从渲染结果上来看，仍然有一些奇怪的地方，那就是墙壁中间的阴影，如下图所示。出现这个问题的原因在于，圆环本身是能接受和发射阴影的，它的自身投影会对灯光造成很大的影响，从而产生了上面的奇怪现象，现在就来解决这个问题。

物体的自身投影造成奇怪的现象

选择圆环物体，打开其属性编辑器，展开其中的 Render Stats卷展栏，取消对Casts Shadows和Receive Shadows复选框的勾选，如下图所示。

取消物体的阴影属性

现在对场景进行渲染，得到的渲染结果如下图所示，发现渲染结果已经没有什么问题了，圆环已经能很好地对场景进行照明，并且投射质量较好的阴影，场景的整体亮度也非常不错，如下图所示。

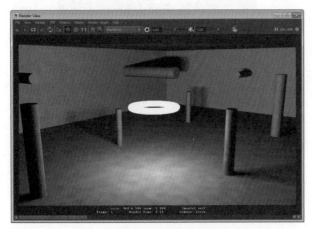

最终正确的效果

切换一个角度进行渲染，得到的效果如下图所示，发现场景中噪点控制的非常好，现在场景中存在的噪点在最终渲染的过程中，提高一些精度就能解决，如下图所示

切换一个角度进行渲染，场景中噪点控制的非常好

这时还发现圆环是一个纯白色的物体，那么可能有的读者会想，这和FG有什么区别呢？通过给这个圆环一个较亮的白色，并配合FG一样能做出这种效果？结果是否真的如此呢？现在就来做一个实验。

为圆环赋予一个Surface Shader，单击Out Color的色块，打开取色器，在HSV数值输入框中，将颜色强度V修改为500.000，如下图所示。

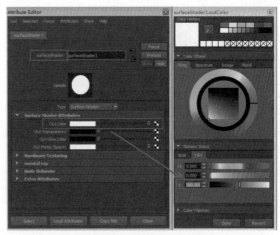

加大SurfaceShader亮度

对场景进行渲染，得到的渲染结果如下图所示。发现现在的场景灯光亮度很暗，而且有非常多类似于GI光子的噪点，这是由FG采样光线所造成的，现在就来提高FG的精度。

渲染的噪点非常多

打开全局渲染设置窗口，切换到Indirect Lighting面板，展开Final Gathering卷展栏，将其下的Accuracy设置为2000，如下图所示。

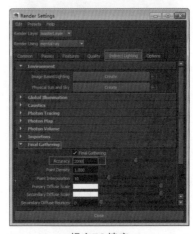

提高FG精度

对场景进行渲染，得到的渲染结果如下图所示，发现现在的渲染结果有一定的改善，但是整体依然非常糟糕，屏幕中充斥着大量难以消除的噪点，并且灯光强度不均匀，靠近光源的地方曝光非常严重，离光源远一些的地方又非常黑暗。再来看一下渲染时间，已经达到了惊人的01：36（1分36秒），对比之前的几秒几十秒的渲染时间来说，这的确非常的惊人。而且对于这么一个简单的场景来说，渲染时间也非常夸张。在实际生产的过程中，可能有的场景非常复杂，这样，FG的计算过程就需要耗费大量的时间，通常可能会采取计算隔帧的、小尺寸的FG的办法。这也说明，并不可能将FG设置到2000这么高的数值。因此，这就充分证明了，使用带颜色的物体配合FG来进行自发光照明这种方法是不可取的。即便要使用这种方法，也需要使用其他的mental ray Shader，如果读者感兴趣的话，可以参考本书前一节的内容，使用mib_lightsurface Shader来制作一棵亮光闪闪的圣诞树。读者可以自行查看学习，这里不再赘述。

没有明显改善的质量和急剧上升的渲染时间

回到刚才的例子，由于面光源和发光物体从逻辑上是一个整体，因此可以打开outliner，对其进行成组（快捷键是Ctrl＋G），如下图所示。

对灯光和模型成组

现在来探索一下builtin_object_light Shader和光源，看看它们的参数具体都控制什么。首先打开面光源的属性编辑器，将它的Intensity参数设置为2.000，如下图所示。

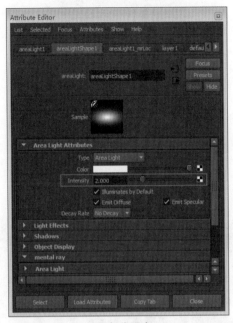

设置灯光强度

对场景进行渲染，得到的渲染结果如下图所示，发现非常类似于提高普通灯光强度的照明效果，现在场景明显亮了许多。可以注意一下，现在的渲染时间保持的非常合理，仅仅用了19秒。

面光源能提高场景的亮度

将灯光的颜色改为一个黄色，如下图所示。

改变灯光颜色

对场景进行渲染，得到的渲染结果如下图所示，现在发现灯光已经将整个场景照射为黄色，但是圆环物体依然是白色。

灯光能影响除了圆环之外的所有物体

打开builtin_object_light Shader的属性编辑器，将Surface改为一个偏青颜色，设置其HSV（136.668，1.000，40.000），如下图所示。

将builtin_object_light Shader改为偏青的颜色

现在对场景进行渲染，得到的渲染结果如下图所示，发现圆环已经变成了所设置的颜色，并且场景中已经有了一些青色，如下图所示。出现青色的原因并不是由于builtin_object_light Shader投射了青色的光线，而是FG的作用，如果将FG关闭，那么将只会出现灯光的颜色。

圆环已经改变颜色并对场景造成影响

将灯光的颜色和强度参数，以及builtin_object_light Shader的参数恢复默认，重新对视图进行渲染，得到的渲染结果如下图所示。

恢复默认灯光

在渲染结果中，看到有许多噪点，那么如何进行控制呢？控制的方式有两种：增大灯光采样；增大全局渲染参数。

首先使用第一种方法：打开面光源的属性编辑器，展开mental ray－Area Light卷展栏，将其下的High Samples参数设置为64，如下图所示。

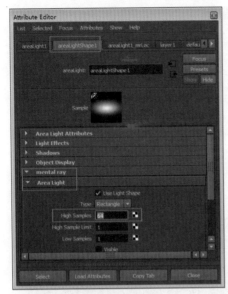

提高灯光采样

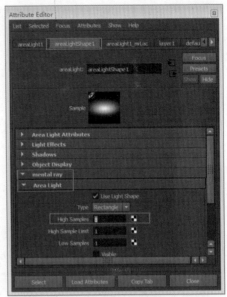

恢复灯光采样

现在对场景进行渲染，得到的渲染结果如下图所示，发现场景明显细腻很多，但是渲染时间也从之前的19秒上升到现在的53秒。

现在再采用第2种方法：打开全局渲染设置窗口，切换到Quality面板下，将Quality参数提高到2.00，如下图所示。

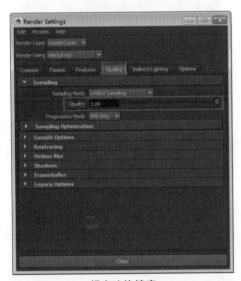

提高渲染精度

再打开面光源的属性编辑器，展开mental ray – Area Light卷展栏，将其下的High Samples参数恢复到原来的数值8，如下图所示。

对场景进行渲染，得到的渲染结果如下图所示，发现现在得到的效果也同样很细腻，并且渲染时间只用了30秒，这说明mental ray所使用的统一采样方法非常优秀。

很好的渲染质量，同时渲染时间也控制得很好

现在，builtin_object_light Shader的基本设置和原理都讲解完成了，下面再通过一个小例子讲解builtin_object_light Shader的贴图及其对场景照明的影响。

首先选中场景中任意一个圆柱形物体，然后将Hypershade中的builtin_object_light Shader赋予给它，既可以选择拖拽的办法，也可以使用右键菜单中的"Assign Material to Selection"，如下图所示。

为圆柱赋予builtin_object_light Shader

删除场景中的其他物体，仅仅保留灯光和圆柱体，再新建一个平面，对场景进行大小位置的设置，得到的效果如下图所示。

搭建测试场景

现在对场景进行渲染，得到的渲染结果如下图所示，看到基本的物体照明效果已经产生了，但是地面上产生了奇怪的条纹，如下图所示。

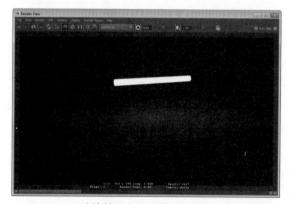

渲染结果产生了奇怪的条纹

这是由于灯光的阴影所产生的。选择灯光，打开其属性编辑器，展开属性编辑器中Render Stats卷展栏，取消对Casts Shadows和Receive Shadows的勾选，如下图所示。

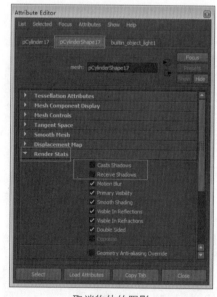

取消物体的阴影

再来对场景进行渲染，得到的渲染结果如下图所示，发现现在的效果就正确了。

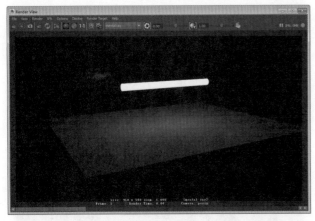

正确的渲染结果

现在所要做的就是对builtin_object_light Shader的颜色进行贴图，单击Surface属性右边的棋盘格按钮，在弹出的窗口中选择Ramp节点，如下图所示。

对builtin_object_light Shader的颜色进行贴图

在Ramp节点的属性编辑器中，单击Presets预设按钮，从弹出的预设菜单中选择Rainbow，如下图所示。

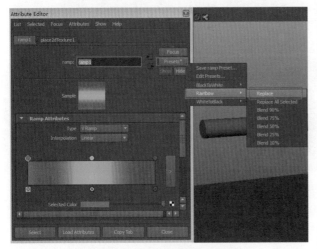

选择Ramp贴图的Rainbow预设

现在对场景进行渲染，发现Ramp贴图的方向不对，如下图所示。

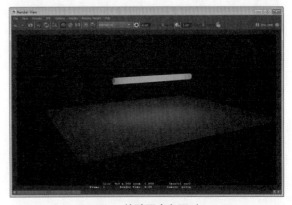

Ramp的贴图方向不对

按"6"键，进行贴图显示，如下图所示。

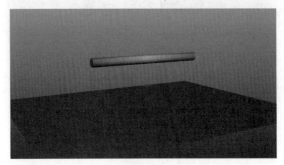

视图显示贴图

选中圆柱体，执行菜单Create UVs > Cylinder Mapping。

默认得到的UV坐标操纵手柄方向和大小都是不对的，如下图所示。

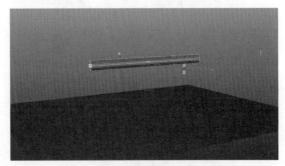

调整UV坐标操纵手柄

对手柄的方向和大小进行调整，最终得到如下图所示的正确结果。

得到正确结果

现在对场景进行渲染，发现贴图已经依稀对场景产生了相应的照明效果，但是并不明显，如下图所示，现在就来加强这种效果。

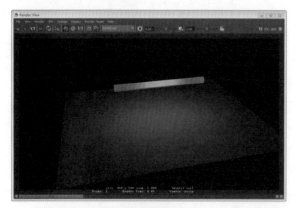

渲染效果

打开Ramp贴图的属性编辑器，展开Color Balance卷展栏，双击Color Gain的色块，将会弹出标准的Maya取色器，将HSV中的V数值设置为8.000。

现在对场景进行渲染，得到的渲染结果如下图所示。我们看到贴图的照明效果非常强烈，以致于很难看得清楚效果。

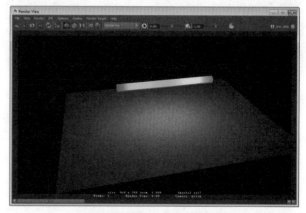

效果过于强烈，无法进行观察

现在将Color Gain的HSV的V值修改为3.000，如下图所示。

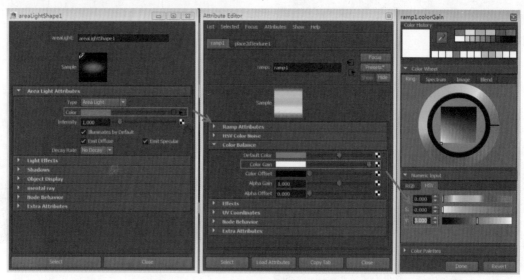

降低Ramp强度

现在对场景进行渲染，得到的渲染结果如下图所示，已经很清楚地看到贴图对场景的照明效果。但是请注意，这种贴图照明效果是由于FG所产生的。

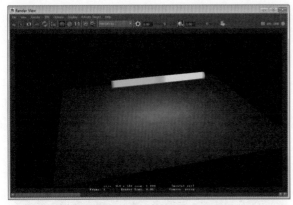

很清楚地看到Ramp贴图的照明效果

现在关闭FG，对场景进行渲染，得到的渲染结果如下图所示，看到贴图已经没有对场景产生影响了，这就证明builtin_object_light Shader的颜色贴图照明效果只是一种FG效果，真正的照明是面光源。

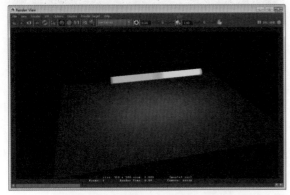

关闭FG后，Ramp贴图已经没有照明效果了

6.2.3　景深摄像机的制作方法

景深效果是对真实摄像机的模拟，它同时也是艺术表现的手段，经常可以在摄影作品、影视广告作品中见到它的身影，它是一种非常有效的表现手法，可以极大地提高我们作品的艺术水准。在本节开头的路灯效果中就使用的这种表现手法，在开始路灯教学之前，需要讲解如何制作景深效果。

要制作景深效果，需要两个步骤：打开摄像机的景深；设置景深参数。

首先来创建一个摄像机对这个问题进行说明，执行菜单Create > Cameras > Camera以及 Create > Locator，创建出一个无目标点的摄像机以及Locator定位器，如下图所示。

打开摄像机的属性编辑器，展开Depth of Field，其中Depth of Field复选框是摄像机景深效果的开关，而Focal Distance则是聚焦距离，在焦点上的物体将会是清晰的，而焦点外的物体则是模糊的，下面的FStop和Focus Region Scale可以用来控制景深强烈程度以及范围，如下图所示。

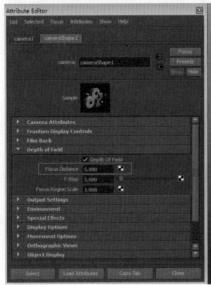

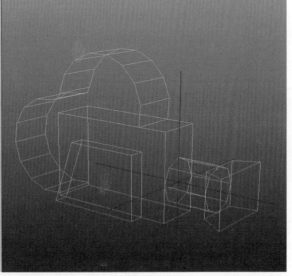

控制景深的参数

开启景深效果实际上并不复杂，但是这仅仅只是渲染出了景深效果，它本身并不可控，并不能设置在哪些物体上进行聚焦，哪些物体是虚焦，如果需要精确地对物体进行控制，就需要知道物体到摄像机的距离。在Maya中，有专门的选项可以查看物体到摄像机的距离，那就是HUD抬头显示。首先选中物体，然后执行菜单Display >Heads Up Display > Object Details，如下图所示。

这样，物体到摄像机的距离就以HUD抬头显示的方式显示在视图的右上角，如下图所示。

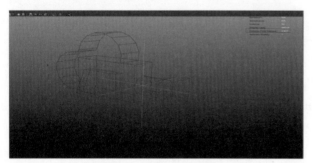

物体到摄像机的距离显示在视图的右上角

用这个方法可以制作基本的景深效果，但是仍然有很大的缺陷，需要每次都执行选中物体，查看HUD显示，然后打开摄像机的属性编辑器，在里面改变Focal Distance等一系列枯燥乏味的工作。并且它很难做到从一个物体到另外一个物体的变焦动画，例如，以摄像机为中心，一排小球排列在离摄像机距离为5的圆形上，那么这些小球离摄像机的距离都是相等的，这时我们很难做到从一个小球到另外一个小球的变焦动画，因此需要更智能的方式来进行控制。现在就来进行制作。

首先执行菜单Window > Node Editor，打开节点编辑器。

选中摄像机和Locator，然后在Node Editor中单击Input and Output Connection，这样就分别显示出摄像机和Locator的上下游节点，如下图所示。

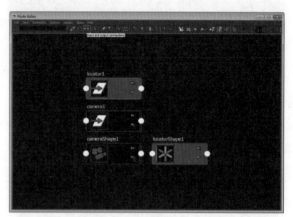

显示出摄像机和Locator的上下游节点

单击Locator1，打开其属性编辑器，看到这是一个Transform变换节点，它上面有Translate的属性三元组。同样，摄像机的Camera1节点也是变换节点，它上面也有摄像机的位置参数。得到了两个位置，就能计算出这两个位置之间的距离。这就是想要使用的节点，如下图所示。

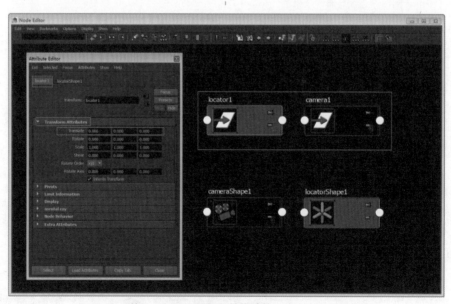

Transform的Translate三元组属性能计算出两个点之间的距离

在Maya中，有专门用来计算两点之间距离的节点，它就是distanceBetween节点。我们在Node Editor中，按"Tab"键，在文字输入框中输入distance等字样，所有带有distance的节点都会显示出来，从中选择distanceBetween，然后再次按"Tab"键，创建一个新的distanceBetween节点，如下图所示。

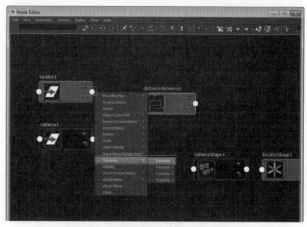

选择输出连接属性

这时就得到了一个带箭头的连线，将其拖到distanceBetween节点左侧的白色输入圆圈上释放，从弹出的菜单中选择Other，如下图所示。

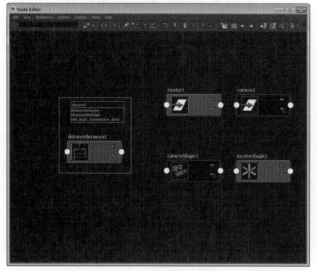

创建distanceBetween节点

打开distanceBetween节点的属性编辑器，看到它有Point 1和Point 2两个三元组参数，把两个位置参数分别连接到这里，就能求得二者之间的距离，如下图所示。

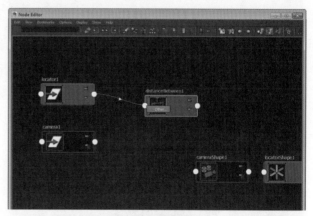

选择输入连接属性

弹出Input Selection的窗口，从中选择point1，这样就在Locator的Translate属性和distanceBetween节点的point1属性之间建立了连接，如下图所示。

distanceBetween节点有两个三元组参数

现在不使用拖拽的方法进行连接，使用Node Editor中建立连接的办法进行连接，首先单击Locator1节点右边的白色圆圈，从弹出的选项中选择Translate－Translate，如下图所示。

在Input Selection窗口中选择连接属性

使用同样的办法，为Camera1的translate属性和distanceBetween节点的point2属性之间建立连接，连接后，distanceBetween节点如下图所示。

连接后的distanceBetween节点

现在单击distanceBetween节点右边的白色圆圈，从弹出的选项中选择Distance，如下图所示。

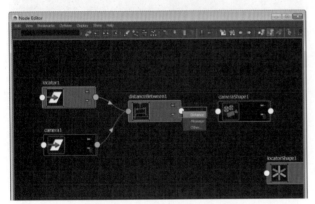

选择distanceBetween节点的输出

将连线连接到cameraShape1的Focus Distance属性上，如下图所示。

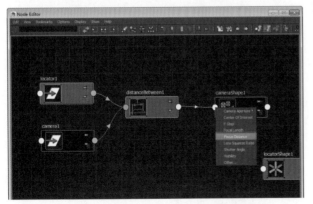

将distanceBetween节点和摄像机建立连接

打开摄像机的属性编辑器，现在看到Depth of Field卷展栏下的Focus Distance参数已经被其他参数约束住了，如下图所示。

被约束住的摄像机

现在就可以使用Locator来作为摄像机的聚焦焦点，其停留的位置就是摄像机聚焦的位置，接下来进行简单的测试。在视图中，创建6个分开的小球，如下图所示。

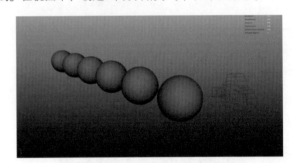

创建6个分开的小球进行简单的测试

将Locator移动到离摄像机最远的小球上，如下图所示

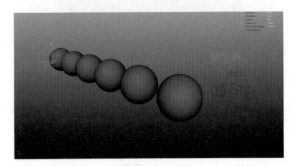

移动Locator

在视图工具栏上，执行Panles > Perspective >camera1，这样就将当前视图切换到了景深摄像机视图。

从Maya新的Viewport 2.0中已经看到了景深效果,如下图所示。

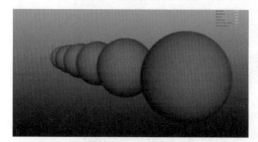

新的Viewport 2.0显示出了景深效果

现在对场景进行渲染,得到的渲染结果如下图所示。看到放置Locator定位器的地方,也就是最远处的小球位置,是摄像机的聚焦点,画面非常清晰,从远及近产生了逐渐模糊的效果。

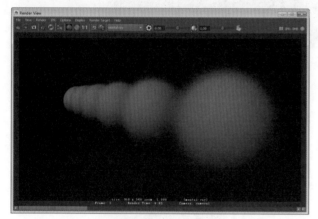

渲染得到了景深效果

换一个位置进行测试,将Locator移动到摄像机看过去的第三个小球上,如下图所示。

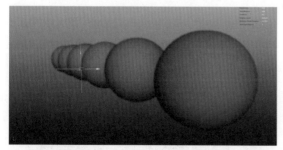

移动Locator到一个新的位置

现在对场景进行渲染,得到的渲染结果如下图所示,发现效果依然是正确的,这就说明设置已经成功。可以将这个摄像机文件进行保存,以便在后面的例子或是以后的制作中调入使用。

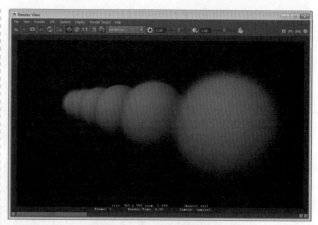

效果正确,保存文件日后使用

6.2.4 场景中其他材质的制作方法

经过上面复杂而漫长的测试和学习,现在终于可以开始正式场景的制作,在这个教学中通过一个路灯场景来将上面学习的知识融会贯通,下面就开始学习。

除了自发光物体之外,场景中的其他材质,主要使用Maya 2015中新引入的Mila分层shader。关于Mila shader,请读者参考本书中其他章节的详细介绍。

首先打开场景01-lamp-start.mb,这是一个路灯的模型,如下图所示。

打开场景文件

打开Hypershade,检查一下场景中模型自带的材质,我们发现,现在场景中自带的全部是普通的phong材质,如下图所示。

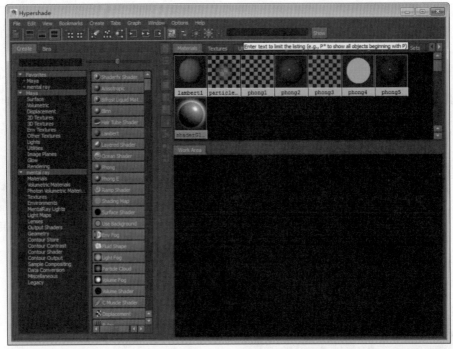

模型自带的材质全部是普通的phong材质

再查看一下用来发光的钨丝材质，发现它也是一个普通的phong材质，并且把Incandescence设置为了橙黄色，如下图所示。

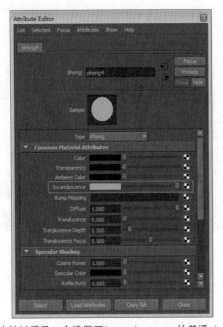

发光的钨丝材质是一个设置了Incandescence的普通phong材质

继续打开outliner大纲窗口进行查看，发现模型的结构很简洁，仅仅只由几个模型组成，如下图所示。

outliner大纲窗口中的模型构成很简洁

现在对场景进行渲染，得到的渲染结果如下图所示，这是一个非常普通的效果。

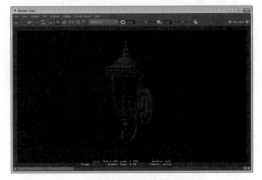

非常普通的渲染效果

　　选中灯罩物体，为其指定一个Maya 2015（mental ray 3.12）中新增的mila分层材质，关于这个材质，有专门的章节进行讲述，如下图所示。

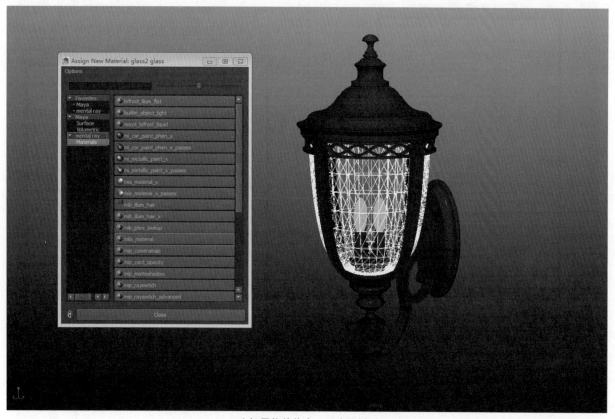

为灯罩物体指定mila分层材质

　　在材质的Base部分，在Base Component中，选择Transmissive（Clear），这一步操作相当于为材质的底层指定一个透明的预设，如下图所示。

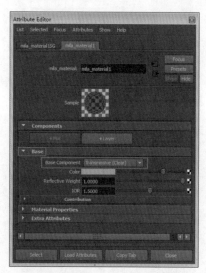

为材质的底层指定一个透明的预设

　　使用同样的步骤，选中路灯的外壳部分，为其指定一个mila材质，如下图所示。

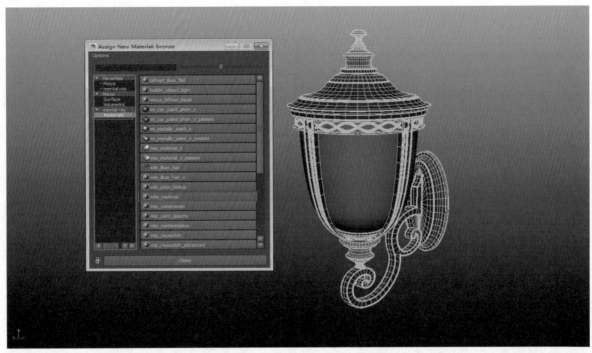

为路灯的外壳部分指定一个mila材质

打开材质的属性编辑器，在Base Component中选择 "Reflective" ，这是一个反射的预设，单击color旁边的色块，将会弹出一个标准的Maya取色器，颜色为HSV（34.737，0.317，0.235），这是一种偏黄铜的颜色。由于mila材质的Reflective预设没有模糊反射与镜面反射的区别，它使用Glossy Blend数值将模糊反射和镜面反射进行混合，因此将Glossy Blend数值设置为0.6540，将Glossy Roughness设置为0.4440，如下图所示。

设置路灯外壳材质参数

现在选中钨丝，为其指定一个builtin_object_light Shader，如下图所示。

为钨丝指定builtin_object_light Shader

按照前面所学习到的步骤，在场景中创建一个标准面光源，如下图所示，从面光源对比网格和路灯的比例，也能大概看出路灯模型的大小。

创建一个标准面光源

现在执行菜单 Window > Node Editor，然后将builtin_object_light Shader和面光源加入到Node Editor中，并显示其上下游节点，如下图所示。

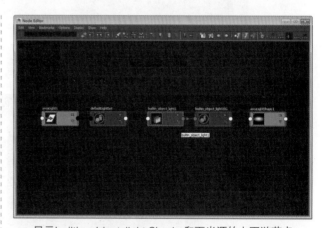

显示builtin_object_light Shader和面光源的上下游节点

使用上面所讲述的方法，将面光源的变换节点的message属性和builtin_object_light Shader的light属性进行相连，如下图所示。

连接面光源和builtin_object_light Shader

打开面光源的属性编辑器，展开mental ray – Area Light卷展栏，勾选下面的Use Light Shape，如下图所示。

使用mental ray灯光

选中builtin_object_light Shader的上游节点builtin_object_light1SG，这是一个材质组。展开mental ray卷展栏，取消对Export with Shading Engine复选框的勾选，如下图所示。

取消对builtin_object_light1SG材质组
Export with Shading Engine的勾选

选中钨丝模型，打开其属性编辑器，展开Render Stats卷展栏，取消对Casts Shadows与Receive Shadows复选框的勾选，如下图所示。

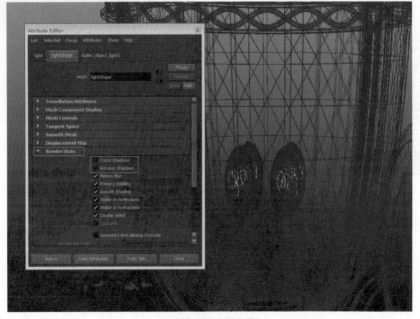

取消钨丝模型的阴影

现在来为路灯模型建立一个背景平面，并缩放到合适的大小，如下图所示。

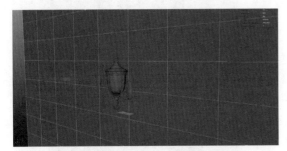

为路灯模型建立一个背景平面

对场景进行渲染，得到的渲染结果如下图所示，发现照明效果基本起作用了。但是，并不太理想，非常黑暗，并且钨丝材质也不够明亮。

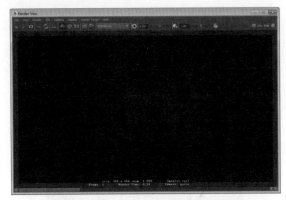

照明效果基本起作用了，但是并不理想

从上面所学的知识知道应该分别设置builtin_object_light Shader和真正的光源，首先打开builtin_object_light Shader属性面板，将Surface参数的HSV颜色的V设置为20.000，如下图所示。

调整builtin_object_light Shader参数

打开灯光的属性编辑器，将Intensity设置为2.000，将颜色设置为一个偏黄的颜色，其颜色值为HSV（60.000，0.212，1.000），如下图所示。

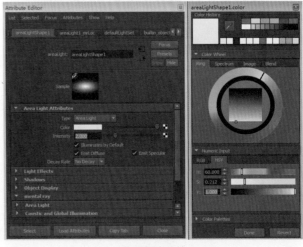

设置灯光属性

现在对场景进行渲染，发现场景已经得到了一点加亮，钨丝也变亮了，但是场景亮度依然不够，如下图所示。

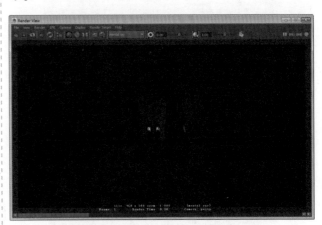

场景和钨丝亮度都加强了，但是依然不够

对于这种情况来说，单纯使用灯光照明是远远不够的，现在在使用线性流程配合HDR图片照明来进行完善，首先打开全局渲染设置窗口，在Indirect Lighting面板下，勾选Final Gathering卷展栏下Final Gathering，单击Image Based Lighting旁边的Create按钮，如下图所示。

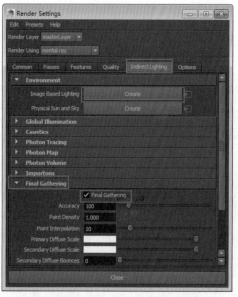

使用FG配合HDR图片照明

在弹出的IBL节点属性窗口中，选择配套光盘所提供的一张HDR图片，这是一张室外街道的HDR图片，如下图所示。

选择一张室外街道的HDR图片

将全局渲染设置窗口切换的Common面板下，勾选Color Management面板下的Enable Color Management，在Render Options下，取消Enable Default Lighting的勾选，如下图所示。

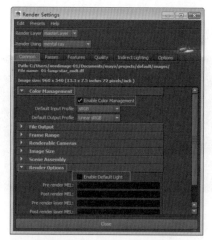

取消默认灯光，启用颜色管理

对场景进行重新渲染，并在渲染窗口中执行菜单Display > Color Management。

从打开的属性面板中，确认Image Color Profile被设置为Linear sRGB，Display Color Profile被设置为sRGB，如下图所示。

设置渲染窗口的颜色管理

现在对场景进行渲染，得到的渲染结果如下图所示，现在看到场景就亮了许多，现在也能看得清楚路灯的金属壳的质感了，如下图所示。

场景亮了许多，现在能看得清楚质感了

由于路灯玻璃罩里面还有一个玻璃罩，内部反射折射较多，因此需要确保光线追踪的次数是足够的，打开全局渲染设置面板，切换到Quality面板，展开Raytracing卷展栏，在里面将Reflection、Refraction的数值都设置为10，将Max Trace Depth的数值设置为20，如下图所示。

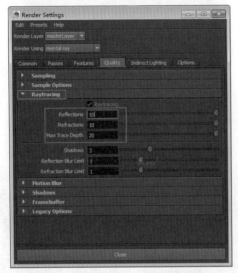

加大渲染参数中的光线追踪深度

现在对场景进行渲染，得到的渲染结果如下图所示，发现现在的环境光较亮，这并不是想要的效果，想要的是晚上路灯的效果。

环境光较亮，这并不是想要的夜晚效果

打开mental ray的IBL节点属性窗口，在其中，展开Light Emission卷展栏，勾选Emit Light，这样下面的参数都变得可用了。再展开Advanced卷展栏，将其中的Color Gain的颜色HSV设置为一个偏暗的颜色，这里参考的数值是HSV（0.000，0.000，0.200），如下图所示。

降低IBI照明强度

现在对场景进行渲染，得到的渲染结果如下图所示，发现场景已经暗了下来，近似于想要的效果，但现在看到，灯泡的外壳玻璃材质变得很暗。这是由于材质的原因，现在就来解决这个问题。

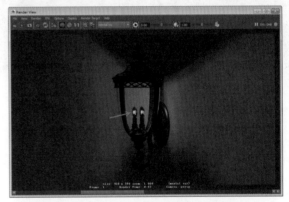

场景暗了下来，但灯泡的外壳玻璃材质变得很暗

选中灯泡的mila材质，展开其属性编辑器，将color颜色滑竿向右拉，使得它我变为纯白色，如下图所示。

调整灯泡材质

在渲染之前，再来改变一下灯光的颜色，从刚才的渲染结果看，环境整体的亮度已经差不多了，但是灯光的光线却是一个白色，整体光照效果显得非常苍白，没有吸引人的感觉，打开面光源的属性编辑器，将Intensity设置为1.500，将Color颜色设置为一个偏黄的颜色，其颜色值为HSV（31.325，0.627，2.000）。

现在对场景进行渲染，得到的渲染结果如下图所示，发现现在灯泡玻璃外壳就非常透明亮丽，整体光照效果也比较生动，具有一定的倾向性和心理暗示。

增大渲染品质参数

较好的照明效果

现在打开全局渲染设置窗口，切换到Quality面板，展开下面的Sampling卷展栏，将Quality参数设置为2.00，如下图所示。

现在对场景进行渲染，得到的产品级别抗锯齿的渲染结果，如下图所示。

产品级别抗锯齿的渲染结果

现在来处理周围的环境，首先为墙壁物体指定一个Lambert材质，如下图所示。

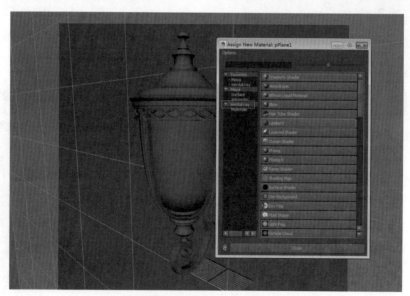

为墙壁物体指定一个Lambert材质

展开Lambert材质的SG材质组，单击Displacement mat右边的棋盘格按钮，从中选择File，然后将displacementShader的Scale参数设置为0.004，如下图所示。

为墙壁材质设置置换贴图并指定其强度

在file1文件节点中，选择配套光盘所提供的一张贴图文件，这是一张砖墙的贴图，如下图所示。

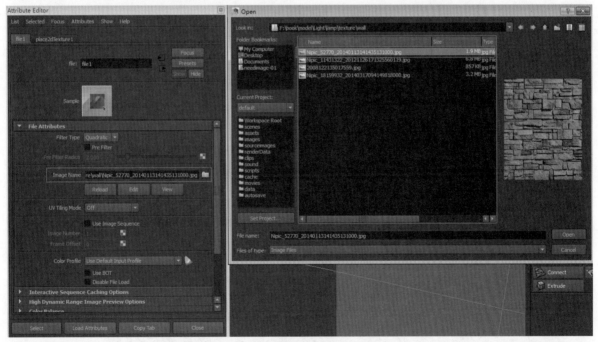

选择砖墙贴图

在mental ray中，要得到较好的置换效果，一般的标准流程是：为这个物体添加一个mental ray的细分近似节点，执行菜单Window > Rendering Editor >mental ray > Approximation Editor。

在弹出的窗口中，找到Subdivisions（Polygon and Subd.Surface）方法，单击其下的Create按钮，如下图所示。

创建合适的mental ray的细分近似节点

这样，左侧的下拉列表中就出现了一个新建的mentalraySubdivApprox1节点，单击右边的Edit按钮对其进行编辑，如下图所示。

对新建的近似节点进行编辑

在节点的属性编辑器中，将Apprxo Method设置为Spatial，Min Subdivisions设置为0，Max Subdivisions设置

为7，Length设置为1.000，勾选下面的View Depedent复选框，如下图所示。

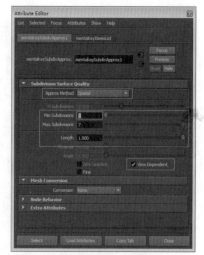

设置近似节点的参数

单击墙壁模型，打开其材质的属性编辑器，在Diffuse\Color上贴上一张刚才用于置换贴图的砖墙图片，如下图所示。

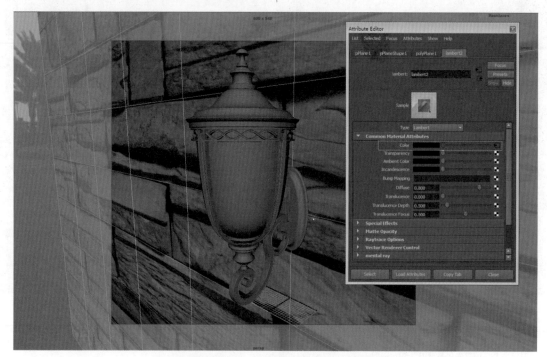

为墙壁模型指定一张用于置换贴图的砖墙图片

现在的砖墙纹理过大，需要将其调小，首先执行Window > UV Texture Editor，如下图所示。

在打开的UV编辑器中，单击鼠标右键，从中选择UV。

框选所有的UV点，按"R"键将其进行缩放，根据视图的显示进行实时调节，从而得到下面的效果。

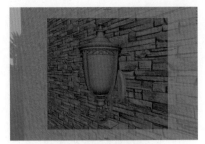

UV大小调整

现在对场景进行渲染，得到的渲染结果如下图所示。看到在贴图的共同参与下，场景明显好看了许多，也真实了不少。

在贴图的共同参与下，场景真实不少

现在需要复制出另外一盏路灯，执行菜单 Window > Outliner，打开Outliner大纲窗口，选中其中的lamp组，选中路灯的整个组，如下图所示。

选中整个路灯组

复制出整个路灯，并将其移动到偏左的位置，对场景进行渲染，得到的渲染结果如下图所示。发现现在得到的效果非常奇怪，似乎新复制出来的路灯并没有起到照明效果，下面就来检查一下原因。

新复制出来的路灯并没有起到照明效果

首先打开Hypershade，在其中看到场景中就只有一个builtin_object_light Shader，这就是问题产生的原因，在复制路灯的时候，并没有复制路灯的材质网络。现在就来解决的问题。

在复制路灯的时候，并没有复制路灯的材质网络

打开outliner，从中看到有两个名称都为areaLight1
的灯光，名字之所以相同，是由于它们在不同的目录
／组下。双击新复制的areaLight1，将其名称重命名为
areaLight2，如下图所示。

将新复制出来的面光源重命名

接下来，复制一个新的builtin_object_light Shader，如下图所示。

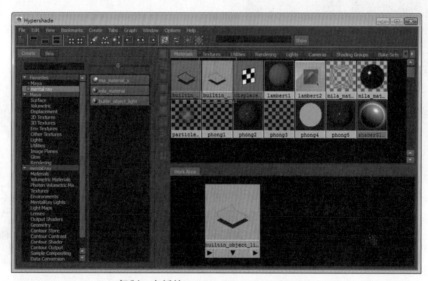

复制一个新的builtin_object_light Shader

展开builtin_object_light Shader的材质网络，单击其SG材质组，从中取消对Export with Shading Engine的勾选，如下
图所示。

取消对builtin_object_lightSG中Export with Shading Engine的勾选

同样，需要设置builtin_object_light Shader的参数，双击Surface右侧的色块，将其HSV数值改为（0.000，0.000，20.000），用上面讲过的方法将Light属性和areaLight2的message属性建立连接，如下图所示。

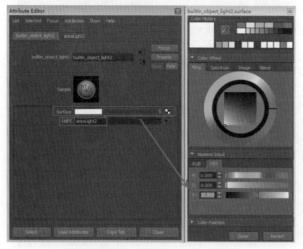

设置builtin_object_light Shader参数

选中新的钨丝模型，打开其属性编辑器，在Render Stats卷展栏下，取消对Casts Shadows和Receive Shadows的勾选，如下图所示。

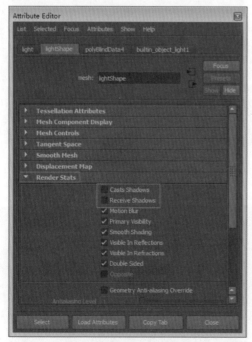

取消钨丝模型的阴影设置

对场景进行渲染，得到的渲染结果如下图所示，看到现在的渲染结果已经正确了。

正确的渲染结果

现在对背景进行处理，首先展开mental ray的IBL照明节点，展开其下的Render Stats卷展栏，取消对Primary Visibility的勾选，如下图所示。

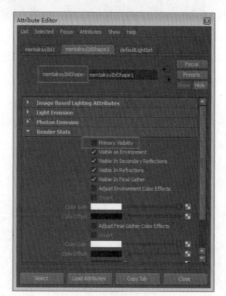

取消背景HDR的可见性

再创建一个多边形平面，将其移动并缩放到如下图所示的位置。

创建一个多边形平面并对位

为这个平面指定一个Surface Shader，如下图所示。

指定材质

单击Surface shader的Out Color右边的棋盘格按钮，从弹出的对话框中选择一张背景贴图，如下图所示。

为Surface shader的颜色选择一张背景贴图

这里选择配套光盘卡所提供的一张夜景贴图，如下图所示。

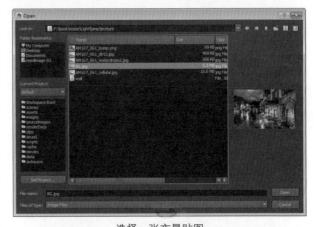

选择一张夜景贴图

按"5"键，对显示效果进行预览，如下图所示。

对显示效果进行预览

在渲染之前，需要制作景深效果，因此导入之前制作的景深摄像机，如下图所示。

导入之前制作的景深摄像机

将视图切换为导入的景深摄像机，如下图所示。

将摄像机切换为景深摄像机

按"4"键，场景将以线框方式进行显示，将景深摄像机的聚焦Locator移动到右边的路灯上，如下图所示。

将景深摄像机的聚焦Locator移动到右边的路灯上

展开景深摄像机的属性编辑器，在Depth of Field卷展栏下，将Focus Region Scale设置为0.500，这将有助于扩大景深效果。当然，这需要取决于具体的场景尺寸，也就是为什么场景尺寸如此重要的原因之一，如下图所示。

设置参数

对场景进行渲染，得到的渲染结果如下图所示，看到现在的渲染结果几乎看不到景深。

现在的渲染结果几乎看不到景深

继续调节摄像机的景深属性，将F Stop参数设置为2.000，如下图所示。

将F Stop参数的数值变小

现在对场景进行渲染，得到的渲染结果如下图所示，看到除了精度比较低之外，总的效果还是比较不错。

得到正确的景深效果

6.2.5　分层和Pass渲染

现在需要注意的是，在没有开启景深效果之前，或者景深效果比较小的时候，渲染时间比较短，例如之前使用了2：32（2分32秒），如下图所示。

在没有开启景深效果之前，或者景深效果比较小的时候，渲染
时间比较短

开启景深后，时间上升到5：21（5分21秒），增长了一倍还多，这是非常令人沮丧的，这仅仅是在精度比较低的情况下，如果开到成品级别，或者渲染尺寸较大，那么增长的时间就会更多。对于单帧来说，这并不是太大的问题，但是对于每个动画或者镜头成百上千，成千上万的序列帧来说，这就是一个非常大的问题。

开启景深后，急剧上升的渲染时间

这也说明了两个问题：一是对于非Renderman系列的渲染器来说，渲染模糊效果都需要较长的时间；二是对于实际项目来说，需要更为行之有效的解决办法。这就引出了后面的分pass进行渲染，以及后期合成的内容。

现在就来为后期合成做准备，进行一系列的pass设置和render layer设置。

首先单击摄像机，在其属性编辑器中取消对景深的勾选，然后在全局渲染设置窗口中，切换到common面板，在下面的File Output卷展栏中，将Image format图片格式设置为OpenEXR（exr），由于我们使用的是线性流程，因此需要在这里将输出格式设置为32位的高动态格式，如下图所示。

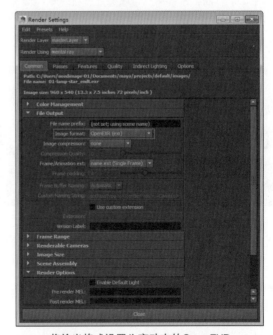

将输出格式设置为高动态的OpenEXR

在全局渲染设置窗口中，切换到pass面板，单击右侧的Create Render Passes按钮，弹出窗口，从中选择Camera Depth，然后单击窗口下方的Create and Close，这样就将 Camera Depth这个pass加入到了Scene Passes中，并且显示为depth，将使用它来制作景深效果，如下图所示。

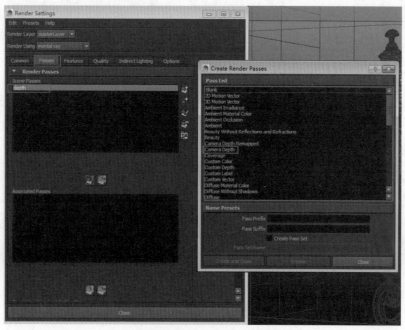

在pass面板中创建Camera Depth

单击Pass面板中间的关联按钮，将上面的depth pass关联到下方。请注意，这个操作是和Maya软件界面右侧的Render Layer面板相对应的，如果选中了不同的渲染层，那么单击关联后，pass就只会出现在相应的渲染层上，如下图所示。

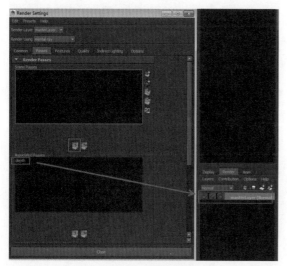

关联pass和渲染层

除了景深通道之外，还需要为路灯模型制作辉光效果。在模型中，由于钨丝发热所以发亮，这会引起灯泡玻璃外壳产生辉光效果，但是由于路灯模型外面还有一层玻璃灯罩，因此这一层灯罩同样会产生辉光效果，现在就需要把钨丝、灯泡、玻璃灯罩及其遮挡关系隔离出来。

首先打开outliner，选中场景中除了墙壁之外的所有物体，并单击渲染层面板上的Create a new layer and assign selected Objects按钮，新建一个渲染层layer1，并把所选择的物体添加到这个渲染层中，如下图所示。

新建一个渲染层并把所选物体加入

选中路灯的金属外壳，为其指定一个Maya的blinn材质，如下图所示。

为路灯的金属外壳指定一个blinn材质

在blinn材质的属性编辑器中，展开Matte Opacity卷展栏，将其中的Matte Opacity Mode设置为 Black Hole，这种模式将会使金属外壳变成一个纯粹的遮挡物体，并且带有通道，从而形成正确的遮挡关系，如下图所示。

将金属外壳变成一个带有通道的遮挡物体

可以进行Batch Render，也可以进行单帧渲染，这里以单帧渲染为例，在渲染完成后，可以在渲染窗口中执行菜单File > Load Render Pass，这样就看到了之前设置的渲染pass，可以将这张图片另存为32bit的exr格式。

这里提高最终渲染精度和尺寸，经过"漫长"的等待后，得到如下图所示的渲染结果。

提高最终渲染精度和尺寸后的渲染结果

但是请注意，类似于Camera depth的图片是32位的，它里面包含了很多信息，普通的播放器可能无法看到，从渲染窗口中执行菜单File > Load Render Pass后，将会弹出mental ray自带的imf_disp看图程序，从图中看到一张纯白色的图片，似乎没有什么可用的信息，但是不用惊慌，它里面实际包含了非常多的信息，将其都读入到Nuke中进行显示和调节，如下图所示。

在渲染窗口中读取渲染的Pass进行观察

Nuke部分

6.2.6　读入素材

启动Nuke，看到视图中只有一个Viewer节点，如下图所示。

Nuke启动后的效果

在进行合成之前，首先需要进行工程设置，例如设置尺寸等参数。按"S"键，打开工程设置窗口，将full size format设置为HD1920*1080，如下图所示。

工程设置

按"R"键，或者使用从windows资源窗口拖拽的方式同时读取输出的3张图片，如下图所示。

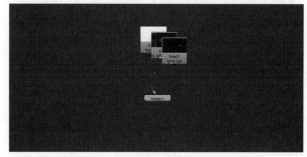

读取素材

按"L"键，对三个节点进行排列，如下图所示。

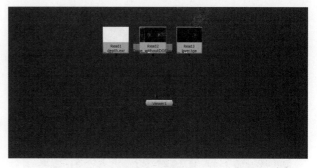

对节点进行排列

分别选中3个节点，按"N"键，将其命名为"beauty"，"Layer"，"depth"，如下图所示。

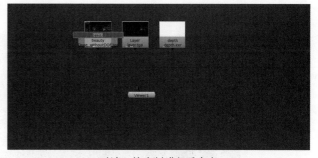

对读入的素材进行重命名

首先来检查一下读入的素材，查看beauty层和灯罩层。

6.2.7　调整素材的颜色空间

选中beauty节点，按"1"键，将其显示在viewer1中，我们发现，现在图片非常暗，和渲染结果完全不一样，这是由于使用线性流程的原因，在本书中的其他例子中，已经多次讲过其原因及解决办法，这里不再赘述，如下图所示。

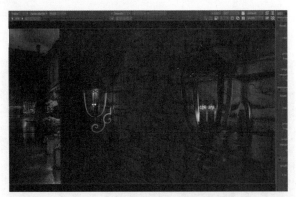

检查读入的beauty层，发现图片偏暗

再来看一下layer层，发现也是同样的原因，图片非常暗，如下图所示。

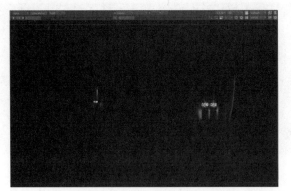

检查读入的layer层，发现图片同样偏暗

双击beauty节点，从节点的属性面板中，将colorspace修改为linear，如下图所示。

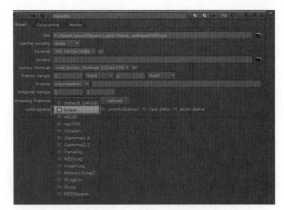

将Read节点的colorspace修改为linear

发现现在beauty层的颜色已经正常了，如下图所示。

beauty层的颜色已经正常

类似的，双击layer节点，从节点的属性面板中，将colorspace修改为linear，如下图所示。

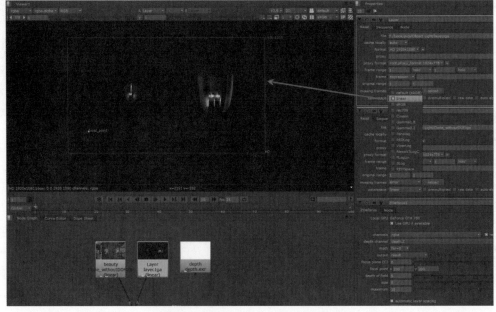

将Read节点的colorspace修改为linear

看到layer层的颜色也和渲染结果一样了，如下图所示。

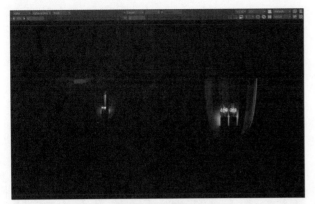

beauty层的颜色也正常了

按"A"键，继续检查layer层的Alpha通道，看到Alpha通道的效果也是正确的。

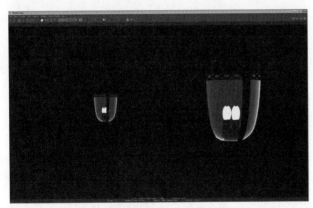

检查layer层的Alpha通道

6.2.8 景深通道设置

现在再来检查CameraDepth层。

选中depth节点，按"1"键，将其显示在viewer1中，只看到一片白色，似乎没有任何正确的信息。

看起来没有任何信息的depth层

单击工具栏上的f／8旁边的左箭头，将其数值不断缩

小，在视图中，就渐渐出现了深度的过渡渐变效果，如下图所示。

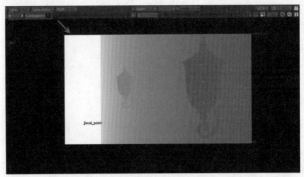

视图出现depth信息

单击f／8这个位置，将其恢复默认，这样视图又重新显示为白色，如下图所示。

将视图恢复默认

首先来制作景深效果，在Nuke7中，制作景深效果是用ZDefocus节点来操作的，注意在Nuke7之前的版本中，制作景深效果是使用ZBlur节点来操作的，在节点视图的空白区域，按"Tab"键，在出现的文字输入框中，输入zde等字样，这样凡是带有zde字符的节点都会显示出来，这里只有zdefocus一个节点，如下图所示。

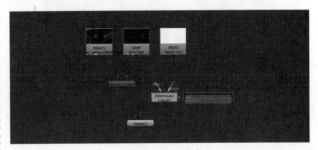

创建zdefocus节点

将beauty节点连接到zdefocus节点的image端口，将depth连接到zdefocus的filter端口，这时，在视图区域就出现了一行红色的错误文字：ZDefocus1：image input is missing depth，它的意思是说：和defocus连接的节点缺少depth信息。

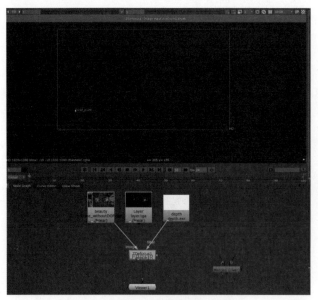

ZDefocus的连接显示错误信息

　　刚才通过nuke检查了depth信息，没有发现什么异常，辛苦制作的depth通道却不包含depth信息，这在逻辑上怎么也说不通，那到底是什么原因呢？

　　原因其实很简单，nuke默认使用depth.z来进行深度处理，如下图所示，现在的depth节点只包含rgba信息，却不包含z信息。这就是Nuke找不到depth深度信息的原因，如果通过Maya的Batch Render输出一张多pass的EXR文件，那么它的Z通道上就会包含信息，Nuke就不会报错了。既然是这样，那么如何解决呢？

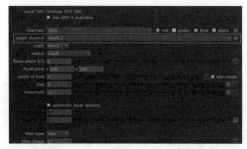

Nuke默认使用depth.z来进行深度处理

　　解决的方法也很简单，那就是使用ShuffleCopy节点来将depth节点的深度信息拷贝到Z通道上，在节点视图的空白区域，按"Tab"键，在出现的文字输入框中，输入shuf等字样，这样凡是带有shuf字符的节点都会显示出来，这里按向下的箭头选择ShuffleCopy，然后按回车或Tab键创建节点，如下图所示。

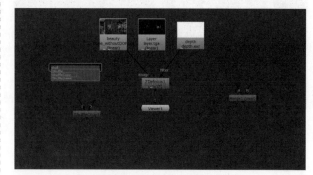

使用ShuffleCopy来传递通道信息

　　将beauty图片连接到ShuffleCopy节点的端口2上，将depth图片连接到ShuffleCopy节点的端口1上，如下图所示。

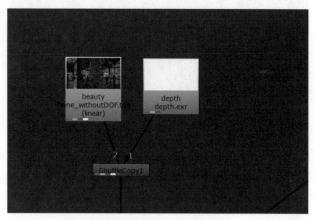

将素材和ShuffleCopy进行连接

　　首先单击2 in部分下端的none下拉列表，从中选择other layers > depth，如下图所示。

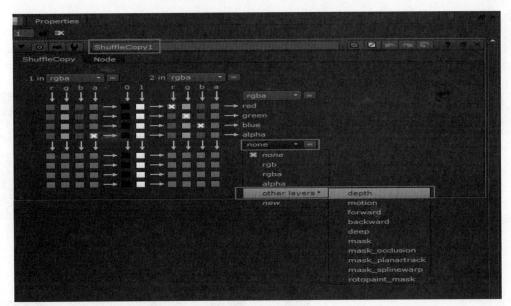

新建depth layer

单击1 in（也就是我们渲染出来的depth图片）下部的 r，就完成了通道拷贝的任务，这个操作的意思很简单，就是把2 in的rgb作为最终图像的rgb，而把1 in的r作为最终图像的depth.z进行输出，并且把1 in的a作为最终图像的Alpha进行输出，如下图所示。

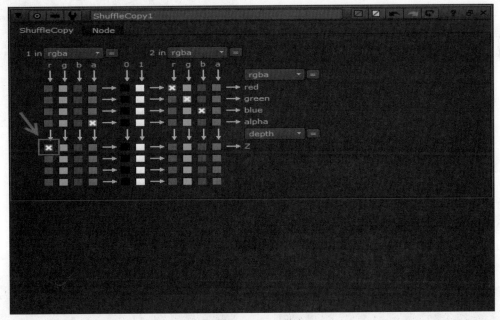

设置ShuffleCopy节点

要注意的是，这里的1 in指的是depth图像，而2 in则指的是 beauty图像。

将视图上的第1个下拉列表修改为depth，第2个下拉列表修改为none，而将第3个下拉列表修改为depth，这时将在视图中显示depth通道的红色，如下图所示。

修改显示，视图显示depth通道为红色

如果将第3个列表修改为R，那么视图将显示depth通道正常的颜色，如下图所示。

视图显示depth通道正常的颜色

现在来调节f/8，对结果进行确认检查，看到最终结果没有任何问题，这样就把depth和beauty结合在一张图片中，合成就不会有任何问题了，如下图所示。

确认检查depth没有任何问题

将视图的第1个下拉列表恢复为rgba，第2个下拉列表恢复为rgba.Alpha，第3个下拉列表恢复为RGB，单击f/8按钮的位置，将其数值进行重置，这样画面就显示出了beauty图像，如下图所示。

恢复视图显示

6.2.9 景深效果调节

现在把ZDefocus节点的filter端口和image端口都连接到ShuffleCopy上，如下图所示。

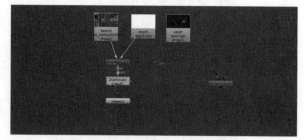

连接ZDefocus和ShuffleCopy节点

双击ZDefocus节点，在其属性编辑器中，将depth channel修改为depth.z，如下图所示。

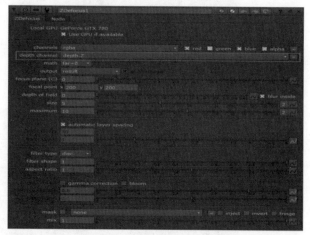

将depth channel修改为depth.z

由于图片比较大，所以经过一段时间的缓冲，画面上出现了模糊效果，但现在的感觉是对图片进行了整体模糊，看不到虚焦和焦点之间的过渡效果。仔细观察，视图中有一个名字叫做focal_point的操作手柄，从字面意义上理解，这是控制焦点的操作手柄，如下图所示。

画面上出现了整体模糊效果

选中它，将其拖动到视图中右边的路灯位置（实际上是灯泡的位置），发现视图中已经出现了由模糊到清晰的过渡效果，如下图所示。

拖动操作手柄，画面出现正确的景深效果

双击ZDefocus节点，打开其属性编辑器，我们在里面看到size和maximum两个属性，最后设置的参数值size为13.2，maximum为14.6，如下图所示。

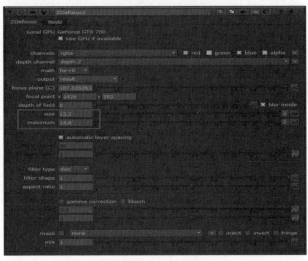

调节ZDefocus参数

这样就得到了最终的景深效果，如下图所示。

最终的景深效果

6.2.10 辉光效果调节

对于路灯等一些自发光物体来说，辉光是其不可或缺的重要效果，添加辉光，最重要的作用就是烘托气氛，为场景增加生动性。在本例中，已经把需要进行辉光处理的物体隔离了出来，并放在layer图片中，现在就使用Nuke中的glow节点来为最终效果添加辉光。

首先预览一下原始的layer节点效果，如下图所示。

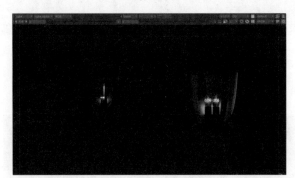

原始layer节点的效果

现在在节点操作区域，按"Tab"键，在弹出的文字输入框中输入 glow等字样，从中找到glow节点，按"Tab"键或者回车键创建节点，如下图所示。

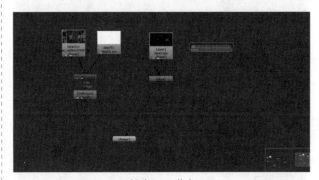

创建Glow节点

现在将Glow节点连接到Layer节点上，如下图所示。

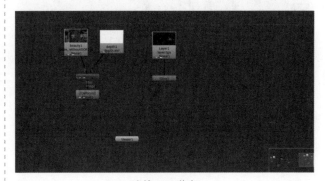

连接glow节点

双击Glow节点调整其参数，最终设置的参数brightness为1.88，size为12.5，如下图所示。

调整Glow节点参数

选中Glow节点，按"1"键，显示节点的效果，得到的结果如下图所示，看到带有辉光的效果明显要精彩生动许多。

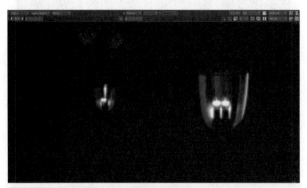

带有辉光的效果明显要精彩生动许多

现在就把带有辉光的部分和带景深的部分进行合成，首先按"M"键，创建一个Merge节点，将Glow节点连接到Merge节点的"A"端口上作为前景，将ZDefocus节点连接到Merge节点的"B"端口上作为背景，如下图所示。

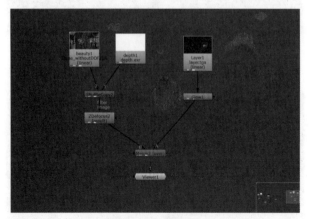

创建Merge节点进行合成

6.2.11 辉光问题解决

现在选中Merge1节点，按"1"键进行预览，得到了叠加后的效果，如下图所示。从效果上来看，有一些很明显的问题，那就是Glow节点所控制的部分有一圈明显的黑边，如下图红色箭头所指的部分。

错误的合成效果

出现这种问题的原因可能有许多种，首先来查看一下Merge节点的叠加模式，这里的叠加模式类似于Photoshop中图层的叠加模式，从图中看到，现在的混合模式是over，如下图所示。

Merge节点默认的叠加模式是over

单击over下拉列表，按上下箭头进行切换，从中选择合适的方式。

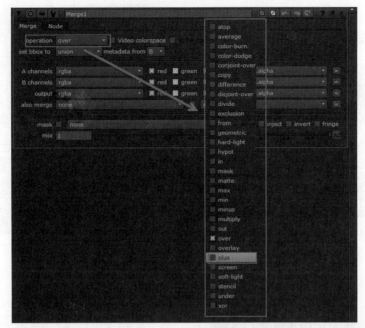

选择合适的叠加模式

对于本例来说，hypot，plus，screen，under都能得到较好的结果，挑选一种自己最喜欢的即可，这里plus和under产生几乎相同的效果，最后选用plus，效果如下图所示。

因为它能更好地保留glow的细节，以及为灯罩的外边缘也加上了一圈很亮的glow，以及远处灯泡的glow也能进行较好的加强，读者应该培养自己对细节的观察能力，这才能对自己的制作过程进行决策和指导。

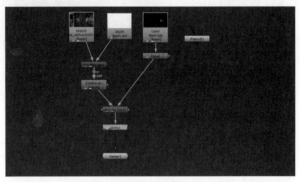

现在的节点连接

选中最终的Merge1节点，按"1"键，将最终结果显示到视图中，如下图所示。

Plus方式能体现出一些细节

现在得到的节点连接如下图所示。

显示最终结果

对于某些例子来说，没有预乘可能也是导致问题的一个原因。在Nuke中，有专门的预乘节点Premult，如下图所示。

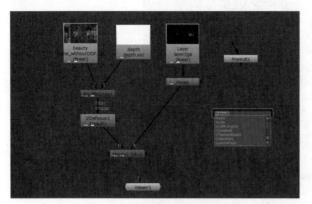

Nuke中的预乘节点Premult

也可以在导入素材的时候，使用Read节点的预乘功能，因为在read节点中，有一个premultiplied复选框可执行预乘功能，如下图所示。

也可以在导入素材的时候，使用Read节点的预乘功能

现在需要将图片输出到硬盘上，首先按"W"键，生成一个write输出节点，将其连接到Merge节点上，如下图所示。

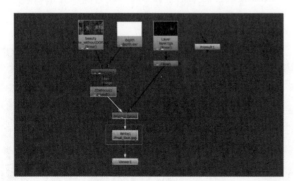

创建并连接用于输出的Write节点

双击Write节点，在其属性编辑器中，设置file为最终输出路径，设置colorspace为default（linear），file type为exr，datatype为32bit float，最后单击Render按钮进行渲染，如下图所示。

设置Write节点参数

注意，如果输出的是tga等低动态格式，需要将其colorspace设置为default（sRGB），如下图所示。

低动态格式的颜色空间选择

在弹出的Render窗口中，将时间范围设置为1-1，也就是1帧，如下图所示。

选择时间范围进行渲染

这样，路灯场景就制作完成了，最终结果如下图所示。

路灯场景制作完成

车漆材质表现

7.1 车漆（重型卡车案例）

由于汽车等交通工具是日常生产制作中较为常见的内容，使用非常频繁，而且在广告制作中，汽车广告也是非常重要的一个内容，因此，本章将对车漆材质进行详尽的剖析，以帮助读者在日后的生产过程中快速制作出高品质的车漆效果。

在本章中，首先讲述mental ray中车漆材质的基本使用方法，然后将讲述一些较为重要的内容，例如flake镀膜以及dirt污垢层的使用。通过本章的学习，车漆使用中最为重要的内容都得到了全面的讲述，读者将能够熟练使用车漆材质并自行解决后续出现的问题。

在本章的补充部分，将通过一个直升飞机的案例来讲解如何对车漆材质进行凹凸贴图，这些都是日常制作中一些非常重要的知识，但是却被较少提及，现在就让我们来学习吧。

案例的最终渲染效果如下图所示。

最终渲染效果

添加了dirt污垢层后的效果，如下图所示。

添加了dirt污垢层后的效果

分层渲染后，为背景添加了运动模糊效果，如下图所示。

为背景添加了运动模糊后的效果

7.1.1 基本设置

首先打开配套光盘中所提供的场景文件01-start.mb，看到这是一辆重型卡车的模型，之所以选择这么一个模型，是因为常规的车漆材质都是应用在普通的小轿车模型上，这个例子以及后面的直升机教学都是为了启发读者，车漆材质并不仅仅应用于小轿车，还能应用在许多范围，特别是那些带有喷漆镀膜的材质，如下图所示。

首先打开配套光盘所提供的场景文件

首先打开Outliner大纲窗口来查看一下场景中的模型部件，在Outliner中，汽车由很简洁的几个部分所组成，相同材质的模型都做了相应的合并，非常简洁。

在Outliner中观察模型

再来打开Hypershade查看一下场景中的材质，看到现在场景中几乎都是普通的phong材质，用这种材质是很难达到高品质的渲染效果，将在后面使用车漆材质来替换它们，如下图所示。

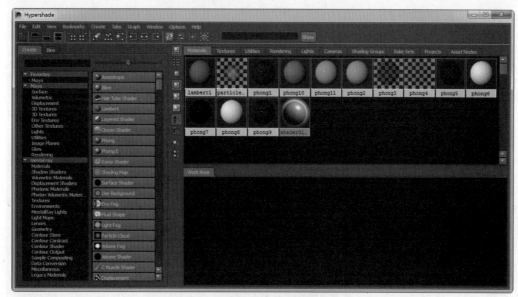

在Hypershade中观察模型材质

在Hypershade中创建两个mia_material_x建筑学材质以及一个mia_car_paint_phen_x1 shader，用它们来指定汽车上不同的部件，如下图所示。

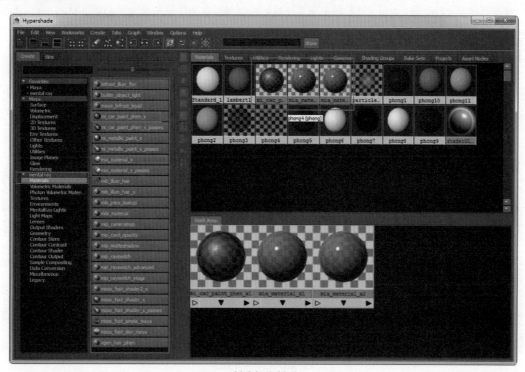

创建相应材质

分别在这3个新创建的材质上单击鼠标右键，从弹出的菜单中选择 Rename，对材质进行重新命名。在这里将mia_car_paint_phen_x1 重命名为carBody_Mat，它将应用在车身上，再将另外的两个mia_material_x材质分别命名为rope_Mat、chrome_Mat，如下图所示。

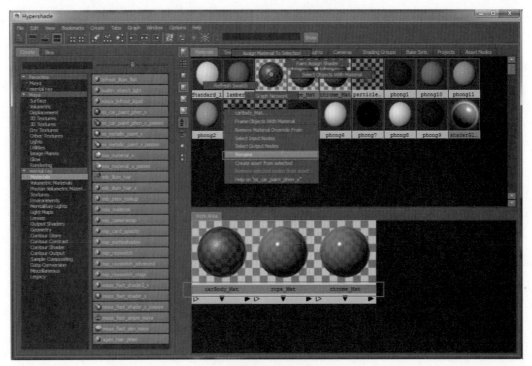

为材质进行重新命名

选中车身模型，并在carBody_Mat车漆材质上单击鼠标右键，并从弹出的菜单中选择Assign Material to Selection，这样将会把车漆材质赋予车身模型，如下图所示。

将材质指定给车身模型

同样的操作，选中车身上闪亮的部分，然后将chrome_Mat材质赋予给它。

创建材质并指定给相应的模型

最后选中轮胎模型，把rope_Mat材质赋予给它，如下图所示。

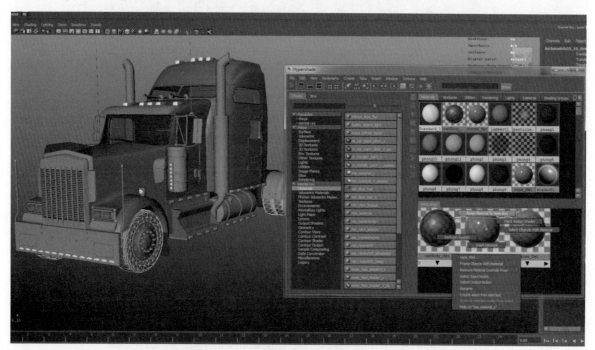

创建并指定轮胎材质

对场景进行渲染，得到的渲染结果如下图所示。现在得到了基本的渲染效果，但这个效果没有任何的光影设置，可以说非常糟糕，它只能让我们检查模型的基本结构。

基本的渲染效果用来检查模型的结构

现在就来对材质进行简单的设置，首先选中chrome_Mat材质，展开其属性编辑器，然后从Preset预设菜单中选择Chrome预设进行材质替换，如下图所示。

使用Chrome材质预设

同样，选中rope_Mat，从其属性编辑器中选择rubber材质预设进行替换，如下图所示。

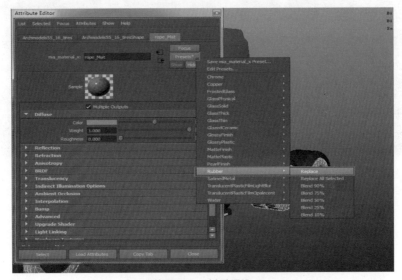

使用rubber材质预设

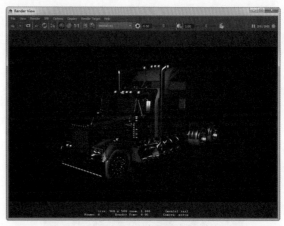

现在重新对场景进行渲染，看到场景中的材质已经有了一些改变，chrome材质在全黑的背景下，显示为黑色，如右图所示。由于灯光对后续的材质调节起了很大作用，因此现在需要来设置灯光。

材质已经有了一些改变

由于默认灯光对场景造成的负面影响比较大，需要将其关闭。打开全局渲染设置窗口，切换到Common面板，展开Render Option卷展栏，取消对Enable Default Light复选框的勾选，如下图所示。

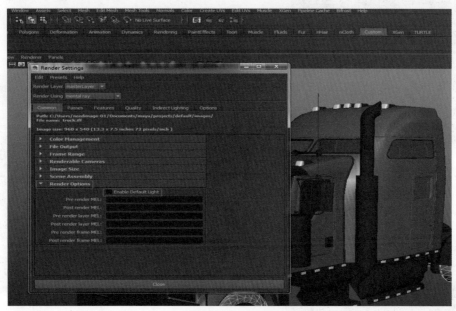

关闭场景默认灯光

为了确认默认灯光已经关闭，并且场景中没有其他光源的影响，需要对场景进行渲染。渲染后，场景一片漆黑，这就证明了灯光的确关闭了，并且场景中也没有其他灯光的影响。

但是渲染变成黑色并不代表没有问题，为了确保效果的正确，还需要对Alpha通道也进行确认，单击渲染视图窗口的Alpha图标按钮，我们的确看到Alpha通道，这就证明现在的确是没有问题了，可以放心调整灯光。

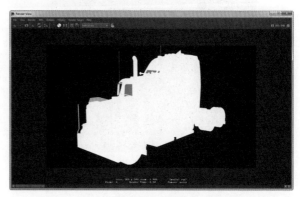

检查Alpha通道

由于HDR照明存在种种超越普通灯光的优势，因此在本书中，也大力讲解这种方法，熟练使用这种方法，可以在日常生产中为我们带来极大的效率提升，并且效果也会得到很大保证，这也是本书较多使用这种方法的原因，也希望读者能够熟练掌握。在全局渲染设置窗口中，切换到Indirect Lighting面板，展开Final Gathering卷展栏，并勾选Final Gathering复选框。展开Enviroment卷展栏，并单击Image Based Lighting旁边的Create按钮，如下图所示。

使用HDR+FG的照明方式

打开mentalrayIblShape1节点的属性编辑器，在其中指定HDR图片，由于HDR是360°的球形环境，因此需要确认Mapping方式为Spherical，如下图所示。

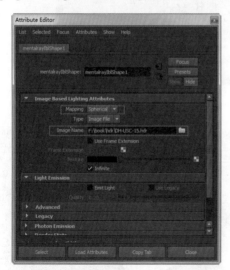

指定HDR图片

现在单击渲染按钮来对当前摄像机进行渲染，从渲染窗口看到，在渲染之前，存在一个粗略计算过程，这就是

开启的Final Gathering计算过程，它主要计算场景中的光线分布，这个过程完成后，才会开始最终的计算过程，如下图所示。

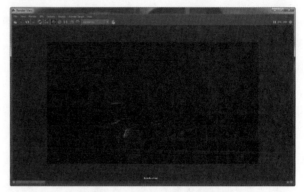

预先的Final Gathering计算过程

渲染完成后，看到当前的渲染结果非常黑暗，这是由于当前的HDR图片需要进行相应地Gamma矫正，注意现在的渲染时间非常短，如下图所示。

渲染结果非常暗

需要说明的是，在读者使用HDR图片的过程中，由于HDR的拍摄制作通常五花八门，因此有各种各样的格式和指标，例如有的HDR图片不需要进行Gamma矫正，而有的又需要，这需要读者自己在制作的过程中多加摸索，这里不能以偏概全，告诉读者一种放之天下而皆准的法则。对于本例来说，首先单击视图工具栏上的摄像机属性按钮，打开摄像机的属性编辑器，展开mental ray卷展栏，在其中找到Lens shader，如下图所示。

使用mental ray的Lens shader

找到Lens shader后，单击它旁边的棋盘格按钮，弹出创建渲染节点的窗口，找到Lens目录，单击mia_exposure_simple shader进行连接，如下图所示。

使用mia_exposure_simple shader

在弹出的**mia_exposure_simple** 属性窗口中，看到现在的Gamma数值默认为2.2，这就能确保进行正确地Gamma矫正，如下图所示。

另外，看到mia_exposure_simple 有许多参数，可以打开文档进行查询，文档对每一个参数都进行了详尽的解释，如下图所示。对于日常学习来说，查询文档是一种很好的学习方法，并且也是每个制作人员日常应该养成的习惯。

Gamma数值默认被设置为2.2

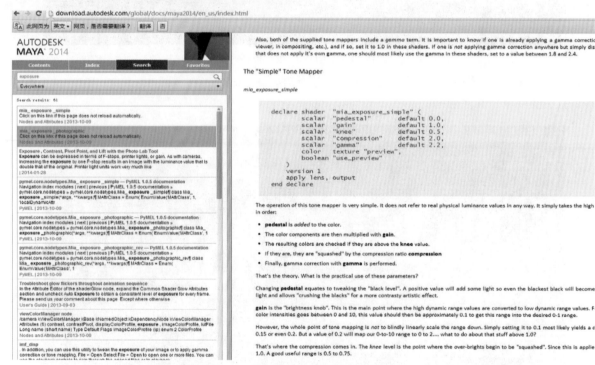

看文档查询节点参数

对场景进行渲染，看到由于Gamma节点的加入，现在就得到了较好的效果。但是不足的是，现在车窗玻璃的质感比较差，汽车前挡板的质感也不是很好，并且汽车在地面上没有阴影，汽车悬浮在场景之中，如下图所示。

渲染得到较好的效果，但存在一些问题

首先来解决车窗的材质问题，在Hypershade中创建一个mia_material_x shader，并将其命名为glass_Mat，如下图所示。

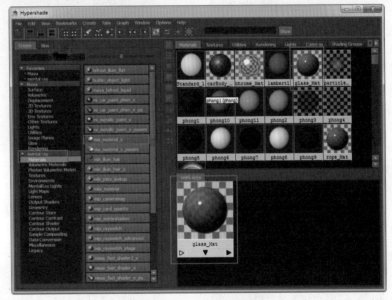

新建材质并对材质进行重新命名

然后在视图中选择车窗模型，并且在Hypershade中右键单击glass_Mat材质，从弹出的菜单中选择Assign Material to Selection，将材质指定给选择的物体，如下图所示。

将材质指定给对应模型

现在打开玻璃材质的属性编辑器，从Preset材质预设中选择GlassPhysical，如下图所示。

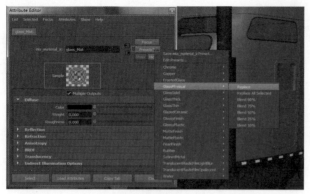

选择材质预设

现在材质已经调整完成，接下来解决地面阴影以及前挡板的问题。执行菜单Create > Polygon Primitives > Plane，创建一个多边形平面，为了方便创建，可以关闭交互性创建选项，取消对Interactive Creation的勾选，如下图所示。

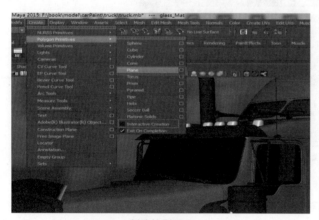

创建投影平面

将视图切换到四视图，缩放平面以进行对位，如下图所示。

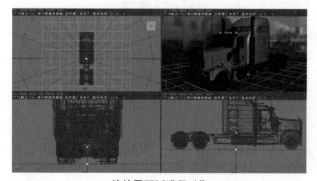

缩放平面以进行对位

将平面放置完成后，选中并单击鼠标右键，从弹出的菜单中选择：Assign New Material，为其制定一个新的材质。

弹出创建渲染节点的窗口，在其中选择Use Background，如下图所示。

使用Use Background

在弹出的useBackground属性编辑器中，把Use Background Attributes卷展栏下的所有属性滑块拉到最左边，如下图所示。

设置shader参数

重新对场景进行渲染，得到的渲染结果如下图所示。看到现在的渲染效果得到了明显的改善，前面所提高的问题都得到了解决，渲染时间为17秒，仍然保持在一个很合理的范围。

读者可以看到，我们并没有付出太多的努力就得到了非常不错的效果，但是请注意，车漆材质本身的参数较多，调节起来也比较复杂，单独某个材质的调节失误可能影响材质整体的效果，而现在只是使用了材质的默认效果，并没有单独调节材质得到想要的自定义效果，比如想要改变汽车的颜色，那该怎么办？另外从学习的角度来说，知其然还要知其所以然，因此有必要对车漆材质本身做一个详尽的剖析。

渲染效果得到了明显的改善

在开始讲解车漆材质之前，先简单讲解一下金属拉丝材质的制作。首先选中相应的模型，为其指定一个新的mia_material_x材质，展开材质的属性编辑器，从Preset预设菜单中选择StainedMetal预设，如下图所示。

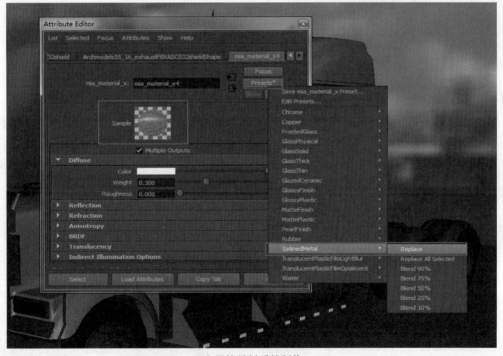

金属拉丝材质的制作

现在对场景进行渲染，得到的渲染结果如下图所示，看到默认的预设已经产生了非常好的拉丝金属效果。

默认的预设已经产生了非常好的拉丝金属效果

但是对于某些模型来说，默认的拉丝金属可能会生成错误的拉丝方向，这个时候就需要调节Anisotropy卷展栏下的相应属性，最主要的就是Anisotropy和Rotation属性，如下图所示。

默认的拉丝金属可能会生成错误的拉丝方向

另外，由于金属是一种模糊反射，过低的采样数值可能会产生很多的噪点，这个时候就需要提高Reflection卷展栏下的Glossy Samples参数值来得到平滑效果，例如在这里给了16的初始参数值，如下图所示。如果在后续渲染的过程中，噪点不能得到明显的控制，那么就需要继续提高这个数值。

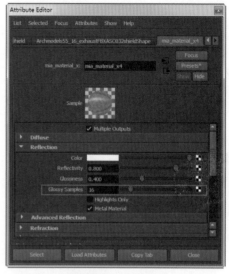

提高数值来控制噪点

7.1.2 车漆材质讲解

现在就来讲述车漆材质一些关键参数的含义，首先打开车漆材质的属性编辑器，由于这个材质参数比较多，因此其属性编辑器整个也比较长，所以可能一页显示不完全，分成两页进行显示，第一页是Diffuse（漫反射参数组）和Specular（高光参数组），如下图所示。

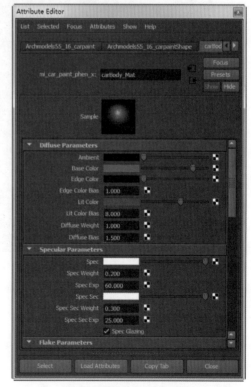

Diffuse和Specular参数组

材质属性的另外一部分，分别是Flake（电镀层参数组）参数组、Reflection（反射参数组）、Dirt（污垢参数组）、Advanced（高级控制参数组），如下图所示。

保存场景文件

为了对车漆材质的参数组做一个详细的说明，并且也能清楚地看到车漆材质的结构，需要将所有的材质参数组卷展栏进行折叠，如下图所示。

材质属性的另外一部分

从上面的分组情况看，车漆材质整个的逻辑分组还是比较明确的，但是由于其参数细分的非常多，含义很晦涩，因此控制起来还是比较复杂，有一定难度。

对于上面的阶段性成果，最好将其进行保存，经常对场景进行保存也是一种比较好的习惯，可以有效地减少在场景制作中出现的一些突发性情况，例如停电、软件没有响应等等。在这里执行菜单File > Save as，将文件保存为temp.mb，如下图所示。

车漆材质

现在对各个参数着做一个简要的说明。

- **Diffuse**：漫反射参数组，用于控制基本的颜色；
- **Specular**：高光参数组，用于控制车漆高光；
- **Flake**：镀膜层参数组，用于控制车漆上的金属镀膜薄片层；
- **Reflection**：反射参数组，用于控制环境反射；
- **Dirt**：污垢参数组，用于生成泥垢、油漆脱落、油渍、灰尘效果；
- **Advanced**：一些额外的控制参数，主要用于控制各种亮度及其所受影响程度。

现在就来讲解Diffuse参数组，为了减少其他参数的影响，暂时将Specular Parameters－Spec、Flake Parameters－Flake Color、Reflection Parameters－Reflection Color3个颜色参数进行关闭，如下图所示。

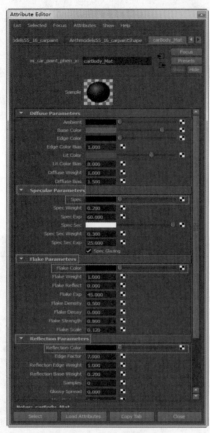

将干扰的颜色参数关闭

现在对场景进行渲染，得到的渲染结果如下图所示。从渲染结果上看到，现在汽车只有一个基本的材质效果，类似于Maya自带的lambert的材质效果。

基本的材质效果类似于Maya自带的lambert材质

在Diffuse Parameters参数组下面，将Base Color参数的颜色改变成一个蓝色HSV（226.780，0.983，0.471），如下图所示。

设置Base Color颜色

现在对场景进行渲染，看到汽车的基本颜色已经发生了变化，从这里看到使用的是Base Color这个参数来控制车漆材质的基本颜色，如下图所示。

汽车的基本颜色已经发生了变化

继续改变其他参数，将Edge Color参数设置为一个纯白色，并进行渲染，我们看到现在得到了一种蓝色的底色混合白色的效果，如下图所示。

改变Edge Color颜色

这个参数如果从字面意思上说，控制的是模型的边缘颜色，虽然理解起来很简单，但是要从模型渲染结果上看出这个参数的作用并不是太容易，可以使用一些辅助物体来帮助理解。执行菜单Create > Polygon Primitives > Sphere，创建一个简单的多边形球体。

将这个球体缩放并放置在汽车的旁边，然后为其指定汽车模型上使用的车漆材质carBody_Mat，如下图所示。

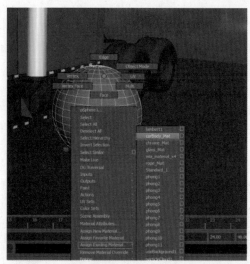

为辅助物体指定车漆材质

对场景进行渲染，现在就能很清楚地看到Edge Color这个参数所起的作用。在球体上，蓝色是底层颜色，其上层有一层白色的颜色，它由边缘到中心逐渐减弱，如下图所示。

从辅助物体上清楚地看到Edge Color参数所起的作用

那么这个减弱的幅度，也就是减弱的快慢，或者说是渐变的快慢是由什么参数来控制的呢？将下面的Edge Color Bias参数进行缩小，将其设置为0.190（默认数值是1.000），重新对场景进行渲染，看到现在边缘白色减弱的速度非常快，如下图所示。

调整Edge Color Bias参数

现在将Edge Color参数设置为黑色，Edge Color参数设置为1.000，也就是将两个参数恢复默认数值，再将LitColor参数设置为红色，为了观察方便，将Lit Color Bias参数设置为8.000。对场景进行渲染，从渲染结果上看，没有看到任何红色，那么这个参数到底控制的是什么呢？

LitColor参数颜色并没有生效

其实这个参数控制的是迎光面的漫反射颜色，因此这个参数如果要起作用，就需要使用一盏真实的灯光。打开全局渲染设置窗口，展开Common面板，看到Render Options卷展栏下的Enable Default Light参数已经被关闭了，如下图所示。回顾之前的操作，可以发现现在场景中并没有一盏真实的灯光，我们仅仅是用HDR配合FG对场景进行图片照明，既然没有灯光，那么LitColor这个参数也就不会起作用。值得注意的是，如果没有灯光，不但LitColor，后面的Flake电镀层等参数也不会起作用。

场景中并没有灯光

因此下面的操作就是创建一盏灯光，执行菜单Create > Lights > Directional Light，创建一盏平行光源。

为了观察方便，将其进行缩放并摆放到汽车附近，最后旋转到一个合适的、方便观察的角度，如下图所示。请注意，对于平行光源来说，其尺寸位置对最后的渲染结果都没有影响，它只有旋转数值会影响到最后渲染结果，如下图所示。

对灯光进行变换调整

现在对场景进行渲染，在渲染结果中清晰地看到了红色，这就清晰地说明了这个参数所起的作用，它会将迎光面的漫反射颜色设置成参数的颜色。但是请注意，这个颜色并不等同于高光，这仅仅只是一种漫反射颜色，它是最底层的颜色，其他的颜色层将会覆盖在它的上面。对于漫反射层来说，其基本色、边缘色、迎光面的颜色都有了控制选项，这样就会产生很多样丰富的效果，如下图所示。

LitColor参数的作用显现出来了

从下面的这一张图，再仔细看一下各个参数所起的作用。

各个参数所起的作用

请读者记住，灯光影响的不仅仅是Lit Color参数，它还会影响到Flake电镀层参数，如下图所示。如果读者想要制作Lit Color和Flake效果，一定要使用真实的灯光。

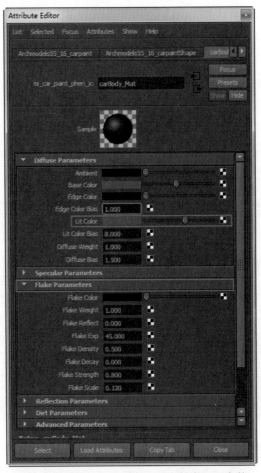

灯光不仅影响Lit Color参数，还会影响Flake参数

　　刚才是为了让演示效果更加明显，将Lit Color设置为了红色，但是现在应该考虑如何将最终结果变得更加真实。为了得到更加真实的效果，应该如何设置Lit Color的颜色呢？这里可以进行分析：首先Lit Color位于Diffuse Color参数组下面，它和Edge Color一样是一种漫反射颜色，并不是什么高光颜色，但它又是迎光面的颜色，那么在灯光的照射下，漫反射颜色自然会变浅，从这个角度就非常容易理解应该如何设置Lit Color。只需要设置一个浅色的Diffuse Color版本就可以了，在这个例子中我们单击Lit Color的色块，在弹出的取色器中，设置其颜色为HSV（219.000，0.769，1.000），如下图所示。

Lit Color是Diffuse Color参数的浅色版本

　　现在重新来设置一下灯光，缩放视图，直至看到整个HDR球，在球体上找到最亮的太阳位置，然后将平行光源旋转到这个位置上，让它来模拟阳光，如下图所示。

让灯光来模拟阳光

切换一个视角进行观察平行光的方向。

切换一个视角

从这个视角上，打开灯光的属性编辑器，单击Color参数旁边的色块，在弹出的取色器中单击吸管按钮，然后在HDR最亮的位置进行单击，得到一个颜色，这个颜色为HSV（0.667，0.690，0.714），如下图所示。

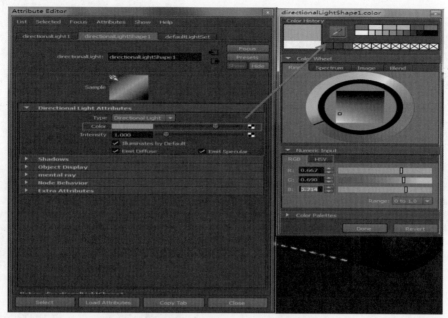

对HDR球体进行颜色取值作为灯光颜色

现在对场景进行渲染，得到的渲染结果如下图所示.从图中看现在的Diffuse层得到了富有层次的渲染效果，相对于Lambert那种很单一的感觉来说，这种颜色的分布明显更加丰富。

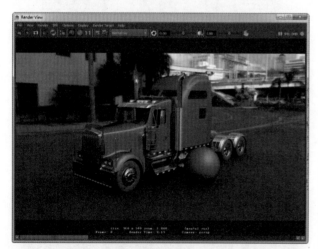

现在的颜色分布更加丰富

现在再来设置一下灯光参数，打开灯光的属性编辑器，将Intensity参数值降低为0.800。由于已经使用HDR对场景进行照明，因此不想让新添加的灯光影响到场景的照明，只想让它影响高光，因此取消对Emit Diffuse复选框的勾选，最后确认勾选了Use Ray Trace Shadows复选框，如右图所示。

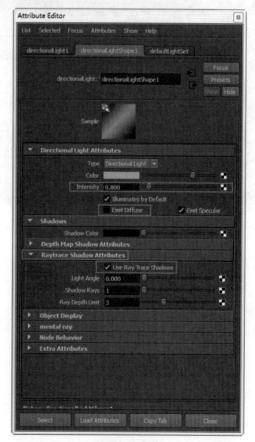

设置灯光参数

现在重新对场景进行渲染，得到的渲染结果如下图所示。

重新对场景进行渲染

对比之前的渲染结果，发现现在的渲染细节无疑要更为丰富，如下图所示。

之前的渲染效果

现在就来看一下打开了高光和反射后的效果。展开车漆材质的属性编辑器，将其中的Specular Parameters－Spec、Refelction Parameters－Reflection Color设置为白色，如下图所示。

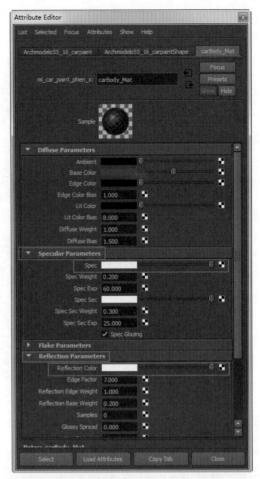

打开高光和反射

现在对场景进行渲染，得到的渲染结果如下图所示。看到结合了高光和反射后的效果非常不错，这样就成功地为汽车更换了颜色。

结合了高光和反射后的效果

7.1.3 设置金属镀膜

对于汽车等镀膜物体来说，它的表面镀上了一层金属烤漆，可能在其他许多教学中没有太强调这层介质，但是现实生活中这层镀膜随处可见，因此它对于提高作品的真实性具有至关重要的作用。

首先通过下面的一组图片来看一下这层镀膜是什么样子的。

太阳光下的金属镀膜

打开以后的镀膜材料，如下图所示。

镀膜材料1

另外一种镀膜材料，如下图所示。

镀膜材料2

罐装的零售镀膜材料，如下图所示。

零售的罐装镀膜材料

喷漆工艺，如下图所示。

喷漆工艺

有了上面的一些感性认识，就可以大概理解和想象出最后需要实现的效果，例如在下面的图片中，大家可以比较，添加了镀膜效果和没有添加镀膜效果的区别，无疑是右边添加了镀膜效果的渲染要更加真实可信，如下图所示。

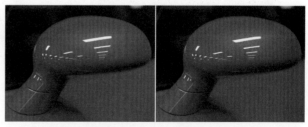

添加了镀膜效果和没有添加镀膜效果的比较

首先在Flake Parameters参数组下将Flake Color参数设置为纯白色，然后对场景进行渲染，从渲染结果上没有看出明显的区别，如下图所示。

Flake Color参数设置为纯白色后看不出变化

为了得到更加醒目的效果,需要将Flake Color参数设置为红色,然后对场景进行渲染,从渲染结果上看出了淡淡的红色,如下图所示。

Flake Color参数设置为红色后渲染结果出现了红色

出于演示的目的,为了使效果更加明显,将Flake Weight参数值设置为20.000,并对场景进行渲染,现在就看到了明显的红色,如下图所示。

增大Flake Weight参数值，Flake效果变强

　　拉近摄像机，并重新渲染进行观察，从渲染结果上非常明显地看到了车漆材质的外观，这和之前所看到的实物照片是很类似的，如下图所示。

拉近摄像机渲染

现在将Flake Scale参数设置为0.600，并进行渲染，看到现在的镀膜颗粒明显变大，如下图所示。

增大Flake Scale参数，镀膜颗粒变大

请读者记住，Flake对于最终效果具有非常明显的影响，而且Flake的生效和Lit Color一样，需要场景中有真实的灯光。

7.1.4 设置污垢层

现在就来讲解Dirt污垢层的使用方法，首先展开Dirt Parameters参数组，看到这个参数组下面的参数非常简单，其中Dirt Color参数用来控制污垢的颜色，而Dirt Weight参数则用来控制污垢的强烈程度，也可以对其进行贴图，使用黑白贴图来控制污垢出现的位置，在这里保持Dirt Color参数为默认颜色，单击Dirt Weight参数右边的棋盘格按钮，弹出创建渲染节点的窗口，从中选择Maya－3D Textures目录下的Solid Fractal，使用3D贴图的作用在于它不需要使用物体UV的坐标系，如下图所示。

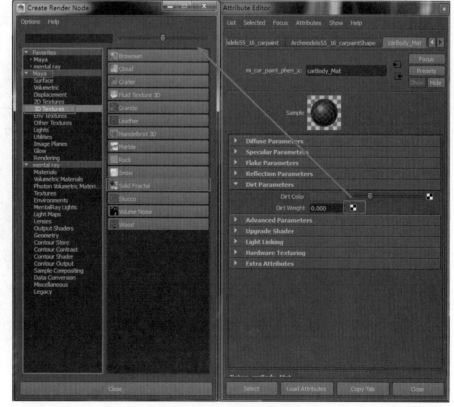

为Dirt Weight参数进行贴图

单击创建Solid Fractal Shader后，将会弹出Solid Fractal Shader的属性编辑器，如下图所示，先保持默认参数。

Solid Fractal Shader被用于创建随机的污垢灰尘效果

对场景进行渲染，得到的渲染结果如下图所示，看到现在得到了非常怪异的效果，因此需要检查一下Solid Fractal Shader的参数。

得到了不自然的效果

首先选中Solid Fractal的Place3DTexture放置坐标节点，看到其下的Scale参数为（1.000，1.000，1.000），这对于场景来说实在是太小了，这从视图和汽车的比例也能看出来，如下图所示。

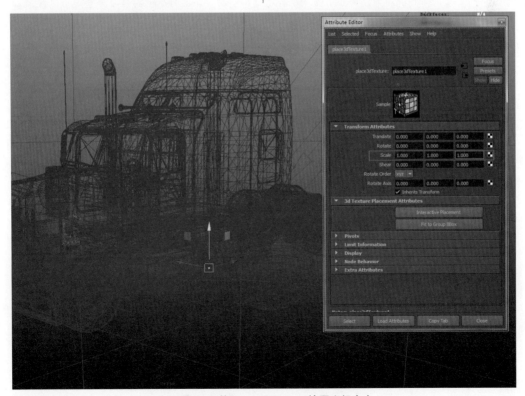

Solid Fractal的Place3DTexture放置坐标太小

现在将Scale参数扩大为（30.000，30.000，30.000），如下图所示。

增大Scale参数

现在对场景进行渲染，得到的渲染结果如下图所示。从结果上看，污垢分布已经有了一些随机的效果，看起来相对比较自然了，但现在污垢的分布面似乎较大，需要更改。

污垢分布已经有了一些随机的效果

继续打开Dirt Parameters参数组，看到现在Dirt Color设置的数值是HSV（0.000，0.000，0.300），这对于场景来说，似乎过亮了一些，如下图所示。

Dirt Color参数过亮是导致结果不真实的主要原因

　　值得注意的是，Dirt Color是一个敏感的参数，一次较小的调节都可能会产生迥异的效果，并且这个参数也能控制Dirt污垢的有无，这是由于在Dirt Color设置为0的时候，也就没有了污垢，因此可以将它和下面的Dirt Weight参数配合使用，在这里将这个参数的颜色设置为HSV（0.000，0.000，0.068），如下图所示。

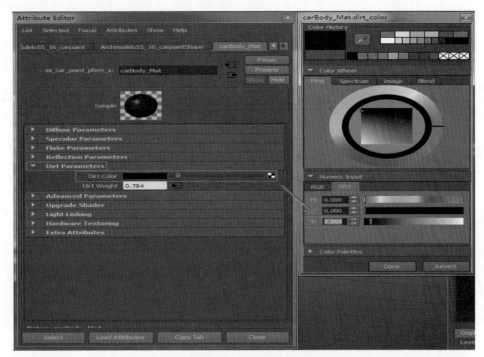

降低Dirt Color参数的数值

　　现在对场景进行渲染，得到的渲染结果如下图所示。单纯从污垢的角度来说，现在得到的污垢灰尘效果比较自然，但是从整体效果上来说，现在的Flake以及高光反射似乎显得过强。

307

调整Dirt Color参数指数后的渲染结果

继续打开车漆材质的属性编辑器，将Specular Parameters – Spec从纯白色降低为一个较灰的颜色，将 Flake Parameters – Flake Weight还原为原来的1.000，将 Reflection Parameters – Reflection Color从纯白色降低为一个较灰的颜色，如右图所示。

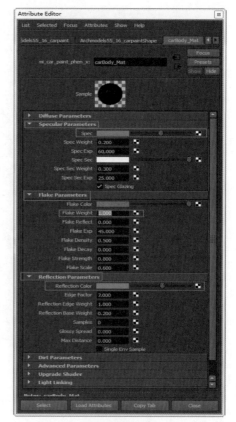

修改车漆材质

对场景进行渲染，得到的渲染结果如下图所示。看到现在的效果就非常自然了，通过上面的各种操作，最终将一辆崭新的汽车变成了灰迹斑斑的汽车，出于演示的目的，将这种效果称之为 "不错" 了。如果读者感兴趣，可以自己调节其他的一些参数，例如高光、反射，使它们更自然地配合Dirt参数，从而达到更为真实的效果。

现在的效果比较自然

在这里还要继续强调一下线性流程方面的问题，由于在本案例中使用了Gamma矫正以及线性流程，因此需要确保我们的贴图、颜色都进行了相应的Gamma矫正。由于案例并不涉及贴图，因此只需要考虑颜色的矫正，例如单击Base Color旁边的棋盘格按钮，从弹出的窗口中选择Maya – Utilities（实用程序）– Gamma Correct，如下图所示。

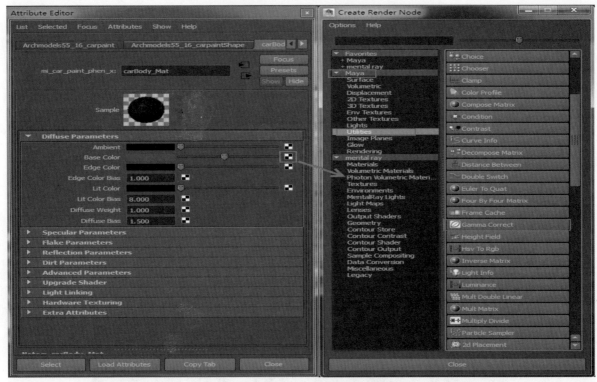

创建Gamma Correct节点

单击生成后，将其中的参数颜色设置为之前的Base Color的颜色，而将下面的Gamma参数值全部设置为（0.454，0.454，0.454），如下图所示。

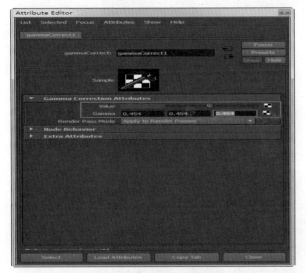

设置Gamma Correct节点

重新对场景进行渲染，现在得到的颜色才是设置的真实颜色，如下图所示。并且需要确认场景中所有进行颜色更改的地方都进行了相应的Gamma矫正，出于演示的目的，这里就不再操作和赘述。

进行了颜色Gamma矫正以后的卡车效果

7.1.5 设置背景

由于汽车是运动的，因此想要为它设置一个运动模糊效果，但渲染的是单帧图片，如果模糊的话，那么汽车和背景都是模糊的。我们经常在一些户外广告中看到前景的主体物体是清晰的，而背景是模糊的，这有助于在静态的展示中突出前景主体，弱化背景，现在就来模拟这种效果。

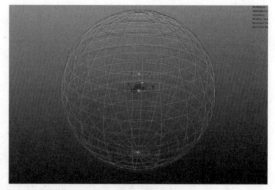

首先在Maya中执行菜单Create > Polygon Primitives > Sphere，创建一个多边形球体。

按"R"键，将这个球体缩放到类似于mentalray的IBL球体的大小，如右图所示。

缩放球体

然后为这个球体指定一个Surface Shader，如下图所示。

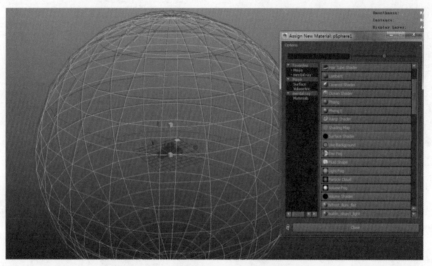

为这个球体指定Surface Shader

在Surface Shader的属性编辑器中，为其指定一个File文件贴图，如下图所示。

为Surface Shader指定File文件贴图

文件贴图选择之前的HDR照明图片，如下图所示。

文件贴图选择之前的HDR图片

选择HDR文件贴图后，发现视图非常模糊，无法看清楚背景贴图，如下图所示，这给操作对位带来了很大的困难，现在就来解决这个问题。

视图显示非常模糊

打开SurfaceShader的属性编辑器，展开其中的Hardware Texturing卷展栏，并将其中的Textured Channel设置为Out Color，如下图所示。通过上面的设置就能很清楚地看到背景贴图的纹理。

为Textured Channel设置Out Color参数

但现在的角度并不是想要的，因此对其进行旋转。

旋转背景球体

最后得到的效果如下图所示。

旋转后的位置

最终得到的球体旋转数值RotateY为－110.976，如下图所示。

最终得到的球体旋转数值

现在选中IBL球体，打开其属性编辑器，展开Render Stats卷展栏，取消对Primary Visibility的勾选，这样IBL球体就只提供照明，而不出现在最终的渲染结果中，最终的背景由手动创建的多边形球体来提供，如下图所示。

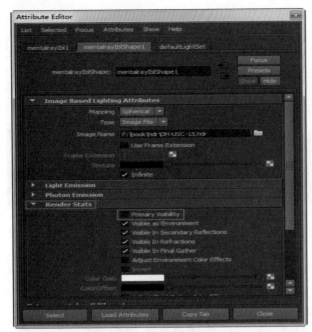

IBL球体只提供照明，不出现在最终的渲染结果中

现在对场景进行渲染，得到的渲染结果如下图所示。看到手动创建的背景已经生效，但是地面却出现了整块的黑色。

手动创建的背景已经生效，但是地面出现了整块的黑色

出现这种问题的原因可能在于UseBackground和Surface Shader不能共同作用，处理的方法也非常简单，将手动创建的多边形球体进行隐藏，并渲染最终场景。由于在前面已

经将IBL设置为"只提供照明，但不出现在最终的渲染图像中"，因此现在的背景是空白的，如下图所示。

将手动创建的多边形球体进行隐藏并渲染

单击图片的Alpha通道进行观察，发现背景的确是空白透明的，并且正确渲染出了模型的阴影，如下图所示。

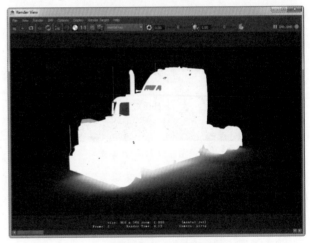

检查图片的Alpha通道

在渲染窗口中执行菜单File >Save Image，将这张图片保存为硬盘上的图片文件。

再选择手动创建的多边形球体，对其进行移动并设置相应的动画关键帧，这样球体将产生一个向后的动画，这是由于以汽车为参照物，汽车不动的话，背景就是向后运动的，如下图所示。

为球体设置相应的关键帧动画

如果在设置背景动画的过程中，没有参考物体，那么可以把汽车模型显示出来，以它为参考就能准确地设置背景动画，如下图所示。

渲染效果

现在就来打开场景的运动模糊，打开全局渲染设置窗口，切换到Quality选项卡，展开下面的Motion Blur卷展栏，将Motion Blur参数设置为Full，如下图所示。

打开场景的运动模糊

隐藏汽车和地面模型，单独对背景进行渲染，得到的渲染结果如下图所示，看到运动模糊已经起作用了。

单独对背景进行渲染，运动模糊已经起作用了。

但感觉现在的运动模糊程度有点弱，因此展开Motion Blur Optimization卷展栏，将Motion Blur By参数设置为1.500，如下图所示。

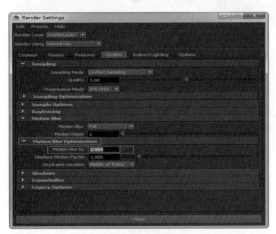

增大运动模糊强度

现在对场景进行渲染，看到现在背景得到了正确的模糊效果，如下图所示。

背景得到了正确的模糊效果

但是从渲染结果看，运动模糊颗粒感较强，精度较低，如下图所示。

运动模糊颗粒感较强，精度较低

继续打开全局渲染设置窗口，切换到Quality面板，将Sampling卷展栏下的Quality参数设置为3.00，如下图所示。

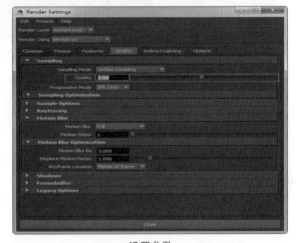

设置参数

重新对场景进行渲染，我们现在就得到了平滑的运动模糊效果，如下图所示。

平滑的运动模糊效果

同样执行菜单File > Save Image，将这张图片进行保存。

7.1.6　简单的后期合成

现在对这两张图片进行合成，首先打开Photoshop软件，读入之前保存的两张图片，切换到汽车层，打开Channels面板，按Ctrl键，单击Alpha1通道，选中Alpha1通道中的内容。

切换到Layer1面板，选中汽车模型，如下图所示。

选中了汽车层

按"V"键，将其拖拽到背景图层上，这样就得到了两个图层合并后的效果，如下图所示。从最后得到的效果来看，整体还是比较不错，但是这个效果无论从材质还是其他方面都还有很大的调整余地，例如在这里，可以选择车轮模型，对其进行动画，这样得到的运动模糊效果就更加真实，在这里就不再操作和赘述了。

合成效果

7.2　车漆（直升机案例）

通过上面的案例讲解，我们对车漆材质有了一个较深的了解，但是仍然遗留了两个重要的问题：

（1）贴图

总的来说，车漆材质整体比较复杂，带有color字样、能贴图的参数很多，并且相互作用，而且参数含义很晦涩，这就使得初学者要掌握起来还是有一定难度，所以，在哪贴图，如何贴图才能有好的效果就成为一个不是问题的问题。

另外，车漆贴图又有很大的意义，从变形金刚中擎天柱身上五彩斑斓的红蓝矢量图案我们就能发现车漆贴图的重要性。

变形金刚中擎天柱身上五彩斑斓的红蓝矢量图案

对于这个问题，我们将在制作过程中予与解决。

（2）凹凸

对于mia_car_paint_phen_x shader及其他车漆材质来说，不管是出于哪种原因，都遗漏了凹凸这个重要的环节，这让作品的真实性打了一个折扣，下面就通过一些方法来解决这个问题。

首先看一下没有凹凸的车漆效果，如下图所示。

没有凹凸的车漆效果

看一下有凹凸的车漆效果，如下图所示，区别非常明显，那么我们如何解决这个问题呢？

带有凹凸的车漆效果

7.2.1 场景设置

首先从配套光盘中找到01-start.mb这个文件，打开它，看到这是一个标准的贝尔直升机模型，如下图所示。

从配套光盘中打开文件

打开outliner大纲窗口和Hypershade材质编辑器进行观察，看到模型的结构非常简单，材质组成上也仅仅只由基本的phong材质所组成，如下图所示。

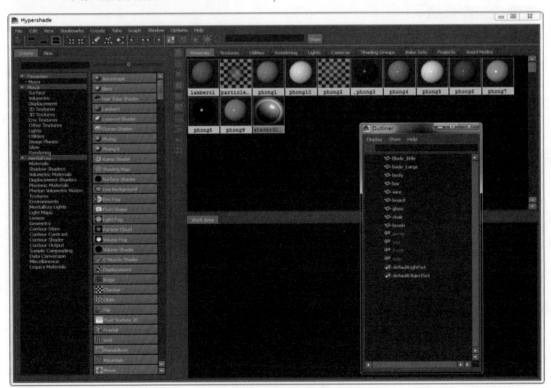

模型和材质都非常简单

首先选中直升机的外壳模型，在其上单击鼠标右键，从弹出的菜单中选择Assign New Material，为其指定一个新的材质从弹出的窗口中，选择mia_car_paint_phen_x这个shader，如下图所示。

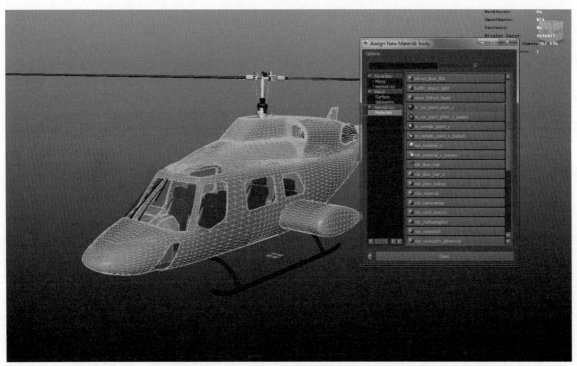

为直升机的外壳模型指定mia_car_paint_phen_x

接下来选中飞机的起落架，同样为其指定另一个新的材质，在这里选择**mia_material_x**，如下图所示。

为飞机的起落架指定mia_material_x

同样选中窗户模型，也为其指定一个**mia_material_x**，如下图所示。

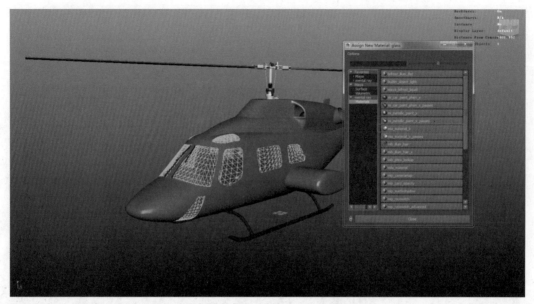

为飞机的窗户模型指定mia_material_x

完成了材质的基本指定，现在就需要为材质指定贴图，从上一节的教学中看到，车漆材质的基本颜色是由Base Color参数所控制的，因此单击Base Color参数的棋盘格按钮，从打开的窗口中选择File文件贴图，如下图所示。

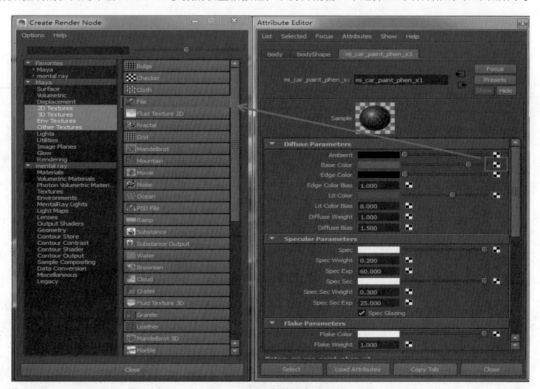

为Base Color参数指定贴图

在文件贴图中，选择配套光盘所提供的贴图文件diff.jpg，如下图所示。

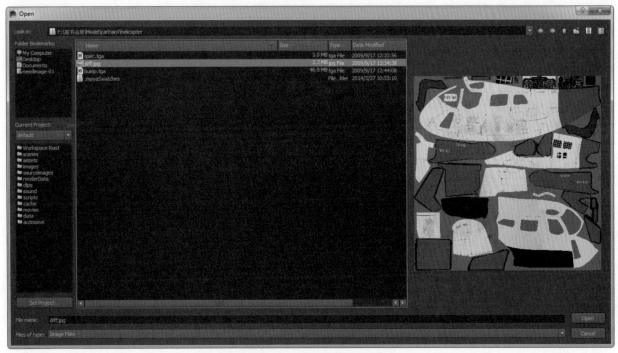

选择配套光盘所提供的颜色贴图文件

继续展开Specular Parameters卷展栏，为其Spec参数进行贴图，如下图所示。

现在带贴图的属性编辑器如下图所示。

为Spec参数贴图

在文件贴图中，选择配套光盘所提供的贴图文件spec.tga。

现在带贴图的参数

选中窗户模型，展开其材质的属性编辑器，单击Preset预设菜单，从中选择GlassPhysical进行替换，如下图所示。

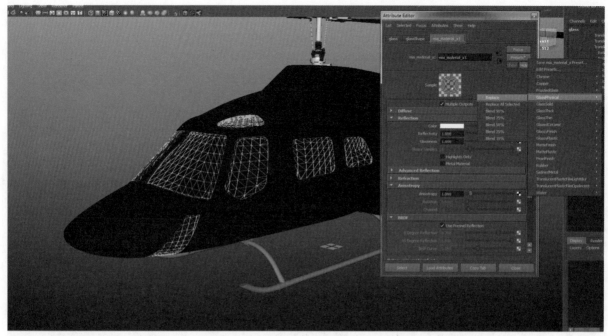

设置窗户材质

选择飞机的起落架，想要制作的是一种拉丝金属效果，因此同样展开其材质的属性编辑器，将其中的Anisotropy－Anisotropy 参数设置为0.100，BRDF－0 Degree Reflection参数设置为0.838，这样无论从哪个方向看，金属都具有较强的反射，最后将Reflection－Glossiness参数设置为0.644，如下图所示。

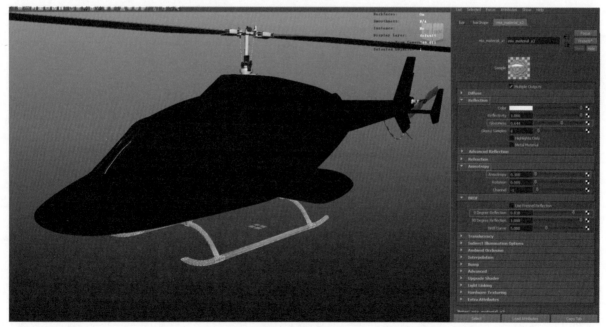

设置起落架材质

继续使用线性流程对场景进行照明，打开全局渲染设置窗口，关闭场景默认灯光，如下图所示。

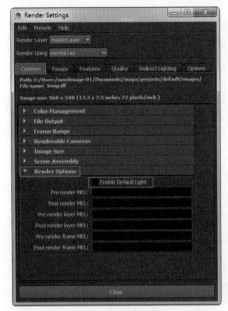

关闭场景默认灯光

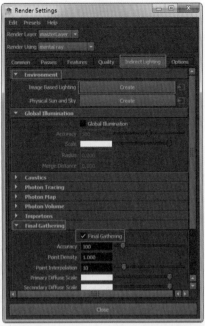

使用HDR+Final Gathering的间接照明方案

切换到Indirect Lighting选项卡，勾选其中的Final Gathering复选框，并单击Image Based Lighting按钮旁边的Create按钮来创建IBL照明节点，如下图所示。

从弹出的节点对话框中，选择一张配套光盘所提供的HDR图片，并确认Mapping方式为Spherical，如下图所示。

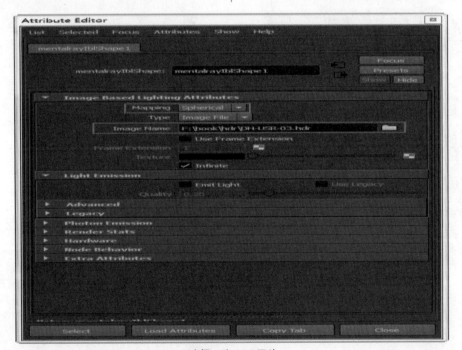

选择一张HDR图片

展开摄像机的属性编辑器，在mental ray – Lens Shader参数下，为其指定一个mia_exposure_simple，如下图所示。

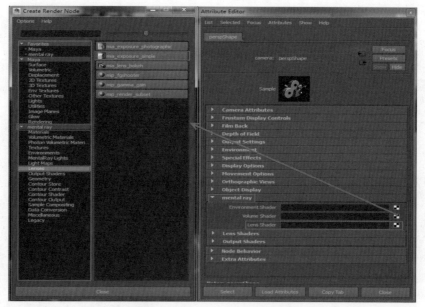

为摄像机指定mia_exposure_simple

从弹出的窗口中，需要确认Gamma数值是2.2，如下图所示。

确认Gamma数值是2.2

现在对场景进行渲染，得到的渲染结果如下图所示，从渲染结果上看，缺乏地面投影物体，现在的模型"悬浮"在场景之中，仅仅得到基本的照明效果。

基本的照明效果

需要创建一个多边形平面来作为地面投影物体，如下图所示。

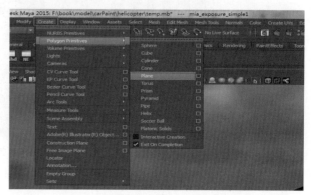

创建一个多边形平面来作为地面投影物体

并且按照上面的步骤，为这个平面指定一个Use Background节点，如下图所示。

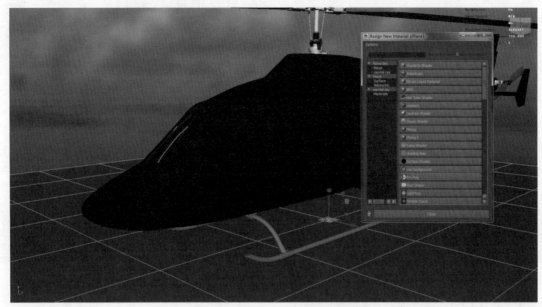

为平面指定一个Use Background节点

同样，将Use Background Attributes卷展栏下的所有参数设置为0，如下图所示。

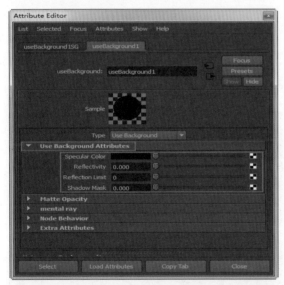

将Use Background Attributes卷展栏下的所有参数设置为0

现在对场景进行渲染，得到了正确的效果。

现在得到了正确的效果

但是现在的渲染结果有一些暗，需要将HDR的照明效果进行加强。在Maya 2015中，对HDR照明强度的调节和之前的版本有一些区别，首先在全局渲染设置窗口中单击Image Based Lighting旁边的链接按钮，然后进入mentalrayIblShape1节点设置窗口，在其中需要勾选Light Emission卷展栏下的Emit Light复选框，这样Advanced卷展栏下的Color Gain参数才变得可用，单击Color Gain参数的色块，在弹出的取色器中，将HSV中的V数值设置为2.000，如下图所示。

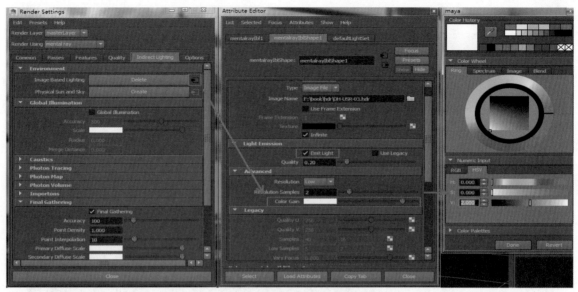

将HDR的照明效果进行加强

现在对场景进行渲染，发现场景得到了加亮，但是直升机也出现了奇怪的红色，如下图所示。

场景得到加亮，但是直升机出现了奇怪的红色

出现红色的原因在于车漆材质上的Lit Color被设置为红色，如下图所示。

Lit Color被设置为红色

但前面也讲过，要使Lit Color参数生效，需要有真实的灯光，这里并没有真实的灯光，是怎么回事呢？这是由于在刚才设置mentalrayIblShape1节点的过程中，勾选了Emit Light复选框，这样IBL照明节点就会向场景中发射照明光线，从而使我们看到Lit Color。

既然找到了原因，就将Lit Color设置为白色或黑色，重新对场景进行渲染，得到的渲染结果如下图所示。

重新对场景进行渲染

7.2.2 BumpContainer Shader介绍

在所有的准备工作完成后，现在就讲解凹凸的制作方法，其中一种方法是使用maya_bumpCombiner这个shader，可以在著名的CreativeCrash中找到这个shader并按照说明进行安装和使用，如下图所示。

可以在CreativeCrash找到bumpCombiner shader

但是请注意，从Maya 2014开始，mental ray的安装目录就发生了变化，可以看一下Maya 2013的安装目录，发现mental ray是位于Maya安装目录中的，如下图所示。

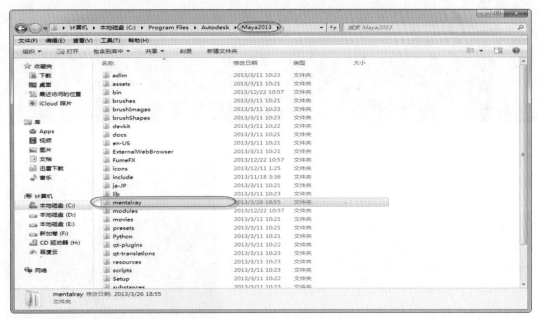

Maya 2013中mental ray的安装目录

对比Maya 2014，看到mental ray的安装位置发生了变化，它不再位于Maya的安装目录之内，现在安装在和Maya平行的同一个文件夹之中，并且名称也发生了变化，名称是mentalrayForMaya20xx，如下图所示。这些变化对于Maya 2015来说也是一样的，因此读者在安装shader的时候需要多加注意。

Maya2013	2013/12/22 10:56	文件夹
Maya2014	2013/12/22 10:56	文件夹
MayaPlugIn2012	2013/3/11 12:12	文件夹
MayaPlugIn2013	2013/3/11 10:32	文件夹
mentalrayForMaya2014	2014/3/25 11:37	文件夹
MotionBuilder 2012	2013/11/13 4:48	文件夹
MotionBuilder 2014	2013/11/13 3:48	文件夹

从Maya 2014开始，mental ray的安装位置发生了变化

至于maya_bumpCombiner的安装技巧和使用方法，网络上的教学非常多，在这里就不再赘述，读者可以自行查找并学习。

7.2.3 使用其他方法制作凹凸

在这里想要讲解的是使用Maya自带的shader来完成凹凸效果，而不必借助外部的插件或者shader。这里的思路也很简单：由于mia_material_x这个shader拥有完善的bump参数控制，那么能不能把它和mia_car_paint_phen_x车漆材质结合起来使用呢？答案是肯定的。首先选中直升机的外壳模型，为其指定一个新的mia_material_x材质，如下图所示。

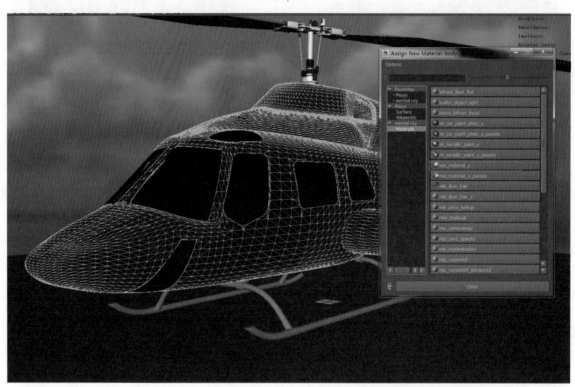

为直升机的外壳指定mia_material_x材质

由于只想使用mia_material_x的凹凸参数，而其他部分则使用之前设置的mia_car_paint_phen_x材质，为了不使mia_material_x的材质参数对直升机造成影响，需要将mia_material_x的Diffuse－Color参数设置为黑色，并将Weight参数设置为0.000，然后将Reflection－Reflectivity参数设置为0.000，现在看到材质样本球变成了纯黑色，如右图所示。

关闭mia_material_x

展开mia_material_x的Advanced卷展栏，找到其中的Additional Color参数，并找到之前设置的车漆材质，使用鼠标中键，将这个车漆材质拖动到Additional Color参数上，如下图所示。

将车漆材质拖动到Additional Color参数上

将会弹出Connection Editor连接编辑器，选择Left Display和Right Display菜单，分别勾选Show Hidden复选选框，确保两个shader的隐藏属性都能显示出来，如下图所示。

将其进行展开，对于右边的mia_material_x3，找到additional_color参数，也将其进行展开，分别将两边的参数一一对应进行连接，例如resultR连接additional_colorR等等，连接成功后，所有的字体全部变成斜体字，如下图所示。

勾选nnection Editor的Show Hidden复选框

对于左边的mia_car_paint_phen_x材质，找到result参数，

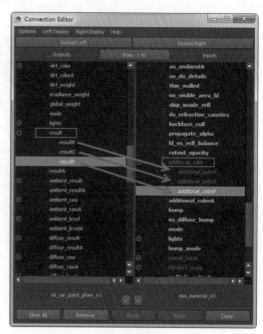

建立材质连接

现在回到mia_material_x，找到其bump卷展栏，单击

Maya 2015大师课
——材质、灯光与渲染

standard bump右边的棋盘格按钮，从中选择文件贴图，如下图所示。

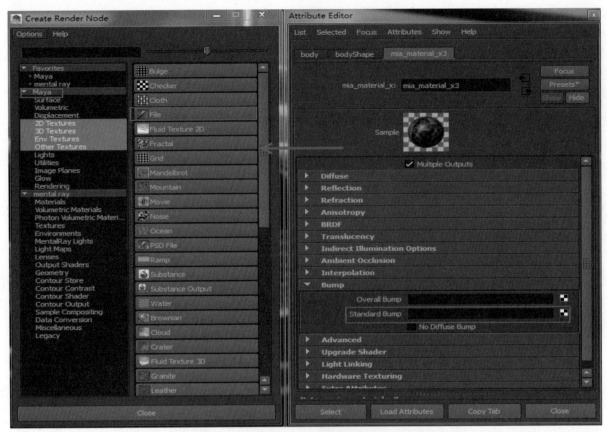

为Standard bump选择文件贴图

由于凹凸贴图是法线贴图，因此需要在bump2d1节点中设置Use as参数为Tangent Space Normals，如下图所示。

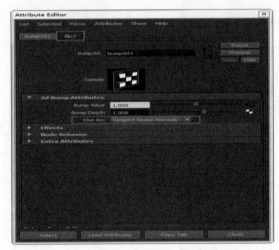

设置法线贴图方式

切换到file3节点，并选择配套光盘提供的bump3.tga。

从文件选择对话框中，可以看到这张法线贴图，如下图所示。

从文件选择对话框中看到法线贴图

对场景进行渲染，得到的渲染结果如下图所示。现在凹凸效果已经生效了，但场景的问题在于噪点较多，如下图所示。

凹凸效果已经生效，但噪点较多

打开全局渲染设置窗口，将其中的**Quality**参数设置为2.00，如下图所示。

提高品质参数

重新对场景进行渲染，看到噪点的问题得到解决，如下图所示。

噪点问题得到解决

但是仔细观察HDR图片上的图像，发现地面的尺寸和飞机模型的尺寸并不匹配，现在的飞机模型显得过小，需要对模型和HDR图片进行进一步的调节，这也是使用HDR的弊端之一，这就需要使用更多的方法来进行精确控制，例如关闭HDR的视图渲染，只让它提供照明，使用单独的图片作为背景等等，这方面的制作方法和教学比较多，就不再赘述。

HDR图片和飞机模型的尺寸并不匹配

拉近摄像机，近距离对模型进行渲染，得到的渲染结果如下图所示。

近距离的渲染结果

在本节中，介绍了如何对车漆材质进行贴图，以及如何使用Maya自带的shader来完成凹凸的制作，这个教学的目的一方面教会读者如何处理mental ray车漆材质存在的问题；另一方面则在于启发思路，告诉读者mental ray的车漆材质并不仅仅局限于制作光滑闪亮的小轿车，它还能用于许多和汽车并不相关的领域，例如这里的直升机，只要这些物体使用了镀膜材质，我们就可以尝试使用车漆材质。

7.2.4 额外的资源

由于车漆材质是一个较为复杂的shader，其参数众多并相互关联，含义也比较晦涩，对于初学者来说，要调节出自定义的效果还具有一定的难度。在本章中，我们只讲解了一些最重要的参数，在这里，我们提供了一个bumpCombiner的下载地址：http://www.creativecrash.com/maya/downloads/shaders/c/maya_bumpcombiner-for-mentalray。

另外，还提供了一个讲解车漆材质的PDF，它的原文网址为：http://www.cgnotebook.com/wiki/Mental_ray_for_Maya_mi_car_paint_phen。

在这篇wiki中，无论是讲解的语言，还是所配的图片，都比官方文档要更清楚一些，读者可以自行参考，进行学习和研究。例如，我们在这里将其中的Flake参数进行了翻译，供读者参考。

- Flake Color：电镀层的颜色；
- Flake Weight：电镀层强度（亮度）；
- Flake Reflect：电镀层反射环境的强度，0（默认数值）为关闭，一般来说，设置较小的数值（如0.1）可以产生闪耀的环境反射效果，这个数值的效果一般受到上面两个参数数值的控制；

- Flake Exp：电镀层高光是较宽还是较窄，较低的数值产生较宽的电镀层高光；
- Flake Density：密度数值，一般在0.1~10之间的数值较为有用；

- Flake Decay：就像任何小物体都会在动画渲染时产生闪烁一样，特别是当它们小于一个像素的时候。这个参数值就是为了避免这种效果，该参数设置的是一个距离，只要从摄像机到物体上的距离超过了这个数值，那么后面的地方就没有Flake镀膜了；
- Flake Strength：电镀层的凹凸强度；
- Flake Scale：电镀颗粒大小。

线框渲染技术

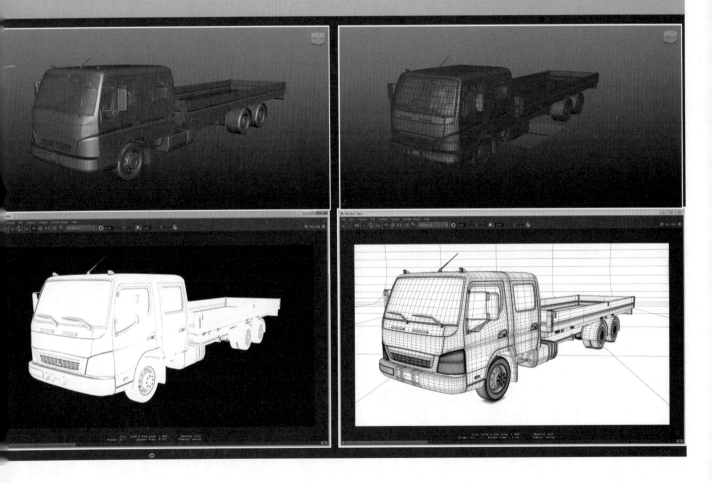

8.1 方案比较

线框效果是一种非常有用的效果，一则可以展示模型的拓扑布线；二则线框效果也是一种特殊的表现效果。在日常的制作中，经常会用到线框效果，所以学会它的制作方法是非常有必要的。

在本例中，将学习MentalRay中线框效果的实现方法，最终得到的效果如下图所示。

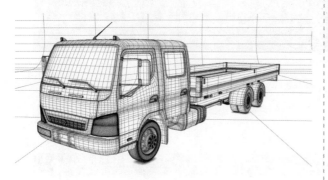

最终得到的线框效果

而且还有较强的控制能力，不仅能改变线框线条的颜色，还能改变线框的填充色，以及线框线条的粗细，如下图所示。

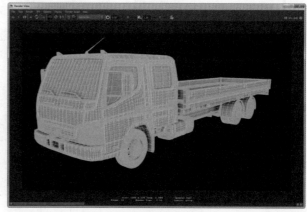

对线框材质的控制

在mental ray for Maya中，并没有专门的线框材质或者线框贴图。流行的渲染器中，Arnold和Vray都有专门的材质和贴图可以渲染线框效果，制作这种效果非常容易。

例如，在Arnold中有专门的AiWireframe shader，它可以控制我们要渲染的线框是三角面还是四边面，以及线框的颜色和粗细，填充颜色等等，如下图所示。

Arnold渲染器中的AI Wireframe shader

还有一些辅助shader，例如Ai Utility，它有很多种模式和用途，也可以完成渲染线框的任务，如下图所示。

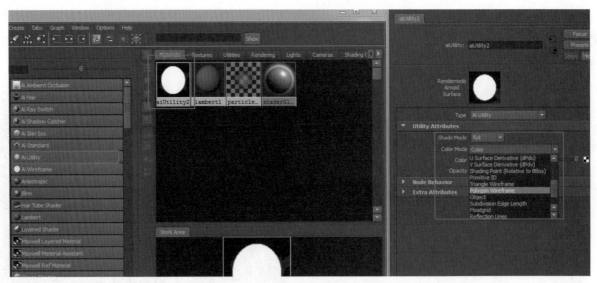

Arnold渲染器中的AI Utility shader

在Vray中，也可以在diffuse颜色上添加一个VRayEdgeTex贴图来产生线框效果，如下图所示。注意，这里使用的是贴图，而Arnold中使用的是shader，在下面要讲述的方法中，使用的是MentalRay中的AO贴图配合Contour轮廓线的方法，这里每种方法各有不同。

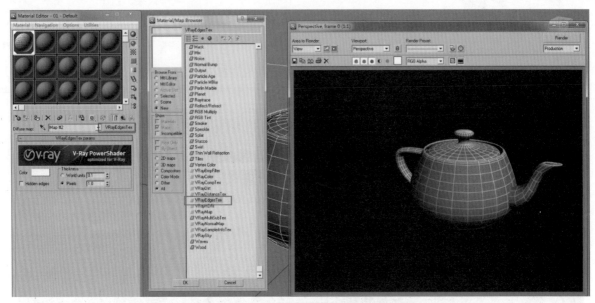

在Vray中使用VRayEdgeTex贴图来产生线框效果

但是在MentalRay中，却没有专门的线框材质/贴图，这就给制作带来了难度，那么如何实现这种效果呢？

8.2 MentalRay材质设置

在MentalRay中，要实现线框效果有很多种方法，这里就介绍其中的一种。首先打开配套光盘中的01_wireframe_ start.mb文件，这是一个Maya2015版本的汽车模型，如果读者没有Maya2015的话，也可以打开相应的FBX文件，打开后的模型如下图所示。

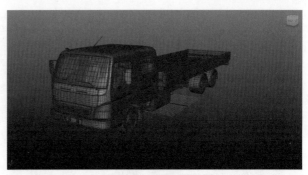

模型的线框显示

打开模型文件

来看一下线框，发现这个模型的线框还是很均匀的，几乎都是由4边面组成，如下图所示。

首先打开材质编辑器（Window > Rendering Editors > Hypershade），从Maya目录下创建一个普通的Maya Surface Shader，然后再单击mental ray > Textures 目录下的mib_amb_occlusion，这就创建了一个mental ray 环境阻光贴图。

注意，mib代表mental image basic library，它们是mental ray中一些粒度很小的基本shader，可用来构成一些大的shader。创建材质球和贴图后的Hypershade如下图所示。

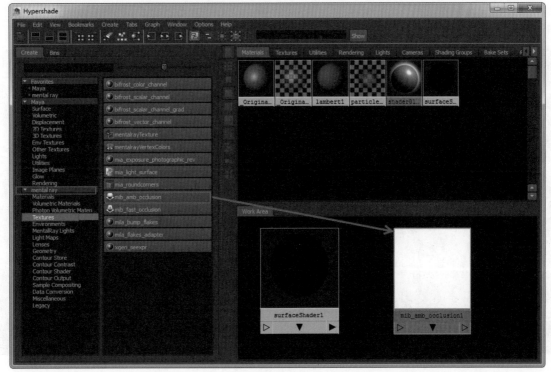

创建两个shader

首先双击surface shader，打开其属性编辑器，把mib_amb_occlusion拖拽到OutColor属性上，如下图所示。

把AO Shader连接到Surface材质上

选中全部汽车模型，在Hypershade中右键单击surface shader，将其赋予选中的汽车模型，如下图所示。

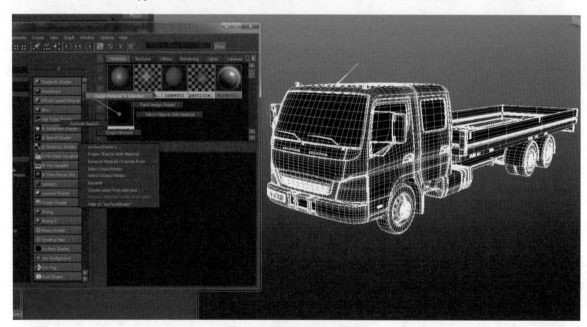

将surface材质赋予汽车模型

选中mib_amb_occlusion，打开其属性编辑器，将samples参数值修改为128（默认值为16），Max Distance参数值修改为8.0（默认数值为0.0），如下图所示。

修改AO Shader的参数值

在Hypershader中选中Surface shader，单击工具栏图标，显示其上下游节点，从而显示出其材质节点组SurfaceShader1SG（右边红框内黄色的节点，以SG为后缀），如下图所示。

展开Surface Shader的材质节点网络

打开SurfaceShader1SG的属性编辑器，展开mental ray > Contours卷展栏，勾选其中的Enable Contour Rendering，这样就打开了卡通轮廓线渲染。将color改为黑色，width改为0.2，如下图所示。在Maya中，一般的曲面材质，例如Blinn，Phong等等，仅仅定义的是材质的反射、折射等属性，而诸如体积属性、置换属性，甚至光子等等，全部是在材质节点组节点中定义的，它们不必和曲面shader相同，这就相当于多了另外一层控制。从逻辑上说，也更加规范而科学。

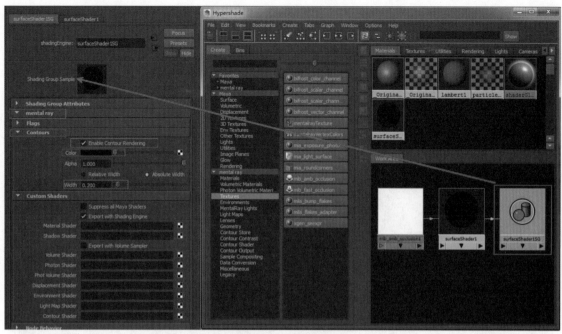

修改材质节点组属性

8.3 渲染器设置及问题解决

现在打开全局渲染设置窗口，在Features面板下展开Contours卷展栏，勾选Enable Contour Rendering。

注意，这里是全局渲染开关，将Over-Sample设置为64，勾选Draw By Property Difference下的Around Silhouette（coverage）和Around all Poly faces，如右图所示。

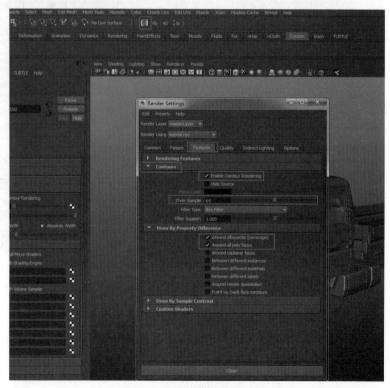

全局渲染设置

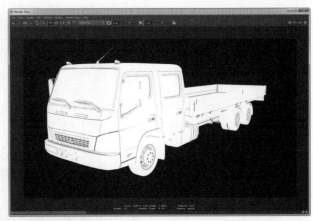

对场景进行设置，效果如下图所示，发现现在的渲染很像常规的AO效果，并没有得到期望看到的线框效果，这是什么原因呢？这是由于Mental ray 3.11（即Maya 2014中搭载的版本）使用了新的统一采样方式，并淘汰了之前的采样方式，但是新的采样方式和Contour轮廓线采样方式并不兼容，因此出现了上面的问题。我们现在就来解决这个问题。

统一采样的方式和轮廓线渲染并不兼容，得到不正确的渲染方式

打开全局渲染设置，在Quality面板中，将Sampling卷展栏下的Sampling Mode从Unified Sampling更改为Legacy Sampling Mode，如下图所示，这样我们就使用以前的采样方式进行渲染。

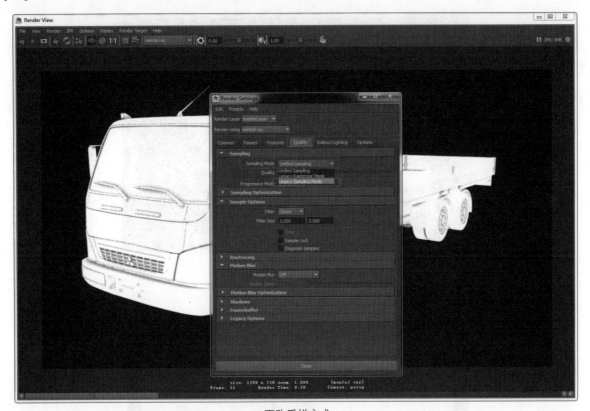

更改采样方式

最后，提高采样的抗锯齿精度，将Max Sample Level提高到2（默认数值为0），看到Min Sample Level也相应地提高到了0（默认数值为-2），假设这里的数值为n，那么采样的次数就是2的n次方。例如，-2的意思就是4个像素点进行一次采样，0的意思就是每个像素点都进行采样，2就是说每个像素点进行4次采样，依此类推，如下图所示。

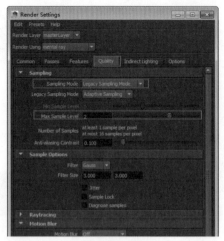

提高采样精度

现在对场景进行渲染，得到了正确的结果，如下图所示。

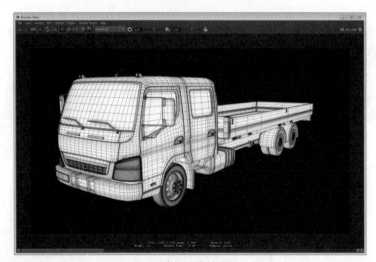

正确的渲染结果

如果不喜欢黑背景，可以在模型的后面制作一个背景幕布，并赋予相同的线框材质，如下图所示。

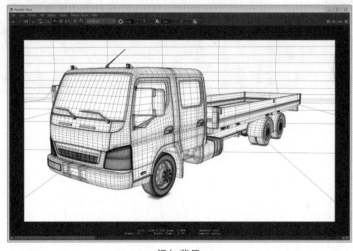

添加背景

双面材质表现

双面材质是一种比较有用的材质，可以用来制作扑克牌、花瓣、书本等等，如果配合SSS材质使用，得到的效果就会更好。在Maxwell 3.0的新增功能中，就大幅加强了双面材质，这说明这种效果还是非常有用的。

在Maya中，如果同一个模型上有多种材质，可以分别选中面，然后赋予相应的材质，在Hypershader中，如果查看其材质，就会发现同一个模型上有多个材质，在Max中把它称为多维子材质。不同的材质使用不同的材质ID号来进行标识。

但是，如果是一个面片，我们就无法使用这种方法。对于面片的双面效果，只有依靠材质shader来实现这种效果。

9.1 Maya部分

主要通过下面的一个场景来学习如何使用双面材质，其中学习到的技术有HDR图像照明、线性流程、mental ray入口灯光、双面材质、Nuke后期处理等等一系列知识。

最终得到的渲染效果如下图所示。

最终得到的渲染效果

如果看不清楚双面效果的的话，可以把书页模型稍微翻折，重新渲染，这就得到了下面的渲染效果。

把书页模型稍微翻折以观察双面材质的效果

对于这个场景，可以想象在一个午后的室内，温暖的太阳光洒在干净的屋子内，从窗户可以看到下面湛蓝的大海和金黄沙滩。从桌面摆设推断主人是一个有品位的人，桌上放着一个玻璃水壶和水罐，靠窗整齐地摆放着各种类型的书，其中一本打开着，显示着主人刚在这里看过书。一阵清风从窗缝吹进来，把书页吹了起来……

这么一个温馨，感染人的画面，现在就来学习如何制作，当然，主要讲解的是今天的主角以及主要的技术难点：双面材质。

9.1.1 模型检查

首先从配套光盘中打开场景文件book1_start.mb，这是一个单独的书本模型，如下图所示。将撇开场景中其他元素的干扰，单独对其讲解，当完成了图书双面材质的制作后，再将其合并到场景之中，打灯渲染。

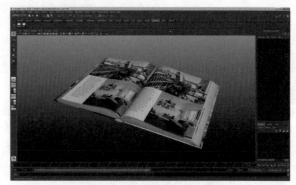

打开场景文件，只有一个单独的书本模型

首先打开outliner大纲窗口检查模型、看到场景中只有一个名为book的模型，如下图所示。

场景中只有一个书本模型

再来打开Hypershde材质编辑器进行检查，发现根据书本上不同的部分，每个部分都赋予了一个单独的mia_material_x，如下图所示。

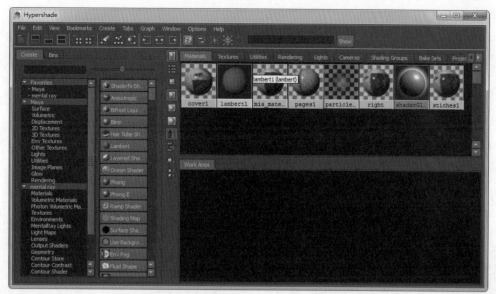

模型的每个部分都赋予了一个建筑学材质

再来对模型进行渲染检查，得到了一个普通的渲染结果，如下图所示。

对模型进行渲染检查

9.1.2 初始灯光设置

准备使用线性流程配合HDR图片照明来得到照明效果。首先打开全局渲染设置窗口，并在Indirect Lighting面板下勾选Fianl Gathering卷展栏中的Final Gathering复选框，并单击Enviroment卷展栏中Image Based Lighting旁边的Create按钮，如下图所示。

开启FG，创建IBL照明

创建一个IBL照明节点，在其中选择一张配套光盘提供的室内HDR图片，如下图所示。由于本节将要实现一个靠窗的室内效果，它和传统的室内效果有所不同，并且渲染真正的室内场景需要大量的渲染时间，灯光调试较为复杂，因此在这里可以采用取巧的办法，使用一张室内HDR图片提供照明，注意最好使用室内HDR图片来得到正确的室内光照效果，如果使用室外HDR，那么就会得到太阳光等错误的照明效果。

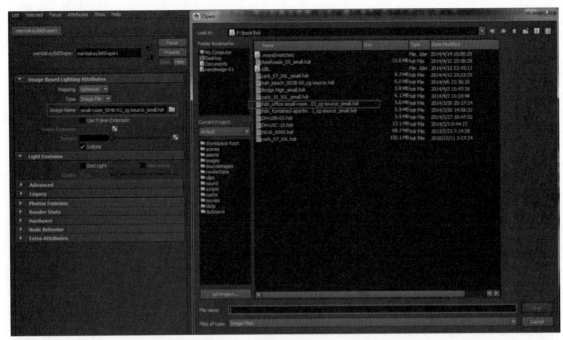

选择HDR图片

为了得到正确的HDR照明效果，需要关闭场景中的默认灯光，同样打开全局渲染设置窗口，在Common面板下，展开Render Options卷展栏，取消对Enable Default Light的复选框勾选，如下图所示。

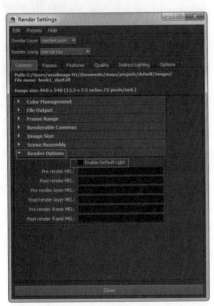

取消场景中的默认灯光照明

现在启用线性流程，在全局渲染设置窗口的Common面板下，展开ColorManagement卷展栏，勾选Enable Color Management复选框，并确保Default Input Profile设置为

sRGB，Default Output Profile设置为Linear sRGB，如下图所示。

在全局渲染设置窗口中设置线性流程

现在对场景进行渲染，发现渲染结果非常黑暗，如下图所示。

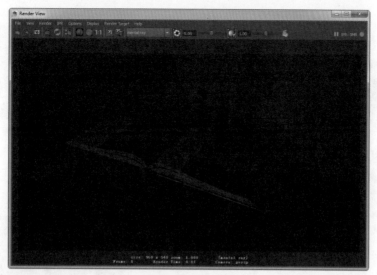

非常暗的渲染结果

在渲染窗口中，单击菜单Display > Color Management。

在弹出的颜色管理节点中，确认Image Color Profile被设置为Linear sRGB，而Display Color Profile被设置为sRGB，现在场景马上亮了起来，如下图所示。

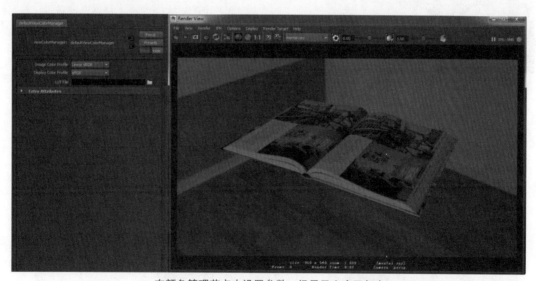

在颜色管理节点中设置参数，场景马上亮了起来

9.1.3 模型修改

现在需要制作书页翘起来的效果，这非常简单，只需要在原来的模型上稍加修改就可以了。首先选中书本模型，按Ctrl + D组合键进行复制，这样就得到了两本完全相同的图书，如下图所示。

单击视图工具栏上的隔离选择按钮，将复制出来的书本单独隔离出来，方便进行操作，如下图所示。

对复制的模型进行隔离

按F11键进入面选择级别模式，按Shift键在书页的某

个面上单击，然后在其相邻面上双击，这样就会选择一圈的面，也就是所谓的Loop循环面，如下图所示。

选择循环面

按Del键对选中的面进行删除，并确认其他的面没有和这个书页进行连接，如果有的话继续删除，直到书本页独立出来，如下图所示。

对选择的面进行删除，并确认书本页没有和其他的面进行连接

继续在面选择级别下，按Shift键，双击其他面，如下图所示。

选择其他面

按Del键对这些面进行删除，这样我们就得到了一页单独的书本页，如下图所示。

得到了一页单独的书本页

现在需要对这个模型进行旋转，因为它现在是和原来的模型重合的，按F8键进入物体选择级别，执行菜单下的**Modify > Center Pivot**，对轴心点进行归位，这样轴心点就出现在了模型的边界盒中心，如下图所示。之所以有这一步的操作，是因为经常在模型操作后，模型的轴心点会回到坐标原点，如果这个时候，模型不在坐标原点或者离坐标原点非常远，那么就会看不到轴心点，也就无法操作。

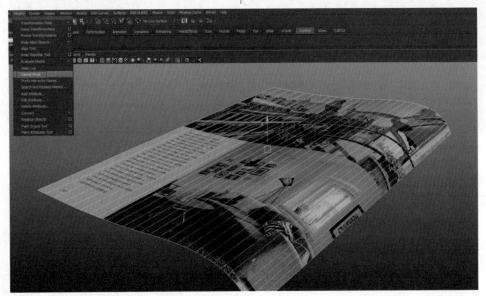

对轴心点进行归位

按Insert键，进入轴心点的编辑模式，再按"V"键，开启点捕捉，将模型的轴心点移动到书页的一角，如下图所示，以方便旋转。

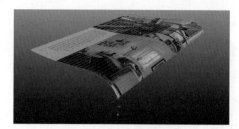

将轴心点捕捉到模型的一角

再次按Insert键，退出轴心点编辑模式，按"E"键，打开旋转手柄，这样就会使书本的这一角作为旋转的轴心点，如下图所示。

退出轴心点编辑模式，完成旋转的轴心点设置

单击视图上的孤立选择按钮，退出孤立选择模式，这样我们选择的书页模型就和书本模型重合在一起，如下图所示。

退出孤立选择模式

将书页模型旋转到一个上翘的角度，如下图所示。

旋转模型

现在发现，由于书页模型是复制出来的，因此它继承了原有模型的材质，从下图中贴图的重复就能看出来。在后面对书页模型制作双面材质的时候就会解决这个问题。

复制的模型继承了原来模型的材质

另外发现除了复制的书页模型，右边的书页也产生了贴图的重复，需要解决这个问题，打开Hypershade，选中名称为right的建筑学材质，单击显示上下游节点按钮，展现这个材质的上下游关联节点，在展开的材质网络中选择一张配套光盘中提供的书页贴图，如下图所示。

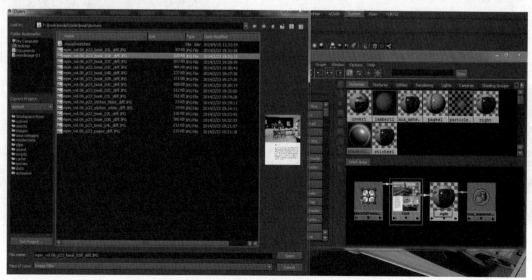

更换书页贴图

现在书本模型就得到了正确的效果，如下图所示。

解决贴图重复的问题

9.1.4 双面材质设置

现在所有准备工作就已经做完了，下面就开始制作双面材质。首先打开Hypershde，创建两个mia_material_x建筑学材质，分别用作书页的正面和反面，这里制作的双面材质，并不仅仅只是贴图上的双面，还能实现双面分别指定不同的材质。举个例子来说，比如正面用了mia_material_x，背面用了carpaint车漆材质，如下图所示。

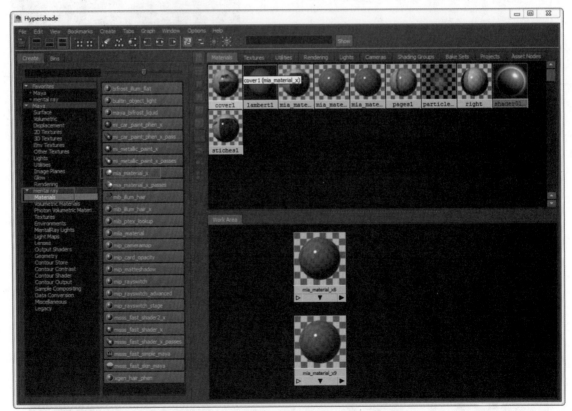

创建两个建筑学材质作为模型的正反面材质

右键单击材质球，在弹出的菜单中选择Rename，这样就能对材质进行重新命名。

在弹出的节点重命名对话框中，分别将两个材质球命名为front_Mat和back_Mat，如下图所示。

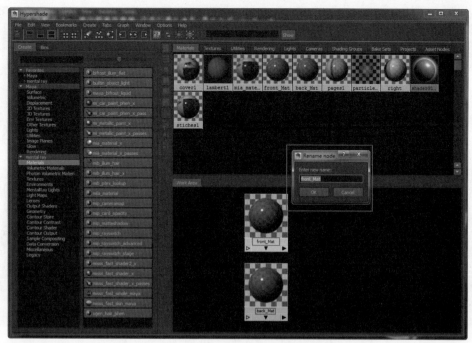

分别为正反面进行命名

在Hypershade的mental ray目录下，找到Sample Compositing目录，单击其下的mib_twosided，如果找不到，也可以单击Hypershde的搜索栏，在其中输入关键字进行查询，但需要注意的是，查询的时候一定选中mental ray根目录。这时，已有的shader排列如下图所示。

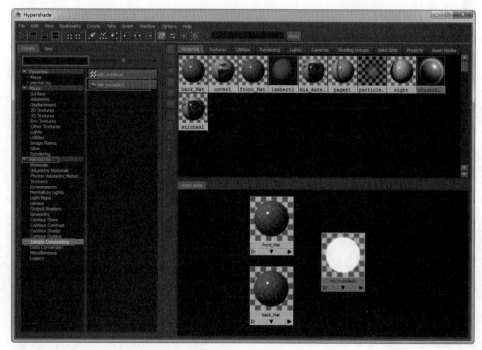

创建mib_twosided

单击mib_twosided shader，打开其属性编辑器，看到这个shader有一个Front参数和一个Back参数，分别调整颜色或者贴图，建立shader连接。我们的思路就是把之前创建的两个建筑学材质分别拖放到这两个参数进行连接，如下图所示。

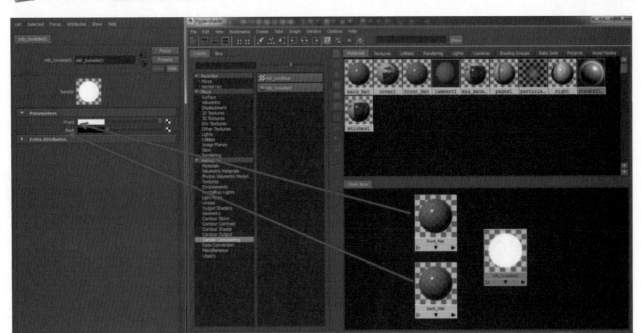

mib_twosided的两个参数可分别用于控制正面、反面

首先选择front_Mat，将其拖拽到mib_twosided的Front参数上，这时由于Maya并不清楚我们想要如何进行连接，因此会弹出Connection Editor连接编辑器，如下图所示。

属性都显示出来，默认情况下，很多节点的一些属性是隐藏的。分别单击Connection Editor的Left Display和Right Dispaly，勾选菜单下面 Show Hidden，这样就会将连接编辑器左右两边的两个节点的所有默认隐藏属性都显示出来，方便连接，如下图所示。

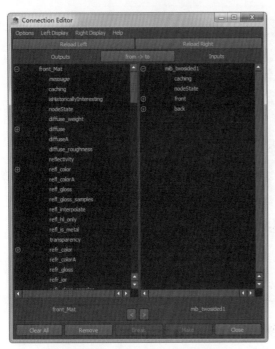

材质连接的时候，弹出连接编辑器

连接之前需要做的准备工作，就是确保所有需要的

显示隐藏属性

在连接编辑器的左边载入front_Mat的参数，在右边载入mib_twosided1节点的参数。在左边单击result，在右边单击front，这样就把front_Mat和mib_twosided 建立了连接，如下图所示。

建立正面材质和mib_twosided的连接

类似地，在连接编辑器的左边载入back_Mat的参数，右边保持不变。在左边单击result，在右边单击back，这样就把back_Mat和mib_twosided 建立了连接，如下图所示。

建立背面材质和mib_twosided的连接

现在对正面材质front_Mat的Diffuse_Color进行贴图，单击color右边的棋盘格按钮对正面材质进行贴图，如下图所示。

对正面材质front_Mat的Diffuse_Color进行贴图

351

在弹出的对话框中选择一张书页贴图。

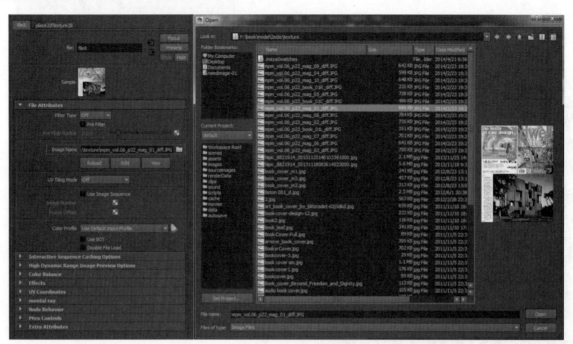

为正面材质进行贴图

同样，为背面材质进行贴图。

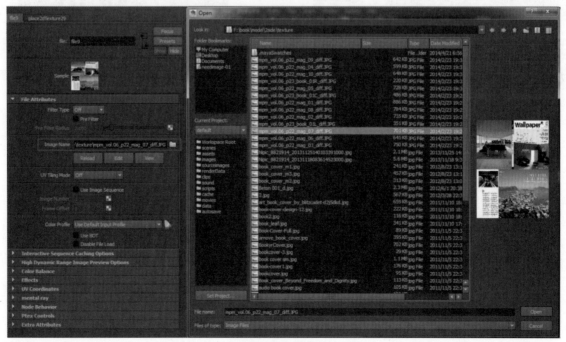

为背面材质进行贴图

现在选择mib_twosided材质，并单击显示上下游节点按钮，显示出节点的上下游节点。此时，节点的材质网络连接如下图所示。

材质节点网络

如果选择书页模型，然后在mib_twosided双面shader上单击鼠标右键，发现没有材质指定的选项，无法将这个双面shader指定给模型作为材质。

单击鼠标右键，mib_twosided没有材质指定的选项

解决方法是把mib_twosided嵌入到一个surface shader里面，首先在Hypershade中的Maya目录下，单击生成一个Surface Shader，如下图所示。

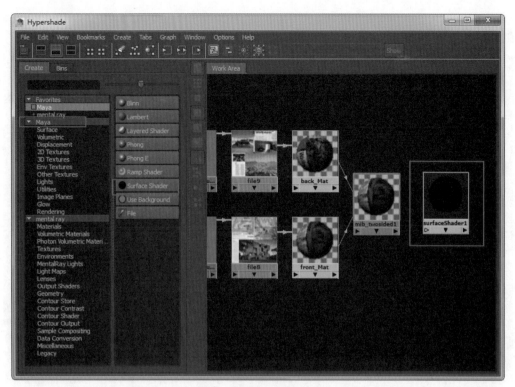

生成一个Surface Shader

将**mib_twosided Shader**拖拽到Surface Shader上，因为这个时候Maya并不知道想要进行什么样的连接，所以会弹出选择连接的菜单，从中选择Other，如下图所示。

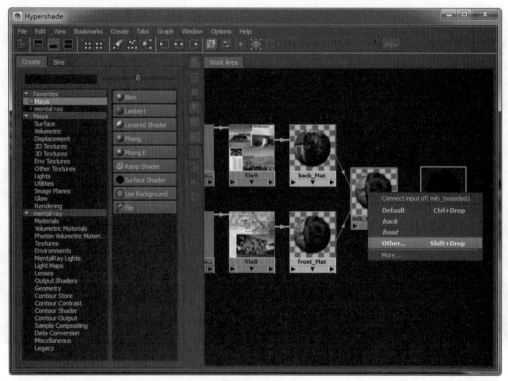

建立属性连接

在左边的mib_twosided1连接中选择 outValue属性，在右边的 surfaceShader上选择outColor属性，如下图所示。

在Connection Editor中建立属性连接

这时在surfaceShader中看到Out Color属性上，已经建立了属性连接，而且材质样本球图标已经产生了变化。但是，现在材质样本球的图标显示有很多问题，看起来非常奇怪，这并不影响其使用，如下图所示。

材质样本球图标显示有问题，看起来非常奇怪

现在双面材质就制作完成了，需要将其赋予模型物体，在视图中选择书页模型，在Hypershade中右键单击 Surface Shader，从弹出的右键菜单中选择 Assign Material to Selection。

现在在视图中，书页模型看起来是黑色的，如下图所示，需要对其进行渲染，以测试双面材质是否制作正确。

书页模型显示是黑色的

现在对场景进行渲染，得到的渲染结果如下图所示。

对书页的正面进行渲染

旋转视图，将视图调整到能看到书页背面的角度，对场景进行渲染，得到的渲染结果如下图所示。

对书页的背面进行渲染

发现双面材质已经起作用了，但是现在并不方便观察。选中书页模型，对其进行复制，然后按F11键进入面

选择级别，选中如下图中的一些面，并按Insert键设置所选面的轴心点。

复制书页模型，选中一些面并设置轴心点

再次按Insert键，退出轴心点设置模式，按"E"键进行旋转，旋转到一个类似下图的角度，这样利于观察。然后按F8键进入物体选择级别。最后单击新建图层，将所选的翻折模型加入到所选图层。

得到翻折模型加入图层

新建一个图层，并改变图层名字和颜色，将之前的书页模型加入到这个新建的图层中，如下图所示。

将原来的书页模型加入到新图层

关闭原来书页模型的图层显示，现在场景中只保留有翻折书页的模型，如下图所示。

场景中只保留翻折书页的模型显示

现在对场景进行渲染，得到的渲染结果如下图所示，能清楚地看到双面材质的效果。

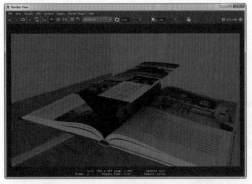

双面材质的渲染效果

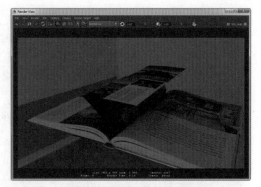

模型问题得到了很好的解决

但是，如果仔细观察，会看到书页模型上有很多白色的噪点，这并不像是FG精度所造成的问题，更像是一些模型上的问题，因此必须尽早对其进行解决。

9.1.5 知识拓展：制作圆角效果

讲到这里，双面材质的基本知识就已经讲完了。可以继续深入一步，如果想要控制双面材质的轮廓怎么办？例如这里，书本的边角是尖锐的，如果想要将书页模型的两角做成圆角，那怎么办呢？如下图所示。

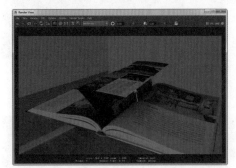

书页模型的渲染效果上有很多白色的噪点

按F3键将Maya切换到Polygon菜单组，然后执行菜单选项Normal > Set to Face，对模型进行清理。

现在对场景进行渲染，得到的渲染结果如下图所示。看到书页上的问题的确是模型本身的问题，而不是FG采样精度的问题。这样问题就得到了很好的解决。

书本的边角是尖锐的

要对双面材质的轮廓进行控制，就需要得到一张带有Alpha通道的圆角图片。先在Photoshop中打开书页贴图，如下图所示。

在Photoshop中打开书页贴图

为了避免图片中其他内容对捕捉操作的干扰，需要在图片上新建一个空白图层。

然后执行菜单 View > Snap to，检查下面的选项，是否进行了全部勾选，如下图所示。

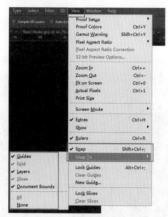

检查捕捉选项

分别在水平和竖直方向上拉出两条参考线，请注意，由于打开了捕捉，在鼠标的位置达到图片中点的时候，就会进行捕捉，如下图所示。

参考线进行了捕捉

选择工具栏上的圆角工具，并在Radius参数中输入50px，这样圆角产生的半径就是50像素。

把鼠标放置在参考线的交点上，由于打开了捕捉，因此它会捕捉到这个交点上，向右拉出一个框，现在就看到了圆角矩形，而且它的两条边被吸附在两条参考线上，如下图所示。

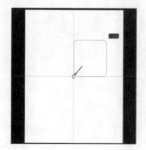

拉出的框被吸附在两条参考线上

按Alt键，圆角矩形的中心被捕捉到参考线的交点上，将其绘制到整张图片上，这时出现了中间填充蓝色的圆角矩形，如下图所示。

绘制出了中间填充蓝色的圆角矩形

单击圆角矩形顶部参数栏上的Fill色块，在弹出的取色器中选择白色，将圆角矩形填充为白色。

由于这个圆角矩形是一个shape，是一个矢量图形，需要将其进行栅格化。在图层列表中，选中圆角矩形图层，执行菜单Layer > Rasterize > Shape，对圆角矩形进行栅格化。

按Ctrl键，单击圆角矩形图层，图片上出现了圆角矩形的蚂蚁线，选中了其内容。

在图层列表面板中，单击顶部的Channel面板，将图层面板切换到通道面板，并单击面板下方的"Save Selection as a Channel"按钮，将所选内容制作为一个Alpha通道，如下图所示。

将所选内容制作为一个Alpha通道

回到图层面板，首先按Ctrl键，单击圆角矩形图层，选中图层的内容。然后，按Ctrl + Shift + I组合键对选区进行反选，选中矩形－圆角矩形的部分。按"D"键，对前景和背景颜色进行重置，这样前景颜色就变成了黑色，背景颜色就变成了白色。最后按Alt + Shift + BackSpace组合键，使用黑色的前景色对选区进行填充，得到白色的圆角矩形。

使用黑色的前景色对选区进行填充

现在对文件进行保存，选择一种带有通道的文件格式，例如tga。

由于Surface Shader本身并不具有很好的蒙版遮罩功能，因此，需要使用其他的办法。在这里创建一个mia_material_x建筑学Shader，如下图所示。

创建一个mia_material_x来实现蒙版遮罩功能

和上面的方法类似，将Surface Shader使用鼠标中键拖拽到mia_material_x Shader上，从弹出的菜单中选择Other。

建立属性连接

这时，系统会弹出Connection Editor连接编辑器，对左边的Surface Shader选择outColor，对右边的mia_material_x建筑学Shader选择diffuse，两边的字体都显示为斜体字的时候，就在两个材质的属性之间建立了连接，如下图所示。

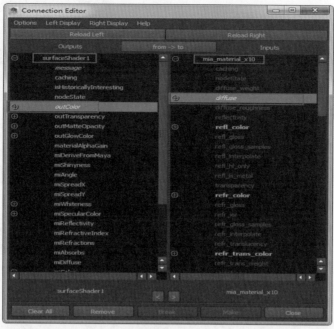

建立属性连接

现在的材质网络如下图所示。

当前建立的材质网络

mia_material_x的Cutout_Opacity属性

对于mia_material_x建筑学Shader来说，它有一个控制Alpha的参数，那就是Cutout_Opacity，这个参数位于Advanced卷展栏下，它可以进行贴图，如右图所示。

单击Cutout_Opacity旁边的棋盘格按钮，在弹出的文件节点中，选择刚才存储的圆角矩形图片，如下图所示。

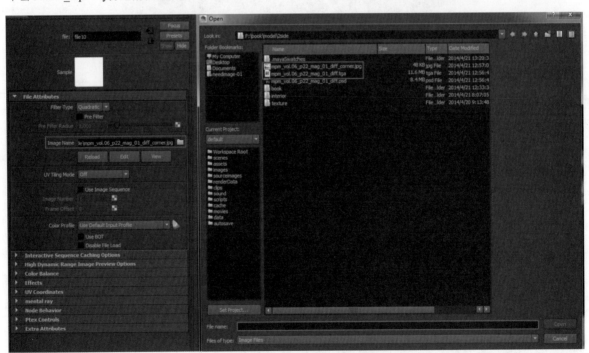

为Cutout_Opacity指定我们存储的圆角矩形图片

现在需要将mia_material_x建筑学Shader指定给书页模型，首先在视图中选择书页模型，然后在Hypershade中右键单击mia_material_x建筑学Shader，在弹出的菜单中选择 Assign Material to Selection，如下图所示。

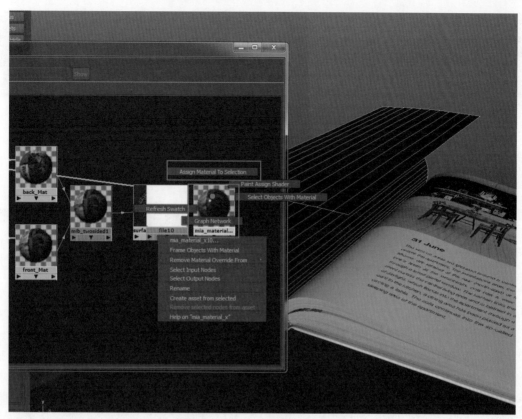

将mia_material_x指定给书页模型

展开材质网络，现在完整的材质网络如下图所示。

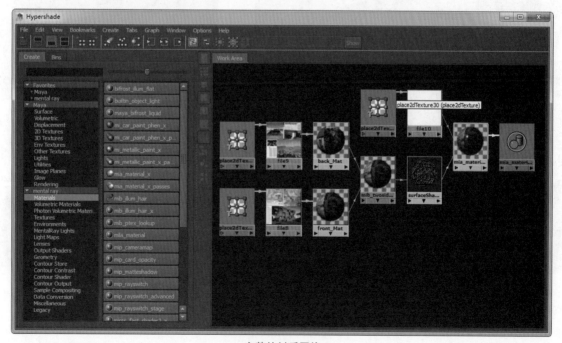

完整的材质网络

现在对场景进行渲染，得到的渲染结果如下图所示。发现圆角效果已经起作用了，但是贴图的颜色却非常黑暗。

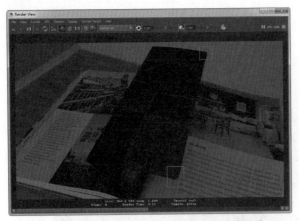

圆角效果已经起作用，但是贴图颜色却非常黑暗

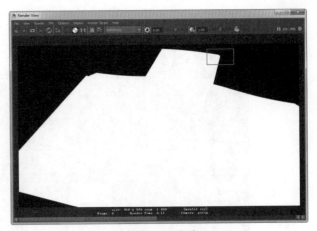

查看Alpha通道

再来查看模型的Alpha通道，发现也已经起作用了，效果如下图所示。

现在的问题就是书页模型渲染较为黑暗，出现这个问

题的原因可能是由于Maya自带的Surface Shader和mental ray自己的mia_material_x建筑学Shader算法并不一致。解决这个问题的方法也很简单，在Hypershade中单击Maya目录，并在搜索框中输入 multi等字样，搜索到一个Multiply Divide乘除节点，单击创建一个Multiply Divide乘除节点，如下图所示。

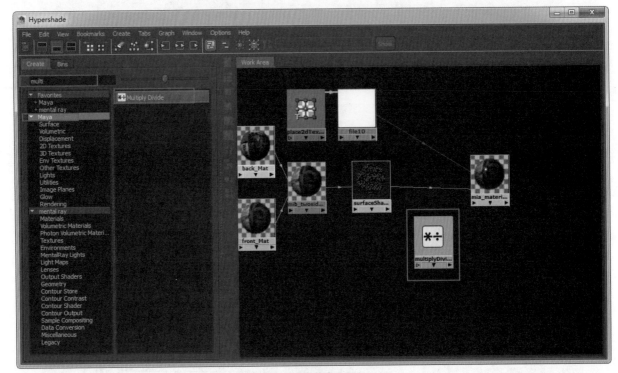

新建节点

使用Multiply Divide乘除节点来解决书页模型渲染较为黑暗的问题。

单击Multiply Divide乘除节点，展开其属性编辑器，可以在其下拉列表中选择乘除操作。分别是两个Input1和Input2三元组，在Maya中，这样的三元组很多，例如RGB颜色、HSV颜色、位置、旋转、缩放等等。现在需要将颜色和一个大于1的数值进行相乘，从而实现对颜色加亮的效果。将Surface Shader使用鼠标中键拖拽到乘除节点的Input2上，如下图所示。

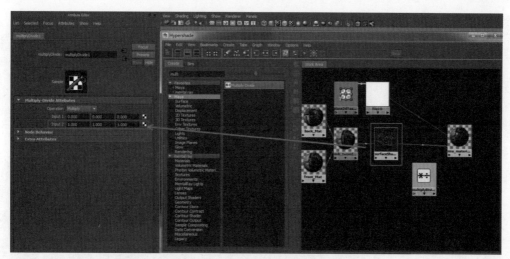

Multiply Divide乘除节点拥有两个三元组属性

弹出节点连接编辑器，单击左边SurfaceShader的outColor属性和右边multiplyDivide节点的Input2属性，当两边的字体都变成斜体字的时候，就在属性之间建立了连接，如下图所示。

建立属性连接

选中mia_material_x建筑学Shader，打开其属性编辑器，然后使用鼠标中键，将multiplyDivide节点拖拽到mia_material_x建筑学Shader上，如下图所示。

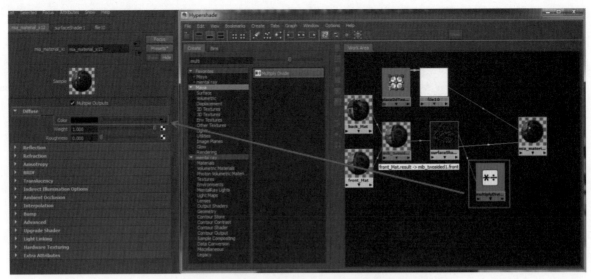

将multiplyDivide节点拖拽到mia_material_x建筑学Shader上

再次选中multiplyDivide节点，展开其属性编辑器，将Input1的3个分量，全部设置为10.000，如下图所示。

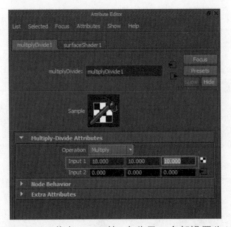

将multiplyDivide节点Input1的3个分量，全部设置为10.000

对场景进行渲染，得到的渲染结果如下图所示，现在就得到了正确的结果。

正确结果

展开材质网络，得到完整的材质节点连接，如下图所示。

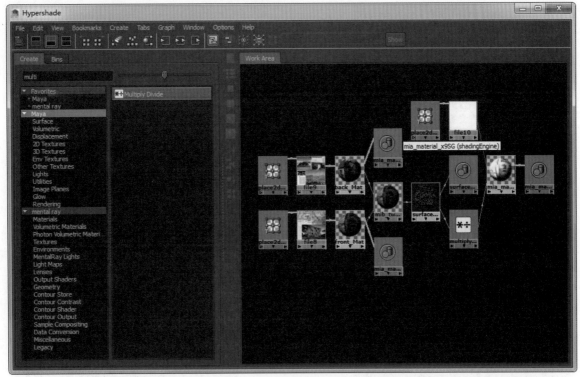

完整的材质节点网络

继续扩展思路。对页面制作凹凸效果，分别选中正面或背面材质，然后在mia_material_x建筑学Shader的Bump卷展栏下设置凹凸贴图，如下图所示。

设置凹凸贴图

如果想进一步发散思维，可以考虑制作半透明效果，由于在专门的章节中讲述了如何制作半透明效果，在这里就不再赘述，如果读者感兴趣，可以参考本书的"使用mia_material_x材质制作半透明效果"一节，只在这里提供最基本的思路。以正面材质为例，展开front_Mat的属性编辑器，在Refraction\Advanced Refraction卷展栏下单击Thin Walled，在Translucency卷展栏下，勾选Use Translucency，将Weight设置为1，这样就可以使用Color以及Refraction卷展栏下的Transparency来控制半透明效果了。

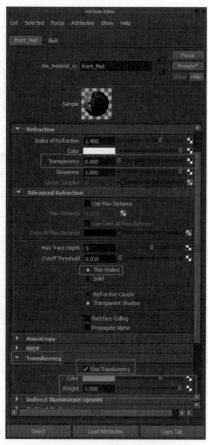

材质涉及半透明效果的参数

由于本例并不涉及这种效果，因此在这里就不再讨论了。换一个角度，对场景进行渲染，得到的渲染结果如下图所示，将文件进行保存，以便将来将其导入其他场景。对于反射的问题，将把它带入室内场景中进行调节。

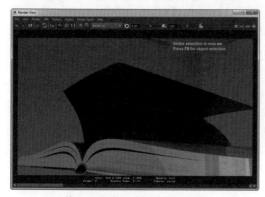

换一个角度，对场景进行渲染

9.1.6 场景光源设置

现在完整的双面材质就已经制作完成了，需要将其放

到一个室内环境中进行渲染，打开配套光盘所提供的场景文件Interior_Clean_start.mb，得到一个半室内的模型，之所以说是"半"室内模型，是因为已经对模型进行了精简，删除了模型的几面墙壁和屋顶，这是由于最终要渲染的角度是在窗边，较大程度上受到室外光线的影响，因此可以在这里采用取巧的办法，使用一张室内HDR贴图和一个靠近窗户的面光源对场景进行照明，如下图所示。

打开场景文件

可以使用外部软件，如Photoshop对图片进行查看，如下图所示。

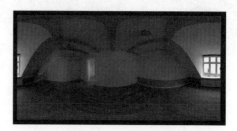

使用Photoshop查看图片

将图片中最亮的窗户位置旋转到正对着模型窗户的位置，这也是面光源照明的方向，如下图所示。

将图片中最亮的位置旋转到正对着窗户的位置

选中HDR环境球，关掉它的Visibility可见性，这样，在渲染的时候，就无法渲染出这张HDR图片，对室外的背景单独进行制作，如下图所示。

关掉HDR环境球的Visibility可见性

建立一个多边形平面，按照需要进行贴图的图片比例对这个多边形平面进行缩放。然后对这个多边形平面赋予一个 Surface Shader，并且确保贴图节点的Color Profile被设置为Use Default Input Profile，如下图所示。

建立背景平面并指定Surface Shader

现在来设置面光源的参数，将其Color颜色设置为一个偏黄的颜色HSV（60.000，0.103，1.000），将Decay Rate 设置为Quadratic，并勾选Use Ray Trace Shadows，在mental ray－Area Light卷展栏中勾选Use Light Shape，并将High Samples设置为32，如下图所示。

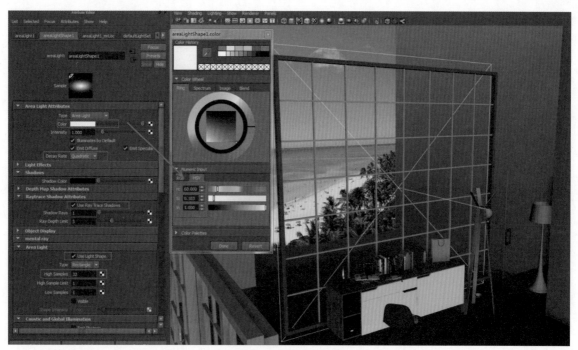

设置面光源的参数

在面光源的Custom Shaders卷展栏下，单击Light Shader旁边的棋盘格按钮，弹出创建渲染节点的对话框，在mental ray－MentalRay Lights目录下选择mia_portal_light，如下图所示。

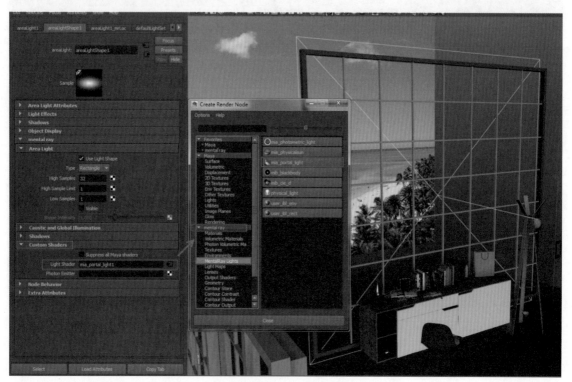

为面光源指定mia_portal_light

在mia_portal_light节点属性编辑器中，将Intensity Multiplier设置为8.000，如下图所示。

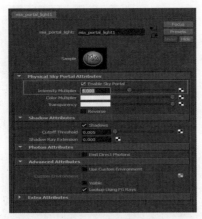

增大mia_portal_light的强度

打开视图AO显示

9.1.7　场景材质分析

现在来查看一下场景中的一些基本材质，首先单击视图工具栏上的AO显示按钮，新的Viewport 2.0具有非常强大的显示能力，打开视图AO显示将有助于我们观察并放置模型，如下图所示。请注意图中，物体接触位置的阴影。

选中桌面模型，单击显示上下游节点按钮，看到材质进行了基本的贴图连接，分别为Diffuse Color、Reflection Color、Reflection Glossiness进行了贴图连接，并使用简单的Blend Colors节点对贴图进行混合，这样能得到更强的控制。由于连接非常简单，这里就不再赘述。

再来查看玻璃瓶的材质，它也同样使用一个mia_material_x建筑学Shader，并使用了预设的GlassPhysical，最后，将其Advanced Refraction卷展栏下的Max Distance参数设置为4.000，如下图所示。

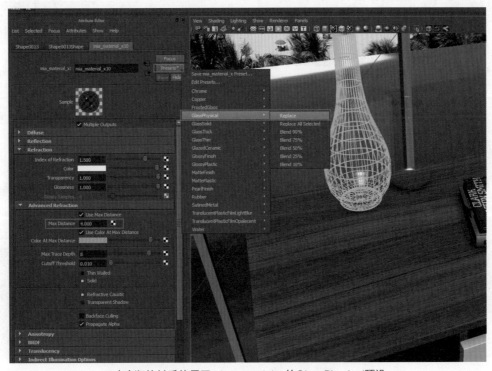

玻璃瓶的材质使用了mia_material_x的GlassPhysical预设

对于书本模型来说，其材质更加简单，为其Diffuse Color进行了贴图连接，并将Reflection Glossiness设置为0.600，Glossy Samples设置为32，如下图所示。

Maya 2015大师课
——材质、灯光与渲染

书本材质设置

对于照片材质来说，使用了一个Surface Shader，并建立了简单的贴图连接，如下图所示。

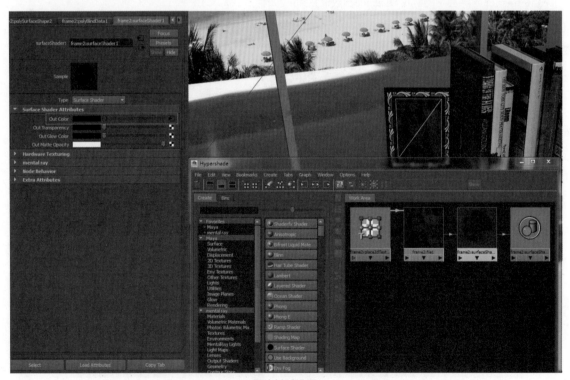

照片材质设置

根据最终渲染的效果，可能需要调节图片的亮度，其方法是：选中文件节点，展开Color Balance卷展栏，将Color Gain颜色进行加深或减淡，注意这个参数值和Maya中大部分参数值一样，都可以超过1.000，如下图所示。

调节照片材质的亮度

设置完场景中大部分的材质，现在就可以导入刚才制作的双面材质书本模型了，执行菜单File >Import，选择之前保存的文件进行导入。

最后使用本书中其他章节所讲述的办法，对场景进行渲染，这里就不再赘述。最终得到的效果如下图所示，可以用来制作一些翻书的动画效果。

为了观察方便，特意制作的书页翻折效果如下图所示。

为了观察方便得到的翻折效果

上面得到的效果整体还是比较满意，但还欠缺一些后期的调整：图片整体亮度需要进行一些加强；因为是午后阳光直射，光线很强，因此出于真实和生动的需要，为图片罩上一层辉光，现在就使用Nuke来进行操作。

最终得到的效果

9.2 Nuke部分

9.2.1 线性流程设置

首先打开Nuke软件，看到节点区域就只有一个Viewer1节点，如下图所示。

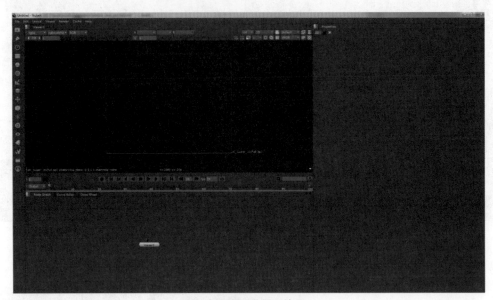

Nuke开启后的界面效果

按 "R" 键，来读取硬盘上的文件，在这里读取刚才渲染的图片，如下图所示。

读入素材节点

在节点区域，出现了一个带缩略图的Read节点，如下图所示。

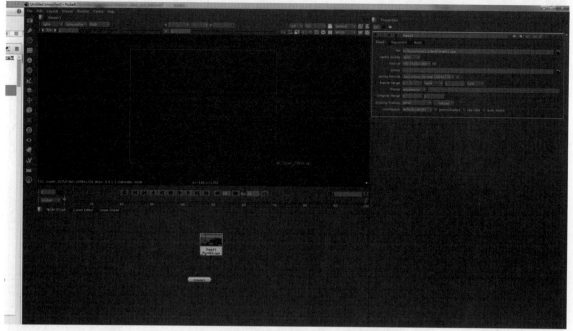

在节点区域出现一个带缩略图的Read节点

首先单击并选中Read节点，然后按 "1" 键，这样选中的节点将显示在Viewer1视图中，如下图所示。发现读入的图片非常黑暗，这是由于Nuke默认的颜色空间和输出的线性sRGB不一致的原因。

显示素材，但由于颜色空间，读入的素材偏暗

按 "H" 键，图片将会在视图中进行适配，并居中最大化显示，如下图所示。

将素材在视图中进行适配

首先来看一下使用Gamma节点对图片提亮以后是什么效果，在Nuke中，带有Gamma矫正的节点有很多，既可以按"C"键，添加一个ColorCorrect节点，也可以按"G"键添加一个Grade节点，或者在节点区域按"Tab"键，输入相应的字符，也会出现相应的节点，如下图所示。

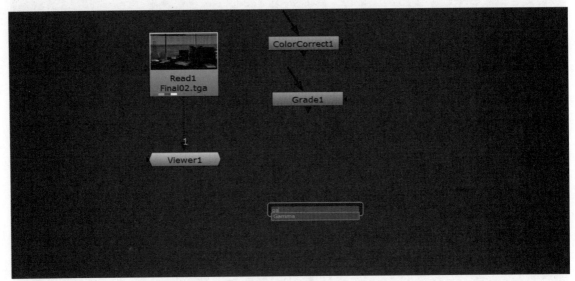

添加Gamma节点

以Grade节点为例，把一个Grade节点拖拽到Read节点和Viewer节点的连接线上，它就会自动连接到网络上，如下图所示。

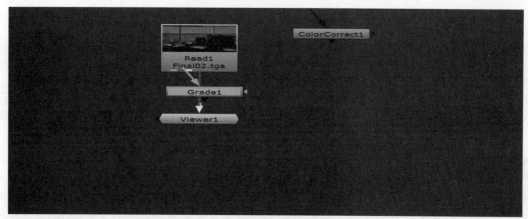

连接Grade节点

在Grade的属性面板中，将Gamma数值设置为2，如下图所示。

设置Grad节点的Gamma数值

发现图片已经提亮，但是整体显得很"灰"，似乎饱和度不够，和最终的渲染结果并不一致，如下图所示。

图片已经提亮，但图片整体显得很"灰"，和最终渲染并不一致

这就是不能使用颜色矫正节点来提亮图片的原因，需要使用其他的方法，在节点面板中双击Read节点，打开其属性

面板，在其属性面板中找到colorspace，将它从默认的default（sRGB）设置为Linear，如下图所示。

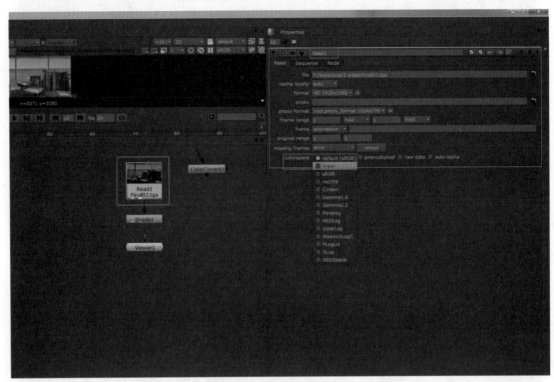

改变Read节点的colorspace

从Viewer视图中，看到显示效果马上变得正确了，如下图所示。

效果变得正确了

此时的节点网络如下图所示，看到并没有使用任何的颜色矫正节点，如下图所示。从原理上来说，也是可以理解的，那就是：读入Nuke的素材应该不需要任何的处理节点，就能得到和Maya渲染效果完全一样的效果。

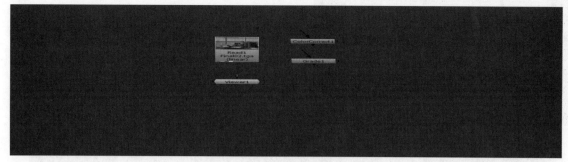

没有使用任何颜色矫正的节点网络

现在就能使用颜色矫正节点来对图片的亮度进行一定的提升，这里以ColorCorrect为例，用之前的方法，把ColorCorrect节点拖拽到Read节点和Viewer节点的连线上，如下图所示。

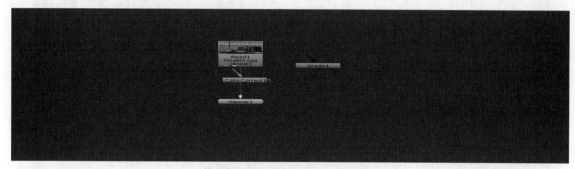

使用颜色矫正节点来对图片进行提亮

调整ColorCorrect节点的gain参数，将其调整到1.84，如下图所示。

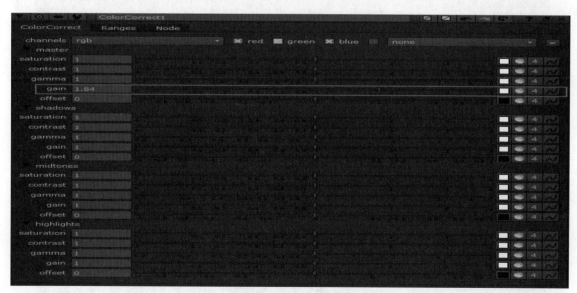

调整ColorCorrect节点参数

现在看到图片已经亮了不少，如下图所示。

图片已经提亮

也可以试验一下，Grade是否可以完成这个任务，选中ColorCorrect节点并按"D"键将其禁用，然后将Grade连接到网络中，调节Grade的multiply参数，例如调整到1.86，发现Grade也能进行同样的任务，这就告诉我们很多不同的节点都能执行相同的任务，具体采用哪个节点，可以根据自己的喜好来决定，或者具体问题具体分析，如下图所示。

Grade节点也能进行图片提亮

9.2.2 辉光效果设置

现在就来为场景添加一个Glow效果，按"Tab"键，并在输入框中输入glow等字样，最后按"Tab"键或者回车键来添加一个glow节点，如下图所示。

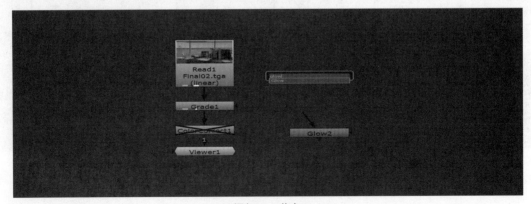

添加glow节点

这时，节点连接如下图所示。

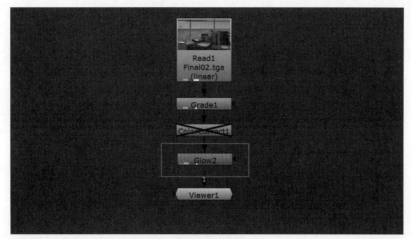

节点网络连接

默认得到的Glow及模糊效果较为强烈，如下图所示。

默认得到的Glow及模糊效果较为强烈

打开Glow的属性面板，将其中的brightness参数设置为1，size参数设置为10，如下图所示。

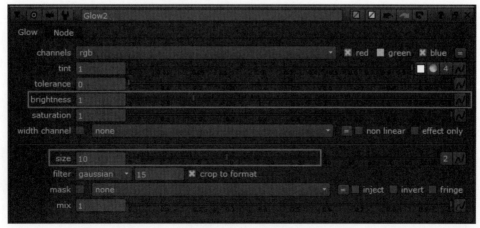

设置Glow节点参数

这样就得到了下图所示的效果。

画面整体罩了一层辉光

如果读者觉得glow和模糊依然很强，可以调节上面提到的brightness及size参数，来得到一个满意的结果，如下图所示。

调节brightness以及size参数来得到一个满意的结果

无光投影材质表现

在CGI制作的过程中，比较重要的一项任务就是把三维制作的内容和真实摄像机拍摄的胶片素材进行合成，怎么合成，用哪些技术合成？这是一个非常复杂的问题，涉及很多软件和知识。但是其中很重要的一个环节就是为计算机制作的内容添加阴影，这是把三维内容合成到真实素材中极为重要的一环，因为谁也不想闹笑话，让自己所做的东西悬浮在素材上。在3ds Max中，把这种shader称为无光投影材质。而在Maya中，自带了useBackground shader来完成这项工作，但是useBackground的问题就在于太简陋，并且和mental ray存在一些兼容的问题，也没有达到"强大稳定的生产级别"。

在本章将为大家讲解一个强大可靠的产品级别无光投影材质，其实它仅仅只是mental ray Production库中的一个shader，关于mental ray的Production，还有许多强大的功能，本书限于篇幅，不可能面面俱到。读者如果感兴趣的话，可以自行查阅相关资料进行学习。

10.1 如何开启

这里介绍的是如何使用mental ray自己的无光投影材质，MentalRay自己的无光投影材质叫做mip_matteshadow，它是mental ray Prodution库中的shader，它有许多好的功能，能帮助我们完成高质量的CGI合成。但不幸的是，mental ray Prodution库默认对Maya是隐藏的，需要开启才能使用，下面就来看一下具体的开启方法。

在Maya早期的版本（例如2009）中，mental ray是安装在Maya的目录之内，那么我们可以从目录中找到下面的一个文件：

:\ProgramFiles\Autodesk\Maya2013\scripts\others\mentalrayCustomNodeClass.mel

从Maya 2013开始，mental ray仍然安装在Maya的目录之内，但这个目录变为：

:\Program Files\Autodesk\Maya2013\mentalray\scripts\mentalrayCustomNodeClass.mel

请注意两个版本中，mental ray目录中内容的变化，如下面两张图片所示。

Maya2009版本中MentalRay目录中的内容

Maya2013版本中MentalRay目录中的内容，相当多的内容迁移到这里

从Maya2014开始，MentalRay安装在独立的文件夹之中。

这样，这个路径也随之进行了更改，现在的路径位于：

:\Program Files\Autodesk\mentalrayForMaya2014\scripts

Maya2015与之类似，现在我们以Maya2015为例，讲解如何启用Production Shader库，打开路径：:\Program Files\Autodesk\mentalrayForMaya2015\scripts，找到mentalrayCustomNodeClass.mel文件，如下图所示。

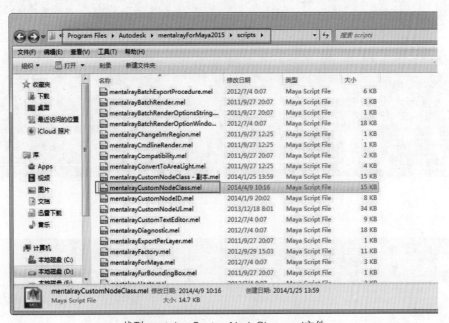

找到mentalrayCustomNodeClass.mel文件

使用写字板将其打开。从中找到$enableMIPShaders == 0这样一个赋值语句，由于表达式使用的是"&&"运算符，而且赋值后，$enableMIPShaders变量的数值为0，因此，整条语句的结果都为0。将其从默认的0改为1，这就打开了Production库，如下图所示。

```
// Internal MentalRay Nodes. Not meant to be used with Maya.
int $enableMIPShaders = (`optionVar -query "MIP_SHD_EXPOSE"` == 1);
int $enableMAPShaders = (`optionVar -query "MAP_SHD_EXPOSE"` == 1);
int $enableBIFShaders = (`optionVar -query "BIF_SHD_EXPOSE"` == 1);
int $enableXGENShaders = (`optionVar -query "XGEN_SHD_EXPOSE"` == 1);

if ((($nodeType == "mip_rayswitch" ||
      $nodeType == "mip_rayswitch_advanced" ||
      $nodeType == "mip_rayswitch_stage" ||
      $nodeType == "mip_rayswitch_environment" ||
      $nodeType == "mip_card_opacity" ||
      $nodeType == "mip_fgshooter" ||
      $nodeType == "mip_motionblur" ||
      $nodeType == "mip_matteshadow" ||
      $nodeType == "mip_cameramap" ||
      $nodeType == "mip_mirrorball" ||
      $nodeType == "mip_grayball" ||
      $nodeType == "mip_gamma_gain" ||
      $nodeType == "mip_render_subset" ||
      $nodeType == "mip_matteshadow_mtl" ||
      $nodeType == "mip_motion_vector" ||
      $nodeType == "mip_binaryproxy"
      ) &&
      $enableMIPShaders == 1 ) ||

(($nodeType == "mib_map_get_scalar" ||
      $nodeType == "mib_map_get_integer" ||
      $nodeType == "mib_map_get_vector" ||
      $nodeType == "mib_map_get_color" ||
      $nodeType == "mib_map_get_transform" ||
      $nodeType == "mib_map_get_scalar_array" ||
      $nodeType == "mib_map_get_integer_array" ) &&
      $enableMAPShaders == 1 ) ||
```

修改代码

现在重启Maya，就能在Hypershader的MentalRay > Material目录下看到Production shader了，如下图所示。注意，mental ray Production shader全部以MIP开头，它代表的是Mental Image Production Library。如果在启动Maya的过程中，

提示缺少xpm系统图标的错误，不用理会，因为缺少系统图标并不影响我们的使用。

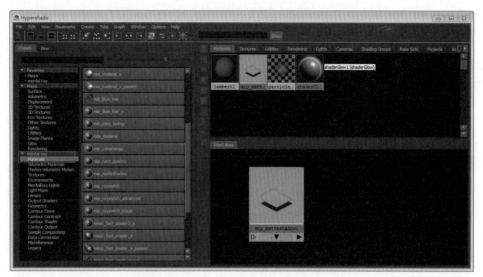

mental ray Production库的shader

将要学习的**mip_matteshadow**，如下图所示。

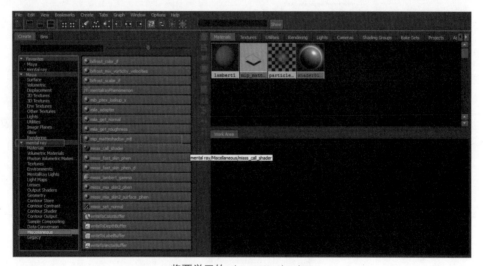

将要学习的mip_matteshadow

10.2 如何使用

在实际生产中，CGI合成一直都是一个重要的内容，特别是在电视剧广告制作以及电影特效制作中。使用高清或者3D摄像机拍摄的真实演员和环境被用作背景，将计算机生成的内容作为"前景"叠加在上面，从而形成各种亦真亦幻，令人赞叹的视觉效果。

对于制作人员来说，即便是在调试阶段，背景的作用也不可或缺，它可以让我们高质量地预览到最终图片，而无需在三维软件和后期软件之间进行来回切换，从而为我们节省了大量的时间。由于在实际生产的过程中，经常需要使用

HDR、Gamma矫正以及诸如FG等间接照明方法，因此，很难避免对背景图片造成影响，这就使我们在预览最终效果的过程中，不可避免地出现偏差，而导入/导出到后期软件的过程也需要大量的时间和准备工作，比较繁琐，大大降低了制作的效率。

另外，在Maya中，用来制作背景图片最多的就是Surface Shader，这是一个无光材质，不会受到灯光的影响产生阴影，但是它却会受到FG以及Gamma矫正的影响，在Maya中，用来制作地面无关投影材质最多的就是Maya自带的UseBackground，在上一节已经对它进行了简单介绍，这是一个很方便的shader，它可以产生用于合成的阴影，但是和Surface Shader一样，在许多情况下都会和mental ray的许多材质、灯光、渲染方式不兼容，从而产生很多问题，另外控制力也不是很强。

而在MentalRay中可以使用Production库中的shader，对摄像机背景平面、照明环境，以及阴影单独进行控制，它提供了丰富而强大的参数，使得我们可以单独调节摄像机背景平面、照明环境，以及阴影中的任何一个，而不影响其他，另外它对mental ray其他部分的兼容性也比Maya自身的shader好得多，这就为实际生产提供了强大而便捷的流程。

在本节中学习如何使用Production库来进行三维模型和图片（或者动画序列）的CGI合成，尤其是如何使用mip_matteshadow来制作用于合成的无光投影，现在就来开始学习。

在这个例子中，使用一个三维的书本模型，为它添加材质灯光，以及地面投影，最终和一张真实的背景图片进行合成，最后得到的效果如下图所示。

最终效果

下面是我们用来充当背景的图片，它是一张普通的JPG位图图片，如下图所示。

背景图片是一张普通的照片

10.2.1 模型检查

首先按Ctrl+O组合键打开配套光盘中提供的一个书本模型，book\model\Production\Mip_shadow\ 01_start.mb，这是一个Maya2015的书本模型，在前面的双面材质一章中使用过它。这个模型需要读者安装最新的Maya2015，否则书中很多所讲的内容以及新功能都无法使用，如果没有新版本的话，也可以打开fbx文件。

打开材质编辑器，查看一下里面的材质。我们看到书本模型的每个部分都已经预先指定了mia_material_x材质，如下图所示。

书本模型的每个部分都是mia_material_x材质

打开其中一个材质的属性编辑器，发现材质球上仅仅只有diffuse上进行了贴图，其他地方都是默认的参数，如下图所示。

渲染场景

材质仅仅在颜色贴图上进行了贴图，其余都是默认对场景进行渲染，得到的效果如下图所示。

10.2.2 初始灯光设置

上面的效果很普通，没有任何吸引人的地方，这是场景中默认灯光的照明效果，现在使用HDR配合线性流程来进行图像照明。打开全局渲染参数设置窗口，在其中的Indirect Lighting面板下，展开Final Gathering卷展栏，勾选其中的Final Gathering，以启用FG渲染方式；展开Enviroment卷展栏，单击Image Based Lighting旁边的Create按钮，创建一个IBL节点，这时Create按钮变成Delete，在弹出的IBL节点中选中一张HDR图像，如下图所示。

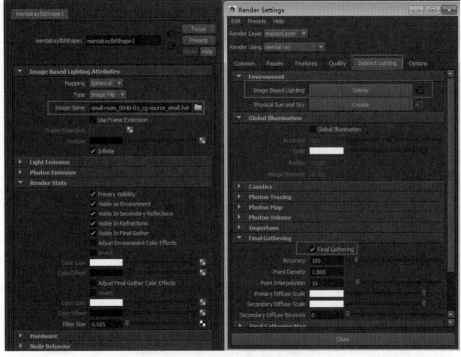

使用FG配合HDR进行图像照明

使用外部软件，例如Photoshop，打开HDR图片进行观察，发现这是一张室内图片，如下图所示。

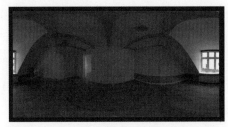

使用一张室内HDR

仍然打开渲染全局设置窗口，在Common面板下，勾选Enable Color Managerment，以启用颜色管理，并将Default Output Profile改为Linear sRGB，然后在Render Option卷展栏下，取消对Enable Default Light的勾选，这样就能禁用场景中的默认灯光，如下图所示。

启用颜色管理，取消默认灯光

对场景进行渲染，得到的效果如下图所示。

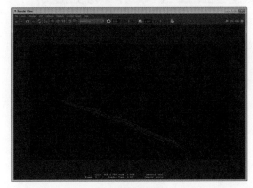

初始渲染效果

发现场景过于黑暗，这是由于启用了颜色管理的原因，现在需要补偿这种效果，这样场景才能得到正确的显示效果。在渲染窗口中，单击菜单Display > Color Management，如下图所示。

打开相应的颜色管理节点，将其中的Image Color Profile设置为Linear sRGB，如下图所示。

打开视图的颜色管理

发现渲染效果突然亮了许多，颜色也变得很柔和，整体光照效果比较自然，对渲染窗口的颜色管理是实时的，它相当于对渲染图片进行后期处理，因此能马上看到效果，如下图所示。

视图颜色管理的实时反馈

现在准备使用Production库来进行制作，上面的制作过程只是一个预先的评估和观察，它有助于我们审查HDR是否合适，以及材质效果是否正确。首先打开全局渲染参数设置窗口，单击Indirect Lighting面板，按Delete键删除IBL节点，并取消对Final Gathering的勾选。

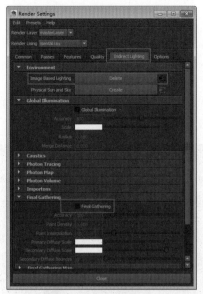

取消FG和HDR图像照明

10.2.3 准备摄像机

在透视图中，执行视图菜单Panle > Perspective > New命令新建一个摄像机，这个摄像机将作为最终渲染摄像机。

在通道盒中，将摄像机重命名为 RenderCam。

在任意视图中，执行视图菜单Panle > Perspective > RenderCam命令，将视图转换为新建的摄像机视图。

10.2.4 背景图片和摄像机设置

在这个新建的摄像机视图中，执行视图菜单view > Image Plane > Import Image命令，导入一张图片作为摄像机的背景平面，请注意，摄像机背景图片和相应的摄像机是关联的，不同的摄像机对应不同的背景平面。

在打开的对话框中，选择一张名字叫做desktop.jpg的图片，这是一张普通的位图图片，如下图所示。

导入图片

在视图中看到，背景平面已经被正确导入了，但是它却和书本模型进行了错误的穿插，如下图所示。这是由于摄像机平面深度参数数值过小的原因，下面就来解决这个问题。

背景平面和书本产生了穿插

首先打开全局渲染参数设置窗口，在其中将渲染的分辨率设置为预设的HD 540，也就是960×540像素，如下图所示。

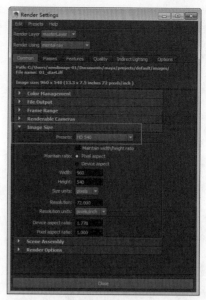

更改渲染分辨率

打开RenderCam摄像机的属性编辑器，在其中找到背景平面的形态节点imagePlaneShape1，在Placement（放置）卷展栏下，将Fit（适配）更改为 To Size，并单击下面的 Fit to Resolution Gate按钮，它将根据渲染分辨率对背景平面进行适配，如下图所示。

正确放置背景平面

可以通过更改Placement卷展栏下的Depth参数，或者是通道盒中的Depth参数来调整背景平面的位置，在这里将它设置为9000，如下图所示，发现背景平面和模型交叉的现象消失了，现在就得到了准确的效果。

修改背景平面Depth参数

在继续选中摄像机的情况下，找到摄像机的形态节点（RenderCamShape），展开其Dispaly Options卷展栏，将Overscan参数缩小为1.250，如下图所示。

放大背景平面显示

根据背景图片的透视关系，放置书本模型，在这一步，最重要的就是注意图片的透视，很多作品渲染的也很真实，但就是由于透视关系没有处理好，就产生了非常不好的效果。一般来说，可用后期追踪软件得到摄像机，例如Boujou、Matchmover、PFTrack、SynthEyes等等，对于静帧图片来说也可以使用外部软件，例如Photoshop，绘制出其灭点，从而进行精确对位。由于图片是顶视图，因此处理起来相对容易，最终得到的效果如下图所示。

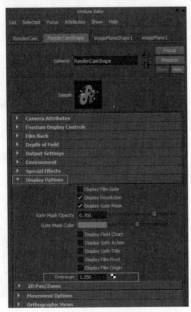

更改Overscan参数

缩小这个参数将会使渲染分辨率窗口放大，这有助于精确地操纵摄像机，放置书本模型，如下图所示。

正确放置书本模型

观察视图，调整摄像机。最后得到的摄像机变换参数如下（这里提供给读者一个参考）：TranslateX，Y，Z（5.016，89.61，4.589），RotateX，Y，Z（-84.338，44.2，0），ScaleX，Y，Z（1，1，1）。

由于摄像机的位置决定了最终渲染的透视关系，因此它是非常重要的，在前面已经调整好了摄像机的最终位置，现在就需要将其固定，免得在后面误操作。选中摄像机，在右侧的通道盒中选中摄像机的变换属性，单击鼠标右键，在弹出的菜单中选择Lock Selected，将其锁定，如下图所示。

现在对视图进行渲染，发现书本模型是黑色的，这是因为场景中没有任何照明，FG也进行了关闭的原因，如下图所示。

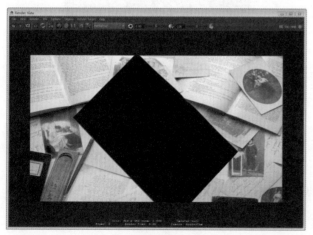

渲染视图

10.2.5 Production Shader设置

现在就来使用Production Shader进行映射和照明，打开RenderCam摄像机的属性编辑器，展开mental ray卷展

栏，从中找到Enviroment Shader槽，单击其右侧的棋盘格按钮，如下图所示。

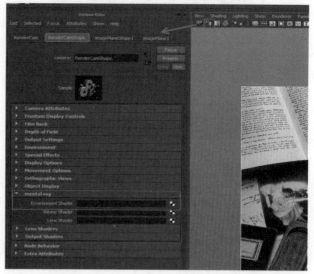

准备使用Production Shader进行映射和照明

在弹出的创建节点对话框中，单击mental ray目录，在上面的搜索栏中输入 mip，这样就对窗口中的mental ray Shader进行了过滤查找，所有名字中带有mip字符的shader都被列举出来，选择其中的mip_rayswitch_enviroment，如下图所示。

创建mip_rayswitch_enviroment

在弹出的mip_rayswitch_enviroment属性编辑器中，单击Background右侧的棋盘格按钮，如下图所示。

为mip_rayswitch_enviroment的Background属性连接shader

和上面类似，在弹出的菜单中找到mip_cameramap节点，这是一个摄像机映射节点，类似于Maya 节点的Projection方式，也比较类似于matte painting的原理，它是从摄像机的角度将一张图片映射到mental ray的摄像机平面上，注意这里并不是映射到Maya自己的摄像机平面上。这样就能得到一个无偏差，和原始图片一模一样的摄像机背景平面，如下图所示。

使用mip_cameramap节点进行摄像机映射

在弹出的mip_cameramap属性编辑器中，单击"Map" 槽右边的棋盘格按钮，来选择背景贴图，如下图所示。

选择背景贴图

单击按钮后，打开的并不是Maya的节点选择器，而是一个mental ray自己的贴图节点 mentalrayTexture，在其中将Color Profile 保持默认的Use Default Input Profile，注意，在全局渲染窗口中，把输入图片默认的颜色空间设置为sRGB，因此，这里的图片将保持sRGB的颜色空间，将不受Gamma的影响。单击Image Name槽旁边的文件夹图标，打开它就可以选择贴图文件，如下图所示。

mip_cameramap连接的是一个MentalRay Texture，为图片选择线性流程

在弹出的文件选择对话框中，仍然选择之前的desktop.jpg来作为背景图片，如下图所示。

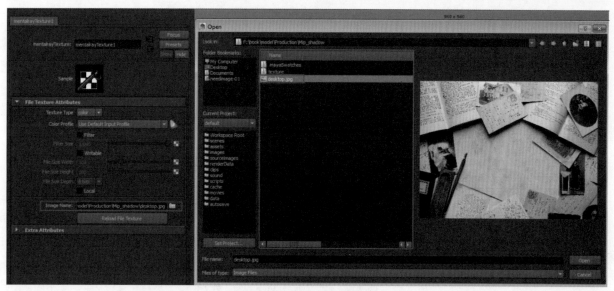

选择外部贴图作为背景贴图

　　回到摄像机的形态节点，找到Enviroment Shader，单击右边的按钮，展开mip_rayswitch_enviroment的属性，如下图所示。

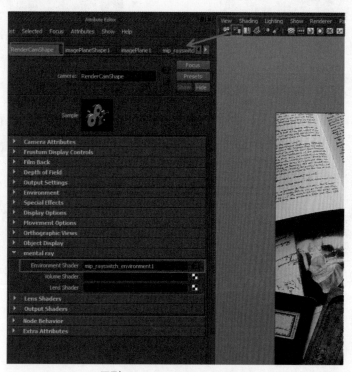

回到mip_rayswitch_enviroment

　　这次需要在Enviroment上进行贴图，它的作用是产生一个球形的环境，使用这个环境来进行照明，把背景图片和照明区分开来，使得我们能分别对二者进行控制，增强了控制力。单击Enviroment右边的棋盘格按钮，如下图所示。

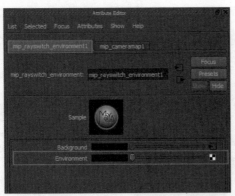

为mip_rayswitch_enviroment的Enviroment属性连接shader

在弹出的渲染节点选择窗口中，选择mip_mirrorball，这是一个球形的环境，可以把球形的HDR贴图映射在上面，从而形成一个360°的环境，如下图所示。

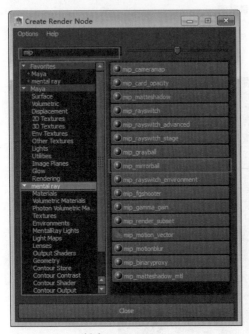

创建mip_mirrorball

在弹出的属性编辑器中，单击Texture槽旁边的棋盘格按钮，准备使用外部贴图。

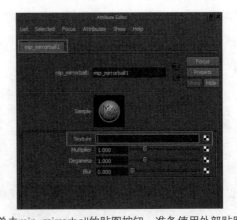

单击mip_mirrorball的贴图按钮，准备使用外部贴图

这时系统会自动生成一个mentalrayTexture贴图节点，保持Color Profile为默认的 Use Default Input Profile，并单击Image Name旁边的文件夹按钮选择文件，如下图所示。

选择外部贴图，并保持其为线性流程

在系统弹出的文件选择对话框中，选择之前使用过的室内HDR图片，如下图所示。

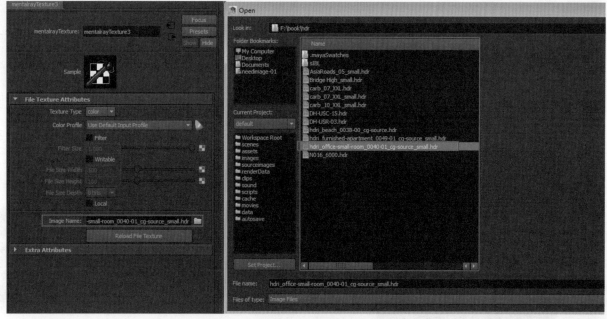

选择外部HDR图片

球形的环境并不会自己产生照明效果，要得到照明效果，需要启用FG，打开渲染全局对话框，在Indirect Lighting面板中，展开Final Gathering卷展栏，勾选Final Gathering复选框。

开启Final Gathering

现在对场景进行渲染，得到的效果如下图所示。

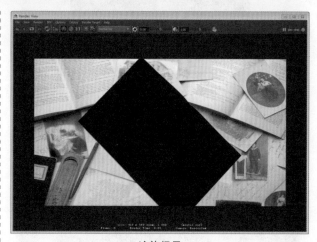

渲染场景

10.2.6 场景亮度调整

发现现在的渲染结果存在两个问题：

（1）书本的模型文件过于黑暗；

（2）背景图片曝光过度，过于明亮。

这恰好是两个极端，并且都不是我们希望看到的。

产生这两个问题的原因在于：

（1）mirror ball的计算原理和IBL不太一样，因此造成亮度上的差异。

（2）没有使用Production的mip_cameramap的摄像机映射结果，因为没有关闭Maya自己的摄像机平面，因此系

统将Maya自己的摄像机平面进行曝光，得到错误的渲染结果。现在就来解决这两个问题。

第1步：首先选中mip_mirrorball节点，打开其属性编辑器，将其Muliplier（强度倍增数值）参数从默认的1.0更改为30.0，如下图所示。

加大mip_mirrorball的强度

现在对摄像机视图进行渲染，得到了正确的渲染效果，如下图所示。

正确的渲染效果

第2步：关闭Maya的摄像机平面，单击视图按钮，展开摄像机平面（imagePlaneShape1）的属性编辑器，将其中的Display Mode从RGBA更改为None，这将会在所有视图禁用摄像机平面，如下图所示。

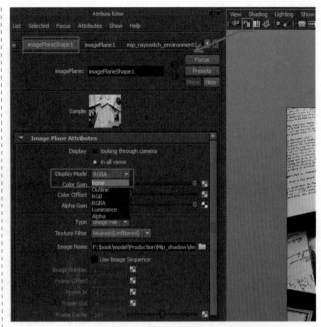

在所有视图禁用摄像机平面

查看场景中的摄像机视图，发现这时视图中除了书本的模型之外，没有任何的东西，如下图所示。

场景视图中只有书本模型

10.2.7 手动制作阴影

现在对场景进行渲染，发现背景平面的亮度也正确了，但是由于没有阴影，书本是漂浮在空中的，如下图所示。

问题得到解决，但是书本没有阴影，"悬浮"在场景中

现在就来制作阴影，首先单击菜单Create > Polygon Primitives > Plane，创建一个平面，并将其缩放到合适的大小，如下图所示。

创建平面

选中平面，单击鼠标右键，在弹出的菜单中选择Assign New Material，为其指定一个材质。

与上面类似，从弹出的菜单中选择mip_matteshaow，如下图所示。

为平面指定mip_matteshaow shader

这时会弹出mip_matteshadow的属性编辑器，这是一个mental ray自己的无光投影shader，从其参数的数量上就能看出比maya自身的Usebackground提供强得多的控制力，对普通阴影、透明阴影、AO、反射、间接照明等都提供了专门的控制参数。但是这个shader有独特的要求，如果要正常使用的话，需要插入一个mip_cameramap到其background参数上，如下图所示。

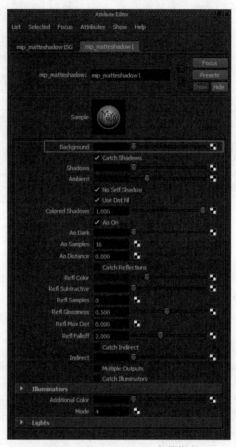

为mip_matteShadow的Background参数指定shader连接

打开Hypershade，在其中找到之前创建的mip_cameramap1节点，如果上方的节点区域不方便观察的话，将其拖拽到下方的工作区，如下图所示。

找到之前创建的mip_cameramap1

使用鼠标中键将这个节点拖拽到**mip_matteshadow**上，建立连接，如下图所示。

拖拽mip_cameramap1到mip_matteshadow上，建立连接

现在对视图进行渲染，在渲染的过程中，已经能看到阴影，这就说明材质连接成功了，如下图所示。

渲染中出现了阴影

现在书本周围已经有了非常淡的阴影

从效果上看，现在书本周围已经有了非常淡的阴影，虽然很不明显，但是现在书本已经不再漂浮于空中。另外从背景图片上看，背景图片上的其他书本都泛着阳光的黄色，如下图所示，再从背景图片上其他书本的阴影角度，就可以判断出太阳的大概范围和强度，现在就来加强阴影，并为书本添加阳光的感觉。

从Maya菜单中创建一个面光源Create > Lights >Area Light，使用面光源的原因在于它能提供柔和的阴影，并且mental ray能对面光源提供更好的支持和控制。

打开Outliner，将新创建的面光源命名为"Sun"。

现在我们来修改灯光的属性，展开灯光的属性编辑器，将其Color修改为一个泛黄的颜色，（H，S，V）（60.000，0.123，1.000），展开下方的mental ray卷展栏，勾选Use Light Shape来使用mental ray的面光源，mental ray自身的面光源要比Maya自己的面光源效果好得多，如下图所示。

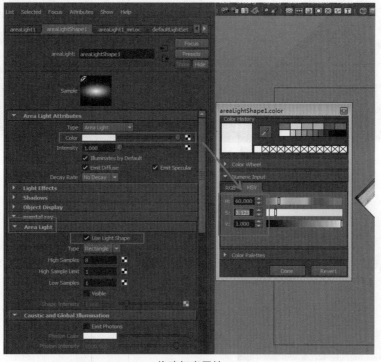

修改灯光属性

在选中灯光的前提下，从视图菜单中选择 Panels > Look Through Selected，这样就能从灯光视角观察场景。

参考背景图片中阴影的方向，将灯光视角调整到如右图所示的位置.。

切换到透视图进行观察，这里给出灯光变换信息的参考数值，TranslateX，Y，Z（−42.219，24.294，−53.207），RotateX，Y，Z（−192.982，−40.059，−180），ScaleX，Y，Z（24.958，24.958，24.958），如下图所示，请注意，面光源的大小会对灯光的强度产生影响。

调整灯光视角

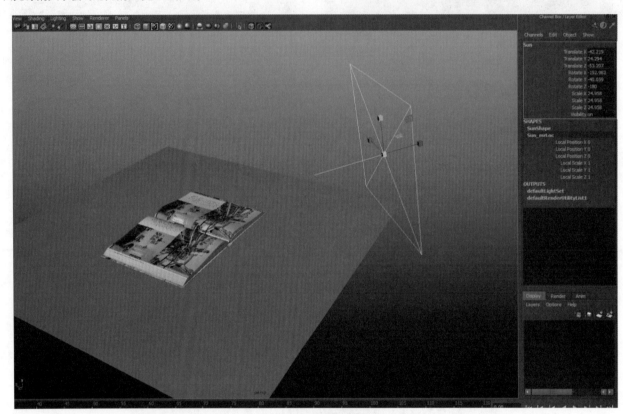

最终得到灯光的变换属性

现在视图中的效果如下图所示。

视图中的效果

注意，要得到最真实的效果，就需要使用最真实的灯光，由于现实生活中，灯光的衰减都是和距离的平方成反比关系，所以需要打开灯光的衰减，默认情况下，灯光的衰减是关闭的，把Decay rate参数修改为Quadratic，这样，所需要的灯光强度就大大增加，默认的1.0的灯光强度使得场景漆黑一片，如下图所示。

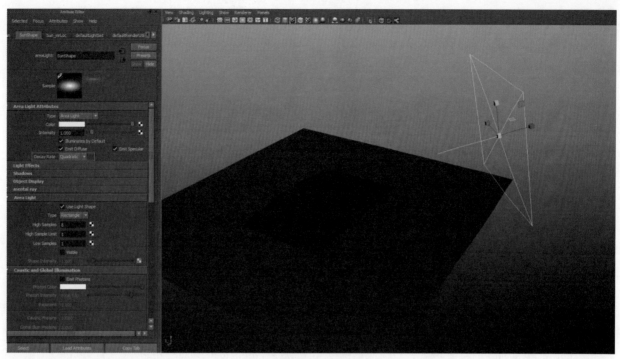

开启灯光二次衰减

按"7"键，开启视图中的灯光显示，现在Maya 2015版本已经把Viewport 2.0作为默认的视图显示，它能较好的对渲染效果进行预览，依据我视图中的显示，逐渐进行测试，最后把灯光强度设为6000，如下图所示。

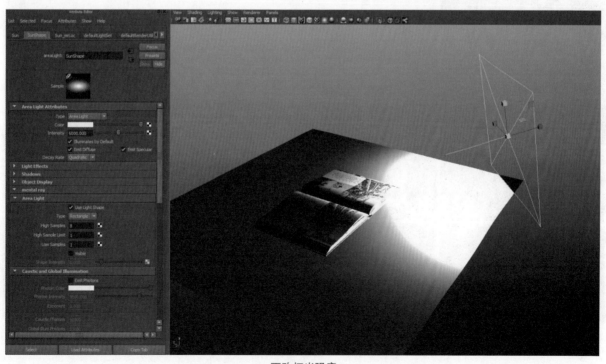

更改灯光强度

现在对场景进行渲染，得到如下图所示的效果。

渲染效果

阴影开始明显，但是噪点很多

从图片中可以看到书本的背光面已经有了淡淡的阴影，并且噪点很多，如下图所示。

阴影部分的噪点是由灯光采样数值过低所造成的，可以暂时先不用理会，对比背景图片上其他书本的阴影，显得非常不真实，很难和图片融合在一起，如下图所示。现在把主要精力放在如何使阴影变得更深上。

打开mip_matteshadow的属性编辑器，为了得到间接照明的效果，mip_matteshadow中引入了一个Ambient参数，它可以把阴影变得更淡，从而达到间接照明的效果。对于本例来说，显得太多了一些，把Ambient颜色调暗，再次渲染视图，得到下面的结果，发现阴影还是过亮。

阴影变暗，对比背景，仍然显得过亮

双击Ambient的色块，打开取色器，设置其HSV中的V数值为0.005，并渲染视图，最终得到比较满意的效果，如下图所示。

最终满意的阴影

mip_matteshadow中还有对反射的控制选项，可以勾选来启用反射，如下图所示。在本例中，由于不涉及到反射就在这里略过，读者如果感兴趣，可以自行研究。

现在来进行最终渲染。首先，打开灯光的属性编辑器，将面光源的mental ray细分数值（High Samples）增大到32，如下图所示。

mip_matteshadow中的反射控制选项

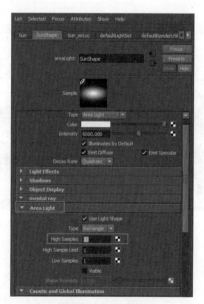

增大灯光细分参数

打开全局渲染参数窗口，在Quality面板下，将Quality参数设置为2.00，增大最终渲染的Quality参数。

最后，在Common面板下，将渲染尺寸设置为默认的HD 1080，也就是1920像素×1080像素，如下图所示。

增大渲染分辨率

对RenderCam摄像机进行渲染，得到最终的效果如下图所示。

最终渲染效果

请注意，由于使用的是线性流程，最终输出图像是没有经过Gamma校正的，因此，最后保存的图像会比较暗，如下图所示。

保存为外部文件，因为线性流程的缘故，图片比较暗

可以使用各种外部软件，例如Photoshop对图片进行Gamma曝光补偿，最后得到了适合于人眼查看的图像，如下图所示。

使用Photoshop等外部软件对图片进行Gamma曝光补偿

置换贴图技术

11.1 理论介绍

在CG电脑艺术中，置换的作用毋庸置疑，特别是对于高品质广告、电影来说，置换绝对是重中之重。置换，英语被称为Displacement，它是指通过一定的算法对模型进行渲染时的细分，从而实现超级多的表面凹凸细节。

置换的出现和渲染的存在是类似的，它是由于当代计算机的硬件显示和计算能力相对很弱，无法处理那么高细节的模型，因此需要把最精细的工作交给软件和算法来进行处理，随着时代的发展，置换以及渲染将会逐渐淡出历史舞台，但是在很长一段时间内，它仍然是效果表现的重中之重。

那置换和凹凸、法线的区别在哪里呢？这可以从效果和性能两个方面来进行说明。效果上，只有置换真正的对模型进行细分，从而实现模型上的高低起伏，产生真正的自身投影，这尤其可以从边缘处看出来。它的渲染效果最好，尤其是近些年出现的矢量置换，更是把置换的效果表现和应用推向一个高潮。但是置换唯一的问题在于渲染速度，虽然各大渲染器都在持续不断地改进，但无论从速度还是效果，RenderMan系列渲染器在这一块仍然具有不可撼动的霸主地位。凹凸和法线则不同，它们仅仅是利用算法使得人眼产生物体表面凹凸不平的感受，是一种假的凹凸起伏效果，但渲染速度很快，在各大软件都得到了较好的支持。相对于凹凸，法线技术更为先进一些，它被广泛应用于游戏行业。

下图就是著名的RenderMan渲染器的置换渲染效果，我们可以从中体会这种化腐朽为神奇的伟大力量，其中的种种优势不言自明，读者可以充分想象。

著名的RenderMan渲染器的置换渲染效果

11.2 地形表现

11.2.1 项目介绍

在本章的学习中，通过一个场景来学习mental ray中置换的使用方法及一些需要高度注意的技巧和注意事项，这个例子是笔者于以前制作的一个真实项目，具体效果如下图所示。

使用置换的案例

一般来说，置换的使用非常简单，但是由于其注意事项非常多，加上渲染速度很慢，因此，需要谨慎对待。

将摄像机拉近看一下其中的一些细节，从这张图片中可以看到，在当今技术条件下，要制作这种细节的场景，不使用雕刻软件和置换贴图是不太可能的，这种细节的场景也不适合普通的制作方法，笔者当年在制作这个场景的时候，使用的也是Zbrush以及mental ray。

使用置换得到丰富的细节

再看一下这个项目中其他使用置换贴图的地方。

其他使用置换贴图的场景

在场景制作中，地面和场景其他模型都大量使用了置换贴图，这也是mental ray作为世界级的电影渲染器的重要原因，在这些场景中，大量使用了置换贴图、运动模糊，以及HD渲染，渲染时间还能保持在一个合理的范围内（09年的8核心i7），渲染时间基本控制在30分钟之内，如下图所示。

场景大量使用了置换贴图

11.2.2　基本设置

现在就来打开场景01-start.mb进行观察，看到这个场景有一些经过雕刻的简单模型，模型整体的面数较低，如下图所示。

打开初始场景，场景简单模型，模型整体面数较低

再来打开Hypershade检查一下场景中的材质，在材质编辑器中，看到现在场景中大部分材质都是一些简单的phong材质，其他一些诸如铁丝、头盔等材质使用了mia_material_x，如下图所示。

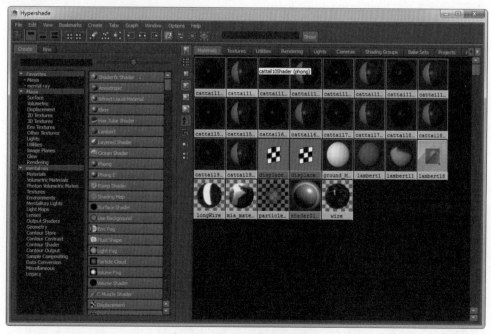

打开Hypershade检查场景材质

再来检查一下场景中的灯光，首先打开全局渲染设置窗口，切换到Indirect Lighting面板，展开Eniroment卷展栏，从中看到场景使用了一个基本的日光系统，Physical Sun&SKy处于可删除状态，再展开Final Gathering卷展栏，Final Gathering处于勾选状态，现在就了解到场景是使用日光系统配合FG进行照明的，如下图所示。

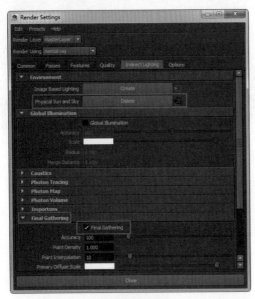

场景的光照系统

再打开mia_physicalsky1节点，看一下其属性编辑器，从节点属性编辑器中看到，Muplier为1.500，R Unit Conversion为0.000100，G Unit Conversion为0.000100，B Unit Conversion为0.000100，在后面会讲到，我们使用的是mia_exposure_simple1曝光方式，为了得到正确的效果，需要确保R Unit Conversion，G Unit Conversion，B Unit Conversion参数按照上面进行了正确的设置，另外注意到，Haze参数被设置为6.000，如下图所示，这将会为我们的场景引入一些雾的效果。

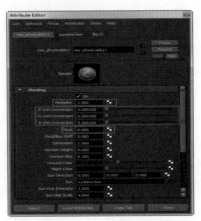

mia_physicalsky1节点设置

现在单击视图工具栏上的摄像机属性按钮，打开当前摄像机的属性编辑器，从中展开mental ray卷展栏，看到Enviroment shader连接了我们之前看到过的mia_physicalsky1，而Lens Shader则连接了刚才提到的mia_exposure_simple1 shader，如下图所示。

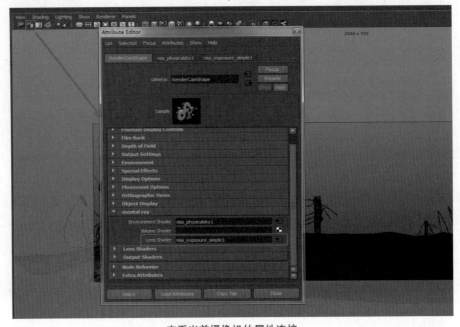

查看当前摄像机的属性连接

打开mia_exposure_simple1后，看到默认mia_exposure_simple1 shader的Gamma参数值被设置为2.2，如下图所示。

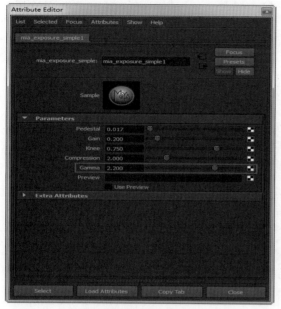

Gamma参数值被设置为2.2

现在对场景进行渲染，得到的渲染结果如下图所示。从渲染结果中看到，得到了较为正确的灯光效果和贴图效果，但现在渲染的问题在于地面模型非常平，根本不像是战场上凹凸不平的地面。

地面模型非常平，没有凹凸不平的感觉

对局部进行渲染，得到的渲染结果如下图所示。从这个局部放大的渲染结果，看到没有凹凸的置换效果，地面模型显得非常不真实。

对局部进行放大渲染

现在就来连接置换shader，首先选中地面模型，并打开Hypershade，然后展开地面的材质网络，在材质网络中看到材质的一个SG材质组节点，材质的置换效果是加在SG节点上的，因此首先选中这个节点，如下图所示。

找到地面材质的SG材质组节点

在展开的SG节点组节点中找到Displacement mat.属性，单击它旁边的棋盘格按钮，从中选择一个File文件节点，如下图所示。

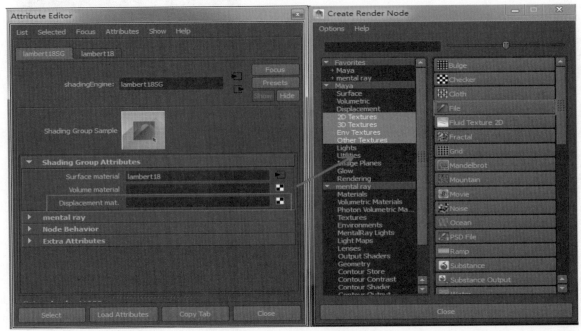

为材质的SG节点组指定文件贴图

弹出文件节点的属性编辑器，从中选择一张配套光盘所提供的图片文件，如下图所示。

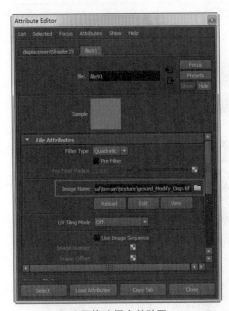

为置换选择文件贴图

现在对场景进行渲染，得到的渲染结果如下图所示。从渲染结果中看到出现凹凸不平的置换效果了，渲染明显真实了不少。

出现置换效果后，渲染真实不少

现在放大局部进行渲染，得到的渲染结果如下图所示。

放大局部的渲染效果

再更换一个摄像机角度进行渲染，得到的渲染结果如下图所示，看到置换效果的确提升了渲染的真实性。

更换一个摄像机角度进行渲染

11.2.3　置换原理和强度设置

但是从上面的渲染结果中，看到现在的渲染出现了奇怪的问题，那就是地形模型加上置换后跳出了渲染分辨率框，之前没有加置换之前却没有出现这样的问题，这个问题非常常见，它是渲染置换的过程中经常都会出现的，如下图所示。

渲染出现奇怪的问题

首先在Photoshop中打开这张置换图片进行观察，看到这是一张灰度图片，上面有各种小的细节，如下图所示。

置换图片是一张灰度图片

再来检查一下图片的深度，在Photoshop中执行菜单Image > Mode，看到这是一张16bit的图片。一般来说，置换需要使用16bits，32bits floating point格式的图像。通常来说，32bit格式的图片要比16bit的图片存储更多的信息，这样得到的置换效果也更加精确，在本例中，出于演示的目的，使用16bit的图片也是可以的。

对于32bit的图片，需要专用的图片查看器才能查看其内容，例如可以使用mental ray自己带的图片查看器imf_disp.exe或者mudbox来打开。

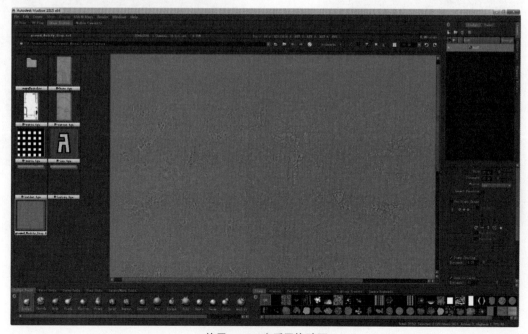

使用mudbo查看置换贴图

另外一个需要注意的地方是，需要明确地清楚置换贴图的来源，例如对于ZBrush软件生成的贴图来说，ZBrush会默认将灰度值为50%的位置作为置换强度为0的位置，而将灰度值高于50%的区域作为置换凸起的区域，灰度值低于50%的区域作为置换凹陷的区域，而Maya则恰恰不是这样，Maya默认会将黑色的区域作为置换为0的区域，而将白色作为置换最强的区域，中间的依此类推。可以想象，如果把ZBrush产生的贴图应用在Maya上，肯定会产生错误的效果，这就是上面看到奇怪渲染效果的原因，因此需要来进行处理。

为了得到正确的效果，需要设置置换贴图的参数，首先打开置换贴图的属性编辑器，展开其中的Color Balance卷展栏，注意到下面有两个参数：Alpha Gain和Alpha Offset，这两个参数配合使用能得到想要的效果，二者的关系是Alpha Gain = -2*（Alpha Offset），这里Alpha Gain或者是Alpha Offset需要多大的数值并不固定，它需要根据我们的渲染进行确定，这点和法线贴图并不一样。在这里设置两个参数为：Alpha Gain为1.000，Alpha Offset为-0.500，如下图所示。

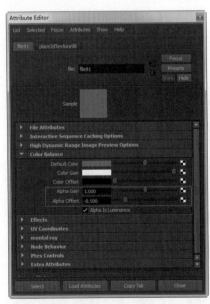

设置置换贴图的参数

现在对场景进行渲染，得到的渲染结果如下图所示，从渲染效果上看，之前的错误效果已经得到了修正，如下图所示。

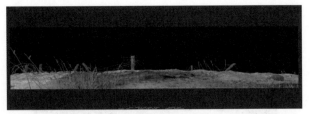

错误效果已经得到修正

但是现在可能存在的一个问题是：每次都需要手动计算Alpha Gain或者Alpha Offset的数值是一件非常繁琐的事情。如果这些数值为整数还好，如果这些数值非常的复杂，例如3.479，那么计算另外一个数值就会非常麻烦，而且如果出于调试效果的目的，频繁改动这两个数值，就会非常麻烦，因此需要在这里引入一个小的技巧，那就是创建一个表达式。表达式既可以在Alpha Gain上，也可以在Alpha Offset上进行创建。在这里用鼠标右键单击Alpha Offset属性，弹出一个右键菜单，从中选择Create New Expression，如下图所示。

为参数创建表达式，给调试带来方便

弹出表达式编辑器（Expression Editor），输入如下的表达式：file91.alphaGain = -2*file91.alphaOffset，这里的file91就是置换贴图实例。编写完成后，单击Create按钮进行创建，创建完成后，Create按钮就会变成Edit按钮，如下图所示。

输入表达式

从运行的角度来说，上面的表达式完全没有问题，但是从可读性的角度来说，这样的表达式可读性并不好，在编写程序的时候，一定要注意，程序既是写给计算机运行的，更是写给人看的，如果可读性非常差，那么将来的代码维护就会非常困难，这不但给个人也给整个团队带来了麻烦，因此在编写代码的时候我们既要考虑程序的易读性，也要勤做注释，方便别人阅读。因此在这里对代码稍做修改，为属性加一个括号，并且由于这里代码只有一行，因此加不加";"（英语的分号符）来结束语句都没有太大的问题，但是我们一定要记得，每个语句的结束，都需要使用";"（英语的分号符）这样就保证了代码的健壮性，最后我们修改得到的表达式如下：

file91.alphaGain = -2*(file91.alphaOffset);

从可读性的角度出发，给表达式加上括号

现在回到贴图的属性编辑器，看到上面的代码关系有些问题，如下图所示。

上面的代码关系有些问题

并且现在存在的麻烦之处在于需要输入Alpha Offset的数值来确定Alpha Gain的数值，这在逻辑上增加了理解的障碍，因此现在对表达式稍做修改：file91.alphaOffset = -0.5*(file91.alphaGain)。

对表达式稍做修改

回到贴图的属性编辑器，在Alpha Gain中输入数值，看到现在的表达式就没有任何问题了，如下图所示。

现在的表达式就没有任何问题了

现在再来讲解一下置换贴图中容易出现的其他问题，首先看一下下面的图片，这是一个Mudbox中建立的平面。

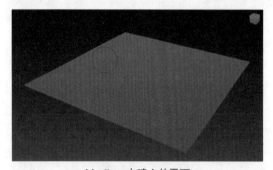

Mudbox中建立的平面

现在对这个平面做一些简单的雕刻，从图中凸起的部分我们可以看到，其布线的线条分布和周围的线条分布大概保持均匀，这就确保了凸起部分的贴图不会进行太大的拉伸，并且保证置换的精确性，如下图所示。

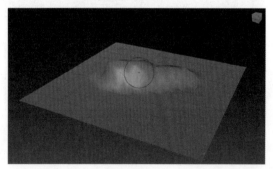

凸起部分布线和周围保持均匀，这就确保了贴图不会
进行太大的拉伸

再来看一下其反例：如果把笔刷的强度设置太高，雕刻的时候，凸起的部分就会出现布线分布过于稀疏、不均匀的问题，这就直接导致贴图的拉伸和不好的置换效果，如下图所示。

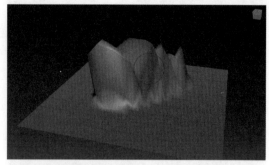

凸起部分布线稀疏、不均匀，直接导致贴图的拉伸

另外一个值得注意的问题是，置换会对模型进行真实的变形，但这种变形是垂直于曲面的法线方向，如果原始的模型是一个平面，那么其法线方向全部竖直向上，不同的置换强度构成了不同的曲面点位置，最后也就得到了置换后的曲面，如下图所示。

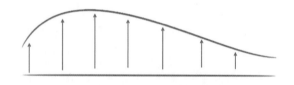

原始模型是平面，其法线方向全部竖直向上，
最后得到的置换曲面

如果原始的模型是一个曲面，那么其法线方向不再全部统一竖直向上，但其法线方向仍然垂直于曲面。同样，不同的置换强度构成了不同的曲面点位置，最后也就得到了置换后的曲面，如下图所示。

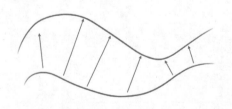

原始的模型是曲面，最后得到的置换曲面

请注意，对于下面这种曲面类型来说，无法通过常规置换得到，从图中也能看出，这是由于传统置换的方向全部是垂直于曲面方向的。

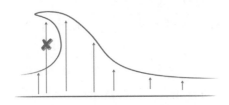

这种曲面类型无法通过常规置换得到

要得到上面这种类型的置换效果，只有使用矢量置换（Vector Displacement）的方法。矢量置换顾名思义，用最简单的思维进行理解，也就是置换方向不再垂直于曲面，它是通过长短不同（矢量的模），方向不同的矢量来决定的，它能生成令人叹为观止的置换效果，mental ray对矢量置换效果也是支持的。

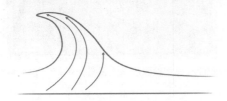

矢量置换的原理

从单纯图片来看，常规置换贴图是灰度图片，而矢量置换贴图产生的是一种五颜六色的图片，它也是32bit的图片，记录了大量信息，类似于运动模糊通道pass，下图就是Mudbox中自带的人耳的矢量置换贴图图片。

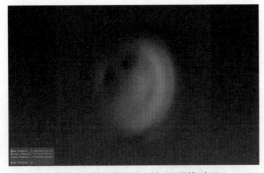

Mudbox中自带的人耳矢量置换贴图

由于其原理的原因，矢量置换贴图可以产生高度复杂的模型，例如，下面的图片展示的就是Mudbox中对一个简单平面进行细分后，并用上面的矢量置换贴图雕刻后所得到的人耳模型。这种效果，使用传统置换的方法是无法达到的。

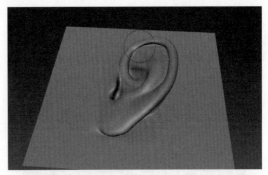

平面细分后，用矢量置换贴图雕刻所得到的人耳模型

现在就来验证置换强度。首先打开displacementShader的属性编辑器，在其中将Scale参数设置为4.000，如下图所示，这样地面的起伏程度将变为原来的4倍。

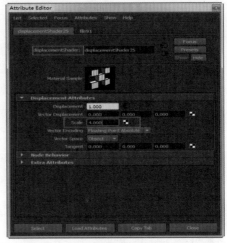

加大置换强度

也可以打开置换贴图的属性编辑器，将其中的Alpha Gain参数设置为4.000，而Alpha Offset参数设置为−2.000，这将会起到同样的效果，如下图所示。

修改置换贴图的属性会起到同样的效果

对场景进行渲染，得到的渲染结果如下图所示。从现在的置换效果上看，得到了非常差的置换效果，这就和刚才所举的例子一样，置换凸起的部分贴图被严重地拉伸了。

置换凸起的部分贴图被严重地拉伸了

因此，将置换还原为之前的数值。

11.2.4　mental ray置换细分方式

为了得到高品质的置换效果，就需要使用mental ray自己的置换方案，在设置之前，需要做一项准备工作。为了更好地进行置换，需要随时了解现在所得到的面数，既是为了保证得到最精确的效果，也是为了避免得到过高的面数，从而浪费渲染时间。

为了查看置换的面数，首先按F6键切换到Rendering模块，在这个模块中，执行菜单Render > Render Current Frame，请注意，现在不要单击菜单项，否则将会渲染当前帧，需要单击的是菜单项旁边的方块，它是菜单的选项。

单击菜单选项后，将会弹出mental ray Render Option窗口，在Message目录下看到Verbosity Level参数默认被设置为Warning Messages，如下图所示。

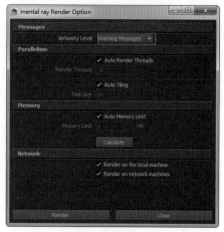

Verbosity Level参数默认被设置为Warning Messages

诊断级别被设置为Warning Messages后，相应的一些警告信息就会出现在Output Window中，如下图所示。

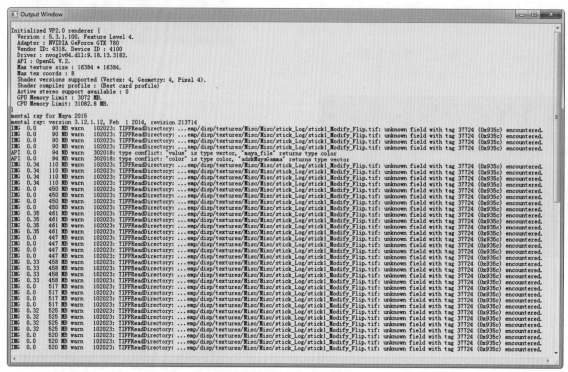

Output Window窗口会显示警告信息

但是上面这种级别的诊断信息并不够全面，它只提供一些错误之类的警告日志，需要更详细的诊断信息，这样才能看到置换的面数。类似的，将Verbosity Level参数设置为Info Messages，如下图所示。

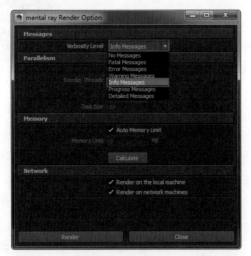

将Verbosity Level参数设置为Info Messages

现在对场景进行渲染，滑动Output Window查看其中的信息，看到如下字样：triangle count（including retessellation）：7352587。它的意思是说，现在3角面的数量（包括重新细分）有730万，但由于4边面的数量是3角面数量的2倍，因此，现在的4边面数量大概是365万，可以简单理解为，经过置换后，现在的地面有365万个面，如下图所示。

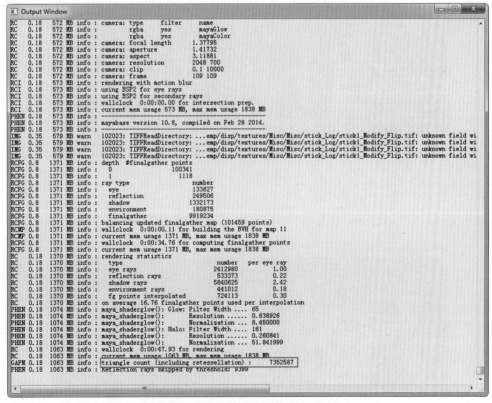

从Output Window能查看到置换后的面数字

对于这样面积的一块地面模型来说，三百多万并不是很高的面数，有的细节可能会展现不出来，因此需要将模型细分到更多的面数。首先需要选中地面模型，并展开其属性编辑器，找到模型的Shape节点（也是mesh节点），展开其中的Displacement Map，取消对Feature Displacement复选框勾选，即取消了Maya自己的置换贴图处理方式，另外注意到这个卷展栏下面有一个三元组属性Bounding Box Scale，对于置换来说，边界盒是非常重要的参数，这是由于置换后，模型的体积会向外扩张，一般来说要比之前的模型大一些，但是为了避免计算无限大的边界盒，造成渲染时间的浪费，因此在许多渲染器中都有专门的边界盒参数控制。如果边界盒过大，就会浪费渲染时间；如果边界盒过小，就会产生模型被剪切的现象，因此这是一个比较重要的参数。如果我们发现了剪切现象，就可以调整这个参数，如下图所示。

下图是Arnold渲染器中的剪切现象，左边是被剪切的模型，而右边则是正常的模型。

Arnold渲染器中的剪切现象

准备工作完成后，现在就来设置mental ray的细分方案，首先执行菜单Window > Rendering Editor > mental ray > Approximation Editor，设置mental ray的细分方案。

执行菜单后，将会打开mental ray的细分编辑器，我们在其中找到Subdivisions（Polygon and Subd.Surfaces）目录，单击Create按钮，如下图所示。

和上面的Displacement Tesslation方式相比，Subdivisions方式也会增加多边形的数量，二者非常类似，只是subdivision方式会对模型的边线进行圆滑处理，较适用于有机物、生物体，而Displacement Tesslation方式将不会对模型的线之间进行圆滑处理，它会保持模型线之间的折角，但是它却会增加多边形的数量，较适用于机械等无机物体。

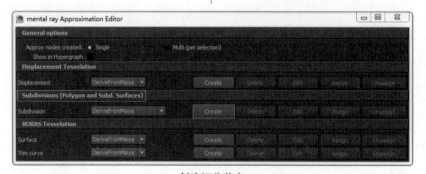

创建细分节点

单击Create按钮后，将会创建一个mental ray的细分节点mentalraySubdivApprox2，这时，Subdivision下拉列表中将默认选择mentalraySubdivApprox2，并且Create按钮也变得不可用，而Edit编辑按钮将变得可用，单击Edit按钮，如下图所示。

编辑细分节点

单击Edit按钮后，将弹出mentalraySubdivApprox2节点的属性编辑器，对于mental ray细分来说，最先要设置的就是细分办法（Apprxo Method），因为不同的细分方法其实就是不同的细分方案，它直接决定了细分的品质和速度。

首先看一下Parametric，它下面只有一个参数N Subdivisions，如下图所示。其原理非常简单，那就是把整个模型均匀地细分为原来的N倍即可，这种方法非常直观简单，但问题就是在一些不需要很高面数和细节的地方也进行均匀地细分，浪费了大量的资源。而需要很高细节的地方又可能细分不够。

Parametric细分方式

再来看一下Spatial方式的细分方法，这是平时较常用的方式。它是一种自适应的细分方式，所谓自适应，也就是"智能"方式，对于这种方式来说，首先设置好规则，然后软件就根据规则自动调用合适的算法进行处理，这种方式包括几个参数。

- Length：它是一个阈值，以Maya系统单位为单位，设置的是模型上最长的边，也就是说只要超过了这个数值，软件就会调用合适的算法，对较长的边进行细分，这使得模型上所有的边长度都小于这个阈值，只要细分后的边线小于Length数值，细分将会停止。

- Min／Max Subdivision：最小最大细分倍数，只要软件检测到符合上面Length所设置的阈值的边（特别长的边）时，就会在这两个参数中间的数值对边进行细分，直到边的长度小于Length阈值。

- View Dependent：和视图有关，勾选了这个复选框后，Length参数就变为一个绝对数值，它的单位变成了像素，并且会随着摄像机的改变而进行改变。这是一种较好的方式，因为细分是以屏幕视角为基础的，因此，在模型远离镜头的时候，模型本身的大小就很小，那么模型上的很多线都会很短，不用细分或者只需要很少的细分就很容易就达到我们的Length参数（例如1个像素），所以模型整体细分较少，渲染速度很快，这也符合我们的视觉原理，那就是越远的物体，我们所能观察到的细节也就越少。

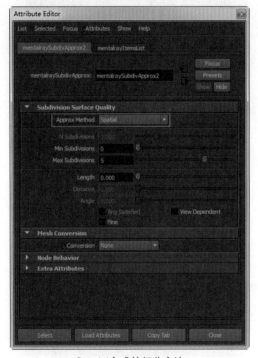

Spatial方式的细分方法

根据上面的讲解，Length／Distance／Angle这种细分方式也非常好理解，它不但有Length长度的限制，还有距离、角度的限制，限制更加精确。它其实是上面所讲的Spatial方式和下面所讲的Curvature（曲率）方式的一个综合体，混合了两种方式的优点和参数。但一般来说，较少使用这种方式。

度阈值为1.000像素，并且和视图有关。当模型距离摄像机较远的时候，模型上大部分的边长度都小于一个像素；当模型距离摄像机较近的时候，模型上就会有大量的边长度大于一个像素，这样，软件就会调用细分算法对相应的边进行细分，细分的倍数在3~8倍之间，如下图所示。

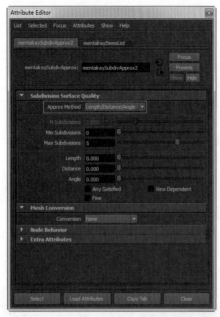

Length / Distance / Angle方式的细分方法

Curvature（曲率）方式是按照曲率来对模型进行细分，一般来说这种方法也较少使用，在这里就不再进行赘述，如下图所示。

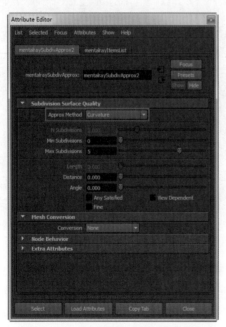

Curvature（曲率）方式的细分方法

按照下面的参数对这个细分节点进行设置：Apprxo Method为Spatial，Min Subdivision为3，Max Subdivision为8，Length为1.000，勾选View Dependent 和 Fine复选框。这种设置方案可以翻译为：细分方法为Spatial，模型上的边长

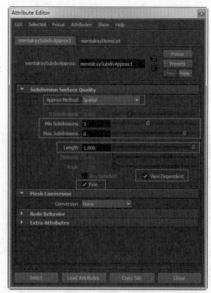

设置细分节点参数

现在对场景进行渲染，得到的渲染结果如下图所示，从渲染结果上看，得到了较好的渲染效果。

得到了较好的渲染效果

对局部进行放大渲染，仔细观察效果，如下图所示。

局部放大渲染

从Output Window中看到，现在细分后的模型有12970701个3角面，也就是大约650万个4边面，比刚才大概多了一倍，某些较小的细节现在也展现出来了，如下图所示。

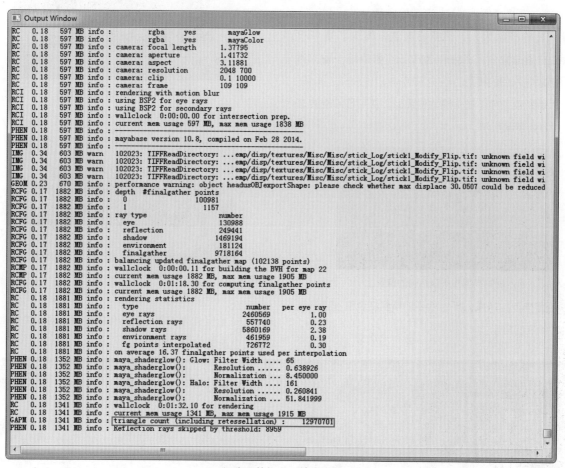

细分面数加大，精度增加

再来看一下渲染时间，现在2048×700分辨率下的渲染时间是1分34秒，保持的相当合理，这也比刚才4分多的渲染时间少了很多，如下图所示。

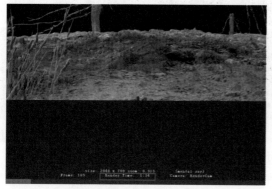

渲染时间保持的相当合理

经过上面的种种调整，现在对地面的效果基本满意

了，如果觉得面数不够，很多细节没有展现出来，还可以继续加大细分参数，例如减小**Length**参数，加大**Min / Max Subdivision**等等。但是请注意，对置换参数的调整需要循序渐进，逐步调整，并始终监控置换的面数，如果在一开始盲目加大细分参数，那么极有可能出现计算机资源耗尽的现象，即便计算机资源没有耗尽，也可能出现过高精度对效果没有明显改善，但渲染时间急剧增加的问题，这点希望读者注意。

11.2.5 拼合场景

在上面的地面模型基本制作完成后，执行菜单File > Import来将坦克模型进行导入。同样，由于坦克模型的材质并不是我们本节所讲解的重点，因此，我们预先设置好了它的材质，其材质设置也非常简单，无非是使用了mia_ material_x的预设材质并进行简单修改，即便自己手动创建材质也并不复杂，限于篇幅，在这里就不再讲解了，如果读者感兴趣，可以查看本书其他章节的内容。

导入后的模型太大，需要将其进行缩放。选中模型，然后在通道盒中，将ScaleXYZ三个数值统一输入为0.009，缩放导入后的模型。

导入后的模型并不在正确的位置上，使用移动旋转来放置模型，如下图所示。

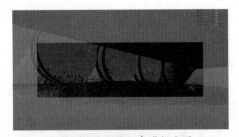

切换到摄像机视图来进行查看

最后调整好的模型位置如下图所示。

调整好的模型位置

导入后的模型并不在正确的位置上

在放置模型的时候，可能需要切换到摄像机视图来进行查看，如下图所示。

现在打开大纲窗口，我们在其中看到，坦克模型已经分成了三个组，为了得到戏剧化的效果，对其中的上部炮塔组进行旋转，如下图所示。

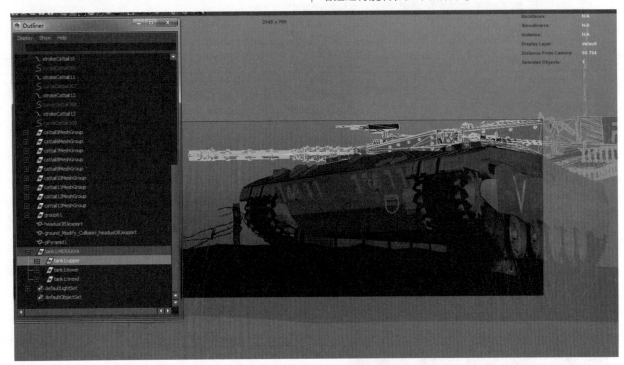

对上部炮塔组进行旋转

但是请注意，在旋转的时候，需要设置模型组的轴心点，这样才能得到正确的结果，如下图所示。

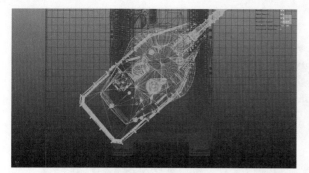

设置模型组的轴心点

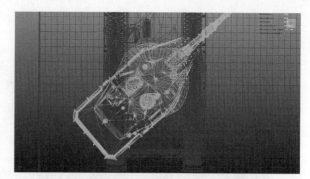

对轴心点的调节最好在顶视图这样的正交视图中进行

对轴心点的调节最好在顶视图这样的正交视图中进行，按 "Insert" 键进入轴心点的编辑模式，尽量将其放置在旋转中心，必要的时候可以使用捕捉，如下图所示。

在大纲窗口中，单击一下坦克的身体组，看看它具体都包含了哪些模型，如下图所示。

坦克的身体组包含的模型

继续单击坦克的履带组，也同样看看它具体都包含了哪些模型，如下图所示。

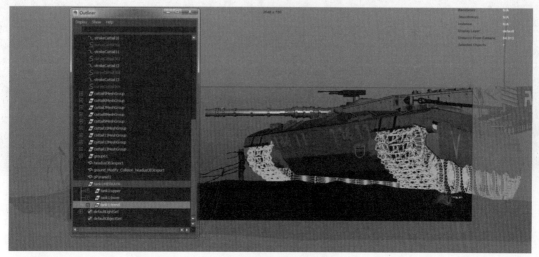

坦克履带组包含的模型

对场景进行渲染，得到的渲染结果如下图所示，现在的渲染效果整体上还是比较满意的。

整体渲染效果比较满意

请注意，在本例子中，由于使用到了日光系统，以及Gamma为2.2的曝光，因此需要对场景中的贴图和颜色进行Gamma矫正，否则会出现饱和度太低的错误渲染效果。这里以坦克上的材质为例，首先选中坦克上的任意一个模型，然后打开Hypershade材质编辑器，并展开模型的材质网络，看到相应的材质通道上都进行了Gamma矫正，如下图所示。

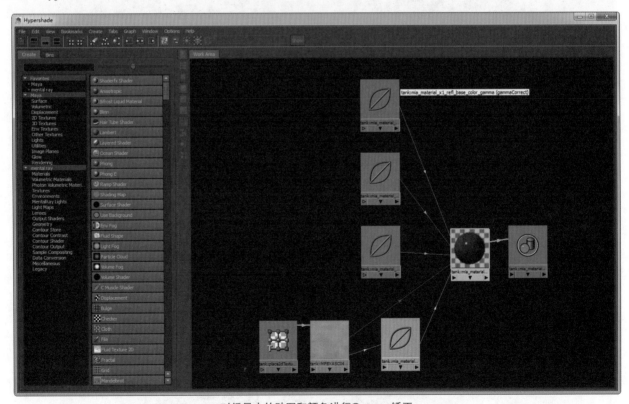

对场景中的贴图和颜色进行Gamma矫正

要进行Gamma矫正非常简单，只需要单击相应属性旁边的棋盘格按钮，并在弹出的窗口中选择Gamma Correct节点即可，请注意，这个节点位于Maya－Utilities目录之下，如下图所示。

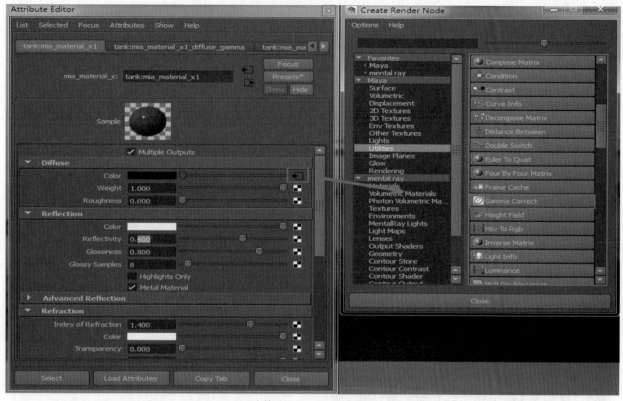

连接Gamma Correct节点

现在需要打开gammaCorrect节点的属性编辑器，在其中将Value参数连接上之前所设置的颜色贴图，然后将下面的Gamma参数值全部设置为0.454（1/2.2），如下图所示。

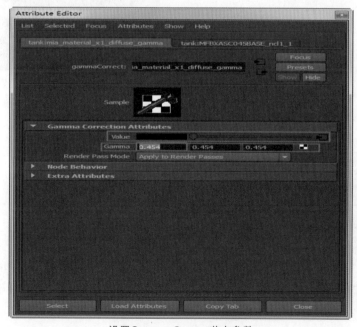

设置Gamma Correct节点参数

现在这个问题就基本上讲完了。

11.2.6 生成近似曲面与动画设置

现在就来讲解另外一个问题，首先观察视图，可以发现，坦克的履带全部陷入到地面模型之中，这其实也是在使用置换的过程中很容易出现的一个问题，那就是无法预估置换的高度以及最后的外形，给制作和判断带来了一定的难度，就像这里履带和地面进行了穿插，如果仅仅只是做单张图片，那问题还稍微简单一些，只需要不停地测试并移动坦克模型就可以了，但如果需要做动画的话，问题就会变得非常复杂，因此最理想的方法是创建一个用于预览和动力学碰撞的近似曲面，现在就来讲解这种方法。

坦克履带陷入到地面模型中

首先选择地面模型，并执行菜单Edit > Duplicate Spectial，注意这里需要单击菜单旁边的方形按钮，也就是菜单的选项。

菜单选项打开后，需要勾选其中的Duplicate input connections复选框，如下图所示。勾选这个选项的目的在于我们的置换贴图连接了复杂的网络连接，需要使用这个选项来复制整个置换材质网络。

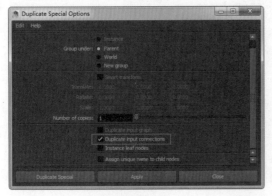

设置复制选项

复制完成后，会得到另外一块地面模型，现在再来执行菜单Modify > Convert > Displacement to Polygons with History，把当前复制出来的地面模型转化为一个高精度的置换近似模型。

现在在视图中查看转化后得到的模型，在线框模式下看到当前转换后的模型精度也非常低，并没有得到我们想要的高精度近似模型。

当前转换后的模型精度也非常低

继续在实体模式下查看模型，看到当前的模型精度的确非常低，如下图所示。

在实体模式下查看模型

造成这种问题的原因也非常简单，那就是参数数值设置非常低，将刚才转换后的低精度模型删除，并且再次复制一个地面模型，选中这个地面模型，然后打开其属性编辑器，展开其中的Displacement Map卷展栏，勾选Feature Displacement复选框。回忆刚才的制作过程，记得已经取消了这个复选框的勾选，那为什么现在又要把这个选项开启呢？原因非常简单，那是因为刚才是在渲染的时候关闭这个选项，现在的转化命令是Maya自身的命令，而这里的复选框也是Maya自己的选项，因此转化选项如果想要生效的话，就必须勾选这个复选框。并且是在复制的模型上启用这个选项的，因此它和刚才的选项启用并不冲突。

勾选了这个复选框后，就可以看到下面的参数已经可以使用。这个参数控制的就是转换以后模型的精度，参数值越高，转换后得到的面数也就会越高，模型也就越精细，这里将这个参数值设置为20，如下图所示。

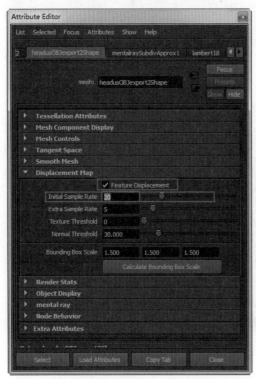

转换精度控制参数

参数设置完成后，上面的方法将带置换的低精度模型进行转化，转化以后的模型如下图所示，从图中可以看出来，这次转化以后的精度要比上次的高许多。

正确的高精度转换结果

切换到实体模式进行观察也能发现，这次的模型精度的确是比较高，如下图所示。

切换到实体模式进行观察

这样就能使用这个地面来进行动力学碰撞了，即便是制作动画的话也是没有问题的。

仔细观察上面的渲染结果会看到，当前的坦克模型并没有出现运动模糊效果，这是由于坦克是静止不动的，并没有对其设置动画。由于坦克履带的绑定涉及复杂的绑定知识，并且这也不是本书的重点，因此出于演示的目的，仅仅对坦克做一个简单的位移动画，首先把时间设置到第一帧，移动坦克并按键盘上的S键设置关键帧，如下图所示。

在第一帧，为坦克设置关键帧

按照喜欢的时间节奏设置一个合理的时间范围，这里设置为140帧，然后将坦克移动到一个新的位置，并按S键进行动画设置。注意这里仅仅只是在一个方向上移动坦克，如下图所示。

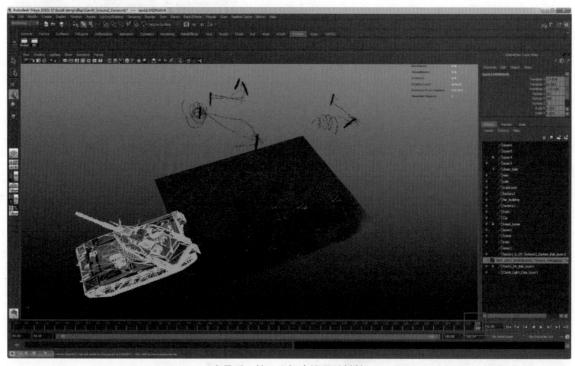

在最后一帧，为坦克设置关键帧

对于动画节奏的调整来说，一般需要使用视频预览来查看动画效果。对于一个并不复杂的场景来说，其视图播放速度可能是实时的，但对于很复杂的场景来说，即便配备了强大的硬件，也很难做到软件界面的实时预览，这也是由软件自身的局限性所限定的。因此对于动画师来说，可能经常需要使用到视图预览，它会将当前视图的每一帧进行拍照，并存储到内存或者外存中，然后读入这些数据进行播放。它是查看动画速度正确与否的重要依据，有助于看到正确的结果。

进行视频预览的方式是：在时间轴上单击鼠标右键，并在其中选择Playblast，如果要调整选项，可以单击其后的选项盒。

动画设置完成后，现在就来打开运动模糊的渲染设置，首先打开全局渲染设置窗口，并切换到Common面板，展开下面的Motion Blur卷展栏，找到其中的Motion Blur参数并将其设置为No Deformation，之所以设置这个参数是因为当前场景中的模型并没有任何的形体变化；再展开Motion Blur Optimization卷展栏，我们看到下面的Motion Blur By

参数，这个参数值越大的话，运度模糊的程度也就会越剧烈，在这里保持默认的1.000即可，如下图所示。

设置运动模糊参数

对场景进行渲染，现在就在渲染结果中看到了运动模糊的效果，如下图所示。

渲染出了运动模糊效果

对场景局部进行放大渲染，看到现在场景的精度非常低，噪点很多，如下图所示。

场景的运动模糊精度非常低，噪点很多

切换到Alpha通道来进行查看，从通道中也看到了很多噪点。

Alpha通道中也能看到很多噪点

要解决噪点问题就需要提高渲染的精度，继续打开全局渲染设置窗口，并切换到其中的Quality面板，展开Sampling卷展栏，将下面的Quality参数设置为3.000，这个参数是Maya 2014版本中引入的，它使用一种新的算法进行计算，具体的数值可能需要根据场景进行确定，这里暂且将其设置为3.000，如下图所示。

提高场景渲染品质

对场景进行渲染，现在就得到了平滑的运动模糊效果，如下图所示。

现在得到了平滑的运动模糊效果

对局部进行放大渲染来查看运动模糊的精度，从图中可以看到，现在的运动模糊效果的确是平滑许多，如下图所示。

局部放大渲染

切换到Alpha通道进行检查，从Alpha通道中也能看出精度的提升。

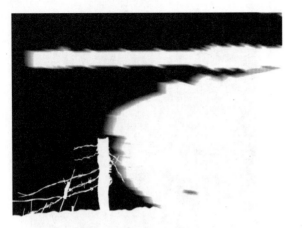

从Alpha通道中也能看出精度的提升

现在渲染完成后，看到当前的渲染是没有背景图片的，因此需要把当前的图片进行保存，并读入到其他软件中进行合成。在渲染视图窗口中执行菜单File > Save Image，保存图片。

11.2.7 后期调整

启动Nuke软件，并将渲染得到的图片和两张背景图片一起读入，如下图所示。

读入合成素材

在素材读入完成后，选中这三张图片，并按"L"键将其进行排列，如下图所示。

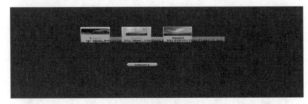

排列素材

按M键，创建一个Merge节点，并选择Merge节点的A端口（前景），将其拖到渲染图片上。同样的操作，选择Merge节点的B端口（背景），将其拖到其中一张背景图片上，完成合成，如下图所示。

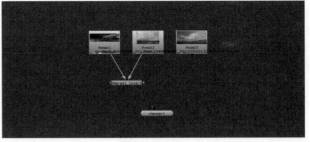

创建Merge节点

选择Merge节点，并按1键，将其显示在视图中，但现在看到图片拉伸的错误效果，这是由于现在几张图片的分辨率并不一样，并且没有设置场景尺寸所造成的，如下图所示。

图片拉伸的错误效果

按"S"键，打开场景的工程设置，在其中的full size format下拉列表中，看到当前选择的是2K_Super_35(full-ap)，但是现在的图片分辨率却不是这个，需要选择下面的2048×700。

上面的工程设置完成后，在节点区域，按"Tab"键，弹出文字输入框，在其中输入ref等字样，所有以ref开头的节点都会显示出来，在其中选择Reformat，并按"Tab"键或者回车键结束创建，创建Reformat节点。

由于渲染的图片分辨率就是2048×700，因此不需要改变，但是背景图片分辨率却是随意的，因此需要把刚才创建的节点连接到素材和Merge节点之间，如下图所示。

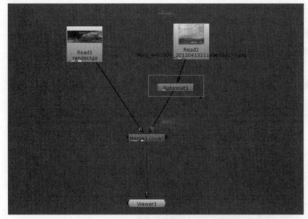

连接Reformat节点

对节点的效果进行预览，看到当前得到了正确的合成效果，如下图所示。

正确的合成效果

注意，现在背景图片出现的位置可能不是我们想要的，因此，按"T"键来创建一个Transform变换节点，如下图所示。

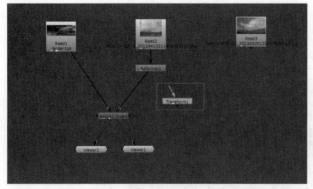

创建Transform变换节点

把这个Transform变换节点拖拽到素材和Reformat节点之间，如下图所示。

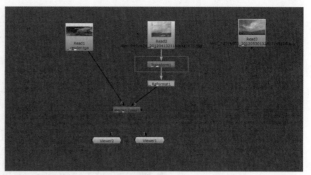

连接Transform变换节点

Transform变换节点加入到网络中后，在视图中将会出现一个操作手柄，可以拖拽它来实时调节图片的位置，如下图所示。

视图中出现Transform变换节点的操作手柄

拖动手柄，直至得到想要的效果，如下图所示。

调整背景图片的位置、旋转、大小

但现在Transform操作手柄会一直存在，从而影响到我们的观察，如果需要将手柄关闭，在右侧的节点属性编辑器中关闭节点的属性窗口，如下图所示。

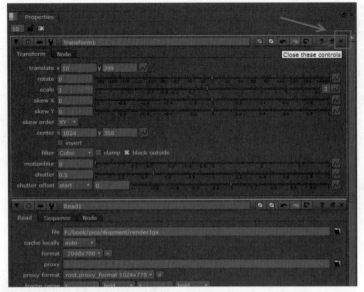

关闭节点的属性窗口

现在放大图片进行观察，可以看到在渲染的图片层周围有一圈黑边，如下图所示。

渲染的图片层周围有一圈黑边

出现这圈黑边的原因在于运动模糊的背景是黑色的，在Nuke中，如果想要解决这层黑边，需要用到Erode腐蚀节点，单击下图中的图标，将会列出这个组中所有的节点，看到这个组下面有三个Erode节点，分别是Erode（fast）、Erode（filter）、Erode（blur），选择其中的Erode（blur）节点进行创建，如下图所示。

Nuke中的三个Erode节点

创建后的节点会以Erode1（alpha）的形式出现在软件中，如下图所示。

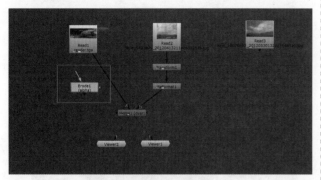

创建后的Erode节点

将这个节点拖拽到渲染素材和Merge之间的连线上，如下图所示。

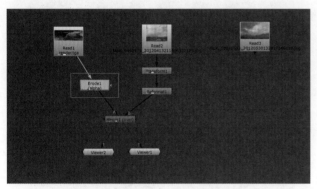

连接Erode节点

连接Erode节点后，对Merge节点进行预览，得到下面很清楚的错误效果，如下图所示。

连接Erode节点后得到的错误效果

双击Erode打开其属性编辑器，检查一下其中的参数

设置。看到其中的size参数被设置为－1，它的意思是，向外扩张边缘，因此看到了更多的黑边，如下图所示。

Erode节点默认参数不符合场景需要

为了得到边缘向内收缩的效果，需要将其中的size参数设置为0.15，如下图所示。

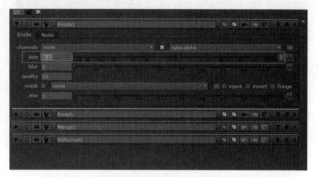

改变Erode节点的size参数

现在对Merge节点进行预览，就得到了较好的效果，如下图所示。

黑边现象得到了控制

放大局部进行观察，看到黑边已经得到了有效的控制，如下图所示。

放大局部进行观察

另外，在某些应用中，预乘（PreMultiply）也可以解决问题，在Nuke中，使用预乘非常简单，它可以在读入的素材（Read节点）上进行设置，还可以使用专门的预乘节点。

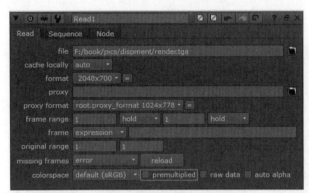

在Read节点上设置预乘

Nuke中专门的预乘节点Premult。

预乘节点Premult

背景对最终的效果起到很大的影响，它会传递出不同的氛围，从而引导观众的心理感受，因此必须要重视背景的作用。如果读者感兴趣，可以自己更换背景，以得到不同的氛围效果，例如下面这两张图片就更换了其中的背景，基本上满足我们的要求，但实际上很多背景的透视、灯光都并不一定符合我们最后渲染的图片。因此在这里只是想告诉读者背景的重要性，也希望读者在实际生产制作中多多测试。

更换背景的效果

下面是更换另外一张背景图片后的效果。

更换另外一张背景的效果

可以对不同的局部进行放大渲染来观察效果，以体会置换所起到的作用，如下图所示。

对局部进行放大渲染来观察效果

另外一个角度的细节放大渲染，如下图所示。

对另外一个角度的局部进行放大渲染

游泳池综合案例

在这个案例中，将学习如何制作一个游泳池，学习的重点包括：不同天气氛围下的水面效果，太阳照射下的焦散效果，最后完成的效果如下图所示。

最后完成的效果

12.1 场景检查和基本设置

12.1.1 摄像机设置

首先打开配套光盘提供的场景文件01-start.mb，看到这是一个室外模型，场景根据摄像机的角度而建，摄像机看不到的地方没有模型，场景的中间是游泳池模型，如下图所示。

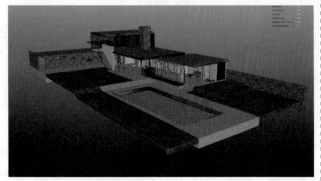

打开配套光盘提供的场景文件

打开场景文件后能观察到，在游泳池边缘以及墙面等一些物体上，会出现黑色的锯齿，如果移动旋转摄像机，这些锯齿将会闪烁起来，如下图所示。

测试渲染效果

出现这个问题的原因在于，场景的大小尺寸和摄像机的剪切平面参数不匹配。单击视图工具栏上的摄像机属性按钮，弹出当前激活摄像机的属性编辑器，在第一个Camera Attributes卷展栏中找到Near Clip Plane，将其改到一个较高的数值，在这里将其从0.01增大到2.000，这样视图的显示就正确了。如果发现很多模型"消失"了，也就是没有显示出来的话，就需要确认下面的Far Clipping Plane是否被设置为较高的数值，如下图所示。

设置摄像机的剪切平面参数

显示正确后的场景如下图所示。

显示正确后的场景

12.1.2 场景材质分析

在开始制作之前，首先打开Hypershade来检查一下场景中当前所设置的材质，在材质编辑器中，看到场景有一些mental ray的mia_material_x建筑学材质，而其余的都是一些phong材质，如下图所示。

场景有一些mia_material_x材质，其余的都是phong材质

其实，mia_material_x 材质赋予的都是场景中一些重要的、大面积的物体，并且这些材质的设置都非常简单。现在就来查看一下，首先选择建筑的顶部，选中模型然后，按Ctrl + A组合键展开其属性编辑器，看到屋顶的材质仅仅设置了Diffuse-Color、Reflection－Reflectivity、Glossiness、Bump－Standard Bump参数，如下图所示。

场景中mia_material_x材质的设置都非常简单

再选择草地模型，同样展开其属性编辑器，看到草地的材质仅仅只设置了Diffuse-Color、Reflection－Reflectivity、Glossiness参数，如下图所示。

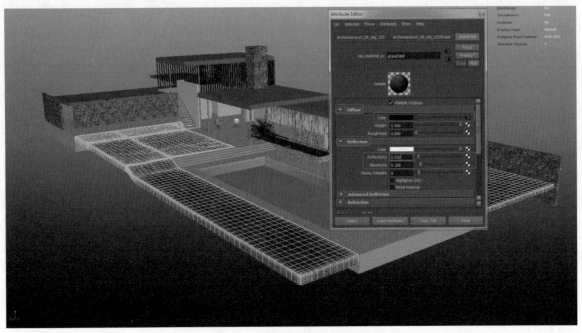

草地的材质

选择路面模型，看到路面仍然只设置了Diffuse-Color、Reflection－Reflectivity、Glossiness参数，如下图所示。

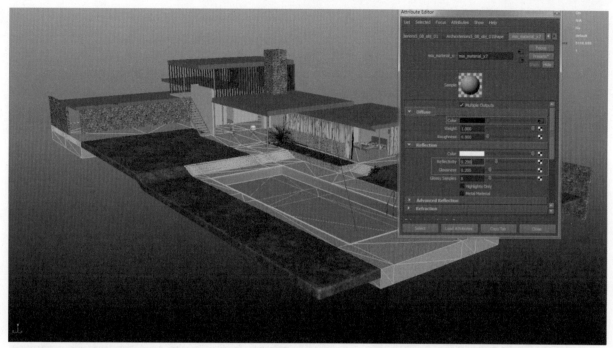

路面模型的材质

选择水面模型，看到它的材质是一个简单的blinn材质，如下图所示。

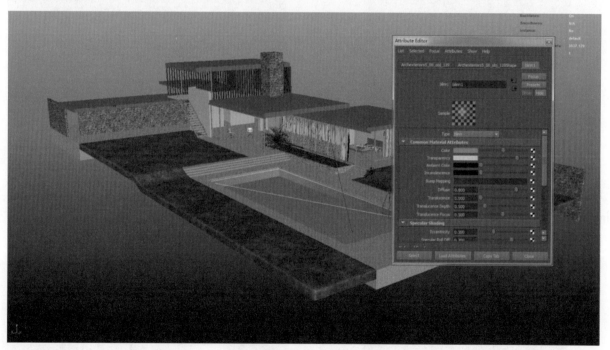

水面模型的材质是一个blinn材质

12.1.3 初始灯光和背景设置

现在就对模型进行测试渲染，渲染结果一片漆黑。

渲染结果一片漆黑的原因是因为关闭了场景的默认灯光，打开全局渲染设置窗口，切换到common面板，展开
Render Option卷展栏，看到其下的Enable Default Light复选框是取消勾选的，如下图所示。

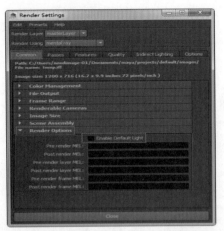

渲染结果一片漆黑的原因是因为关闭了场景的默认灯光

切换到Indirect Lighting面板，展开Final Gathering卷展栏，看到Final Gathering复选框也是取消勾选的，如下图所示。

Final Gathering复选框也是取消勾选的

仍然在Indirect Lighting面板下，勾选Final Gathering复选框，展开Enviroment卷展栏，单击Image Based Lighting旁边的Create按钮，如下图所示。

启用FG，创建IBL照明

在弹出的mentalrayIblShape1节点中，找到一张配套光盘光盘所提供的HDR图片，如下图所示。

找到配套光盘提供的HDR图片

指定HDR图片后，场景中的显示如下图所示。

指定HDR图片后的视图显示

执行视图菜单Panels > Perspective > Cam01，将视图切换到渲染视图。

切换到渲染视图后，单击视图的 Resolution Gate开关，开启视图的分辨率显示框，有助于我们观察渲染的范围，如下图所示。

开启视图的分辨率显示框

打开RenderView渲染视图窗口，执行菜单Render > Render > Cam01，渲染Cam01视图，如下图所示。

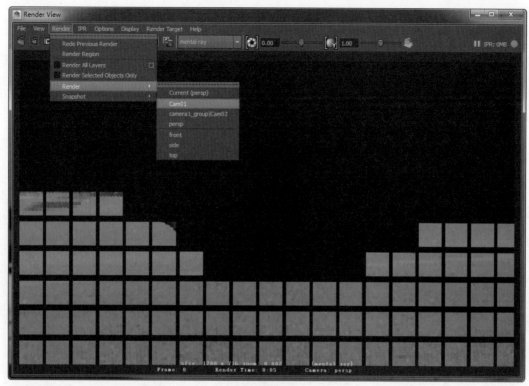

渲染摄像机视图

经过一段时间的渲染，得到了渲染结果，从图中看到基本的照明效果，并且背景HDR位置并不正确，如下图所示。

背景HDR位置并不正确

现在存在的问题就是在视图中看不到背景HDR，只能渲染后才能看到其位置，这就给操作带来不便。这时需要单击视图的摄像机属性按钮，打开当前摄像机的属性编辑器，从中找到**Far Clip Plane**，将其参数设置为一个较大的数值，这样就能在视图中看到HDR背景图片了，如下图所示。

修改Far Clip Plane数值

选中IBL球，在通道栏中看到其**transform**变换属性，单击**RotateY**属性名，使用鼠标中键交互调节视图中的HDR显示，最后得到的**RotateY**数值为107.569，如下图所示。

旋转HDR图片

现在对场景进行渲染，得到的渲染结果如下图所示，看到视图的比例以及HDR背景的透视基本正确了，如下图所示。

视图比例以及HDR背景的透视基本正确了

12.2 阴天水面材质

12.2.1 Mia材质预设

现在就来调节水面材质。选中水面物体，为其指定一个新的材质，从弹出的窗口中选择mia_material_x，如下图所示。

为水面物体指定新材质

在mia_material_x的属性编辑器中单击Preset预设，从中选择GlassPhysical，请注意，虽然Preset预设中有Water预设，但其一般适用于类似海洋等水体，因此在这里选择GlassPhysical，只要其模式是solid方式，并且折射率改为1.333，那么就能较为真实地模拟水面材质。

现在对场景进行渲染，得到的渲染结果如下图所示。这就是得到的第一种效果，是一种风平浪静的效果，水面没有波浪，水面反射遵循菲涅耳反射原理，如下图所示。

风平浪静的效果

水面的材质用到了菲涅耳反射，菲涅耳反射的原理就是视角和水面的角度越小，反射越大，但是如果视角和水面的角度越大，例如垂直注视水面，这时反射就会越小，甚至看不到反射。菲涅耳现象是自然界中普遍存在的现象，在制作中使用这种技术对于提升画面的真实性有很大帮助，如下图所示。这里的菲涅耳反射是和折射率相关的。

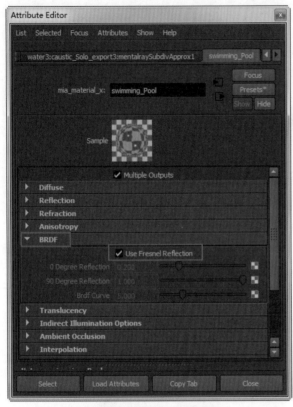

水面的材质用到了菲涅耳反射

12.2.2 线性流程

值得注意的是，现在的渲染效果使用的是线性流程，首先打开全局渲染设置窗口，从中看到，在Common面板下开启了颜色管理。Color Management卷展栏下，勾选了Enable Color Management复选框，并且Default Input Profile被设置为sRGB，Default Output Profile被设置为Linear sRGB，如下图所示。

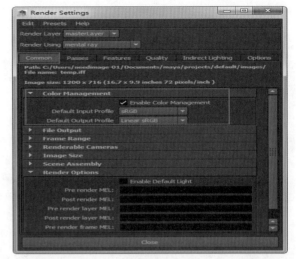

设置颜色管理

设置完全局渲染参数后，还需要设置渲染窗口。在渲染窗口中，执行菜单Display > Color Management命令，设置渲染窗口的颜色管理。

弹出渲染窗口颜色管理的设置窗口，在其中将Image Color Profile设置为Linear sRGB，Display Color Profile设置为sRGB，这样就完成了线性流程颜色管理的参数设置，现在渲染结果看起来是正确的，如下图所示。

设置渲染窗口的颜色管理

但是场景中的一些位置看起来非常黑暗，但由于这里主要是讲解池水的制作，可以先忽略这些细节，在后面通过调节灯光来对这些部分进行处理，如下图所示。

场景中一些位置非常黑暗

由于阴天的水面效果就是类似于这种不透明的感觉，因此在这里就完成了阴天效果下的水面材质。

12.3 清澈的水面材质

12.3.1 辅助物体设置

很多情况下，游泳池都是清澈见底的，现在如果想让池水清澈见底怎么设置呢？为了能够更清楚地进行观察，首先创建一个多边形球体，执行菜单Create > Ploygon Primitives > Sphere，从菜单生成一个多边形球体。

将视图切换到四视图的角度，从各个角度进行精确定位，将多边形球体放置到游泳池的底部，如下图所示。将使用这个辅助的球体来帮助我们更好地观察池水的透明程度。

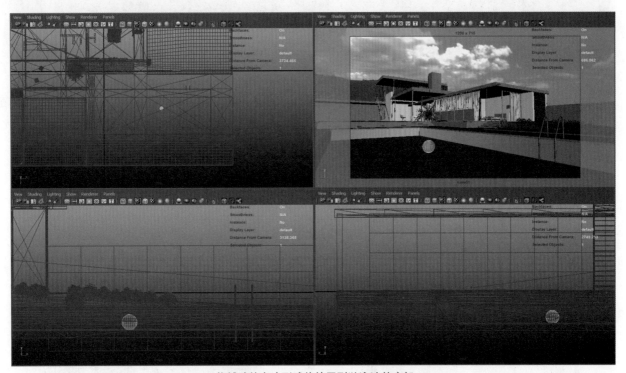

将辅助的多边形球体放置到游泳池的底部

另外，为了更好地进行观察，需要为游泳池的侧壁设置一个更明显的纹理。选择游泳池的侧壁，按Ctrl＋A组合键展开其属性编辑器，单击Diffuse－Color旁边的棋盘格按钮，对其进行贴图，如下图所示。

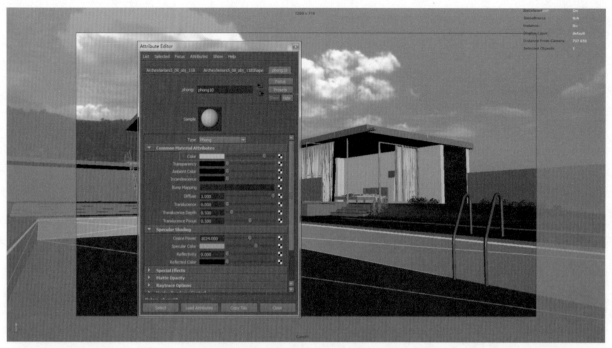

为游泳池的侧壁设置一个更明显的纹理

在弹出的创建渲染节点（Create Render Node）窗口中，选择Checker贴图，如下图所示。

选择Checker贴图

在弹出的属性编辑器中，切换到place2dTexture12选项卡，将其下的RepeatUV数值分别设置为0.500，0.500，如下图所示。

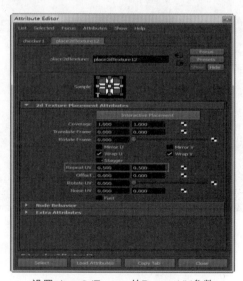

设置place2dTexture的RepeatUV参数

现在游泳池侧壁贴上了棋盘格纹理，视图显示如下图所示。

贴上了棋盘格纹理的游泳池侧壁

13.3.2 材质参数设置

现在对场景进行渲染，得到的渲染结果如下图所示。看到场景中已经显示出了清澈的池水效果，已经能够看到池底及侧壁的纹理了，但是现在的问题是，怎么能够手动控制水体的透明程度呢？如果想要使池水变得更加透明，需要设置什么参数呢？

场景中已经显示出了清澈的池水效果

首先选择水面物体，然后展开其材质的属性编辑器，在Refraction卷展栏下，看到Transparency透明度参数已经达到了最大值1.000，这就意味着不可能通过调节Transparency透明度参数使得池水变得更加透明。实际上，对池水透明度的调节是通过Refraction－Advanced Refraction卷展栏下的Max Distance参数来实现的。现在就来实验一下，首先把Max Distance参数设置为一个较小的数值，例如1.000，如下图所示。

设置材质的Max Distance参数

现在对场景进行渲染，得到的渲染结果如下图所示，看到池水变得非常不透明，我们完全看不到池底的纹理。

池水变得非常不透明

由于现在小球的颜色比较深，如果放在黑白的棋盘格上，经常无法观察到小球，所以需要将其更改一个醒目的颜色。选择小球，打开其材质属性编辑器，将其Color颜色设置为一个纯红色，如下图所示。

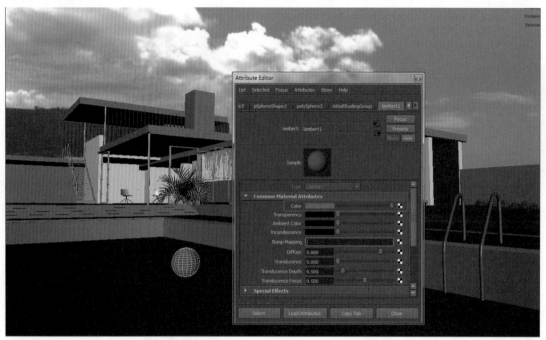

更改小球颜色

回到水面物体的材质属性编辑器，继续打开 Refraction - Advanced Refraction卷展栏，将Max Distance 参数设置为一个较大的数值，例如200.000，其余保持不变，如下图所示。

并且需要确认池水的折射率（IOR）被设置为正确的数值，这里将其设置为1.330，如下图所示。

增大Max Distance参数

设置池水的折射率（IOR）

现在对场景进行渲染，得到的渲染结果如下图所示。通过设置Max Distance参数，现在的池水的确变得清澈透明，能清楚地看到游泳池侧壁和池底的棋盘格纹理，并且红色的小球现在也清晰可见，如下图所示。

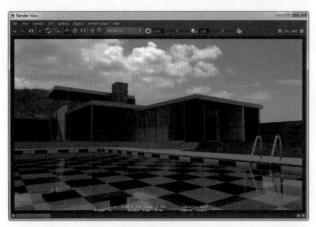

渲染效果

现在清澈的池水效果也就设置完成了。

12.4 晴天水面材质

12.4.1 创建太阳光

在前面，设置了阴天的不透明池水效果，以及清澈的池水效果，但由于只靠HDR照明的原因，现在的场景灯光比较像阴天的效果，现在就来手动添加灯光，使得场景看起来阳光明媚，非常像午后的场景。首先执行菜单Create > Lights > Directional Light，创建一盏平行光源。

12.4.2 灯光参数设置

创建完成后，打开灯光的属性编辑器，单击Color色块，展开Maya标准的取色器，在HSV选项卡中，设置灯光的颜色为HSV（60.000，0.075，1.000），如下图所示。

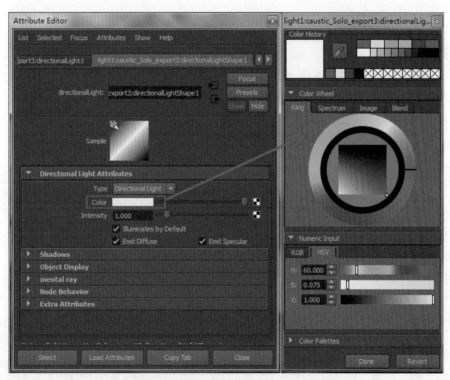

设置灯光的颜色

根据HDR中光源的位置调整平行光源的变换参数，最终得到的参考数值为：TranslateX、Y、Z（469.341、291.64、142.62），RotateX、Y、Z（174.911、56.246、248.438），ScaleX、Y、Z（218.231、218.231、218.231），如下图所示。

平行光源的变换参数

阳光午后的效果

对场景进行渲染，得到的渲染结果如右图所示，看到现在的灯光效果就比较自然了。

12.5 带有波纹的水面效果

12.5.1 置换设置

由于迄今为止，水面效果都是非常平静的，类似于镜子一般，但是现实生活中，或多或少都有风等大气效果的扰动，因此不可能出现这种平镜一般的渲染效果，现在就需要为水面制作凹凸不平的波纹效果。首先选中水面模型，然后打开Hypershade材质编辑器，找到水面材质，单击Input and Output Connections展开材质的节点连接，从中找到下游SG节点组，如下图所示。

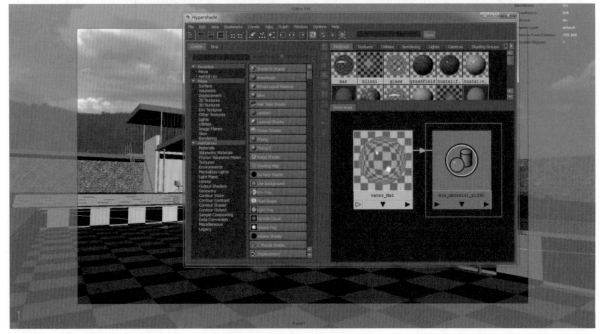

找到水面材质的下游SG节点组

单击这个SG节点组，打开其属性编辑器，找到其中的Displacement mat.参数，单击其右边的棋盘格按钮，如下图所示。

为Displacement mat属性指定文件贴图

在弹出的窗口中选择Ocean纹理，用它来模拟水面的涟漪，如下图所示。

用Ocean纹理来模拟水面的涟漪

在displacementShader1节点窗口中，保持其默认参数，如下图所示。

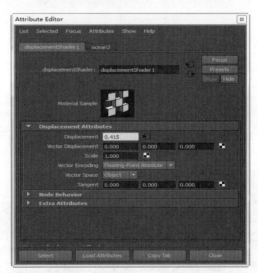

保持displacementShader的默认参数

切换到ocean2节点，将其中的Scale参数设置为15.000，在Wave Height卷展栏下，单击右边渐变图形，创建一个可编辑的点，并将其纵坐标方向设置为最大，设置Selected Position为0.200，这样就得到了一个梯形模型，对于Wave Peaking卷展栏，做相同的处理。从预览图上看，得到了一个水波纹的纹理，如下图所示。

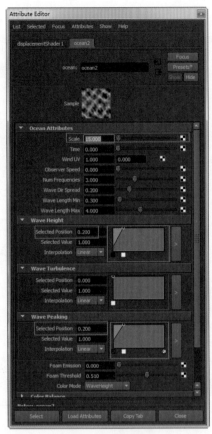

设置ocean2节点参数

现在对场景进行渲染，得到的渲染结果如下图所示，看到视图中已经出现了凹凸不平的水波纹。

视图中已经出现了凹凸不平的水波纹

注意，现在的水波纹充满了锯齿，给人一种精度不高的感觉，如下图所示。

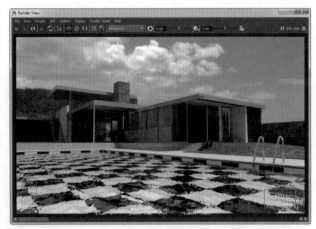

水波纹充满了锯齿

从渲染效果上来看，水面也太过于透明。

下面就来解决这些问题，首先打开水面材质的属性编辑器，在Refarction－Advanced Refraction卷展栏下，将Max Distance参数设置为70.000，如下图所示。

设置Max Distance参数

执行菜单Window > Rendering Editor > mental ray > Approximation Edior。

打开mental ray的近似编辑器（Approximation Edior），在其中找到Subdivisions（Polygon and Subd.Surfaces）栏目，单击其栏目下的Create按钮，如下图所示。

在Approximation Edior下创建节点

单击后会看到，创建出了一个mentalraySubdivApprox1节点，这是一个mental ray的细分近似节点，如下图所示，单击其旁边的Edit按钮来进行编辑。

在Approximation Edior下编辑节点

单击编辑按钮后，将会打开节点的属性窗口，按照如下的参数进行设置：Approx Method为Spatial，Min Subdivisions为4，Max Subdivisions为7，Length为1.000，勾选View Dependent复选框，如下图所示。

mentalraySubdivApprox1节点参数设置

12.5.2 模型修改

现在对场景进行渲染，得到的渲染结果如下图所示，

看到水面已经光滑了许多，但是却出现了奇怪的形状，如下图所示。

水面经光滑了许多，却出现奇怪的形状

现在将视图旋转到顶部的位置，从上进行渲染，看到矩形的水面现在已经变成了椭圆形，如下图所示。

矩形的水面现在已经变成了椭圆形

选中水面模型，单击视图上的隔离按钮，将水面模型单独隔离出来，看到水面模型由两个三角面组成，模型精度较低，从这里明白了为什么模型在渲染后会变成椭圆形，这是由于置换的原理是对模型进行渲染时的细分，这是一种真实的细分，类似于执行建模菜单下的smooth命令，具体细分的倍数将依据置换参数而定。既然置换会对模型进行真实的细分，那么模型上的布线将对最终结果产生决定性的影响，在这里，模型之所以变成椭圆形，是由于模型的边缘没有相应的固定线，这导致了渲染的时候，模型进行圆滑，类似于在建模的时候按"3"键进入光滑代理（smooth proxy）一样，因此解决方法就是：对模型进行加线，提供模型精度。

对模型进行加线，提供模型精度

按F10键，进入边选择级别，单击模型中间的分割线，按Delete键将这条多余的线进行删除，如下图所示。

删除模型中间的分割线

删除多余线后，模型变成了四边面，这有助于我们对其进行加线处理，如下图所示。

模型变成了四边面

执行菜单Mesh Tools > Insert Edge Loop Tool，单击旁边的选项盒按钮，将展开工具的选项窗口。

在打开的工具选项设置窗口中，勾选其中的Use Equal Multiplier复选框，这时将会激活下面Number of edge loops输入框，在其中输入数值10，代表将在两条线之间插入10条线，也就是把模型细分11次，如下图所示。

设置插入线条数

分别在模型的横向和纵向进行单击，各插入10条线，得到的结果如下图所示。看到现在的模型网格单元变成了细长的矩形，这并不利于后期的置换，为了在后期达到较好的效果，需要在长度方向上添加更多的线。

在模型的横向和纵向进行单击插入

继续打开Insert Edge Loop Tool工具的选项盒，将其中的Number of edge loops参数设置为1，将线条进行等分处理，如下图所示。

再次设置插入线条数

在模型上进行单击，得到的结果如下图所示，现在就得到了精度比较高的，相对比较均匀的模型。

现在就得到了精度比较高，比较均匀的模型

单击视图工具栏上的隔离按钮退出隔离模式，如下图所示。

退出隔离模式

完成了模型的细分操作，观察一下通道盒，发现其中堆积了较多的历史操作，会给我们后续的操作带来一些问题，因此需要将其删除，如下图所示。

通道盒中堆积了较多的历史操作

执行菜单Edit > Delete by Type > History，清空历史。

现在对场景进行渲染，得到的渲染结果如下图所示，经过上面的步骤，现在就得到了较为满意的效果。

现在得到了较为满意的效果

12.6 焦散

12.6.1 焦散灯光设置

光线可以穿过（进入物体）透明物体进行折射，或者反弹（离开物体）光线进行反射，现实生活的光线都是带有能量（光子）的，它既可以穿过空气、尘埃等介质损失能量，也可能通过折射聚集能量（光子叠加），从而形成很明亮的、能量很高的美丽光斑。

上面的渲染效果整体还是不错的，但为了配合后面的焦散，需要对池水的颜色进行一定的调节，打开水面材质的属性编辑器，展开Refraction > Advanced Refraction，单击Color at Max Distance旁边的色块，弹出Maya标准的取色器窗口，在其中将Color的颜色设置为RGB（74，127，232），但是注意，这里选择的RGB范围为0~255，如下图所示。

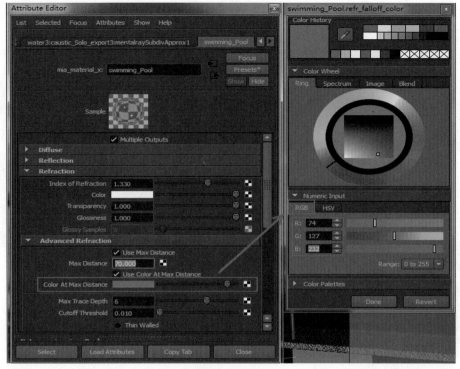

调节池水的颜色

对场景进行渲染，得到的渲染结果如下图所示。看到现在的渲染效果似乎没有刚才的好，颜色的饱和度太高了，但是不用担心，在后面引入焦散后，水面的整体效果会有一定的变化。

水面变得较蓝

现在就来创建焦散效果，一般来说，焦散都是那些汇集起来的、能量很强的光斑，对于本例来说，要形成常见的泳池焦散有下面三个条件：

（1）水面需要凹凸不平，这有助于水面偏转光线的行进方向，才能在某些地方堆积能量，从而形成焦散；

（2）需要制作一盏发射焦散光子的"焦散灯光"；

（3）在全局渲染设置窗口中，打开"焦散"全局开关。

现在已经完成了第1步的工作，现在就来完成后面的两步。

首先执行菜单Create > Lights Spot Light，在场景中创建一盏用于发射焦散的聚光灯。

按"T"键，进入灯光的操纵器操作模式，如下图所示。

进入灯光的操纵器操作模式，进行放置

分别对灯光进行缩放、移动，最后得到的变换参数参考下面的数值：TranslateX、Y、Z（2097.461、247 0.696、－389.895），RotateX、Y、Z（122.284、

55.571、180），ScaleX、Y、Z（1227.801、1227.801、1227.801），如下图所示。

灯光最后的变换参数

现在打开全局渲染设置窗口，切换到Indirect Lighting面板，展开Caustics卷展栏，勾选其中的Caustics复选框，这就打开了场景中的焦散，如下图所示。

打开了场景中的焦散

现在焦散需要生效的3个因素中已经完成了2个，剩下的一个就是使灯光发射光子。

现在打开聚光灯的属性编辑器，在其中设置Intensity为0.3，单击Color参数旁边的色块，在打开的取色器窗口中输入颜色数值为HSV为（60.642，0.099，0.992），如下图所示。

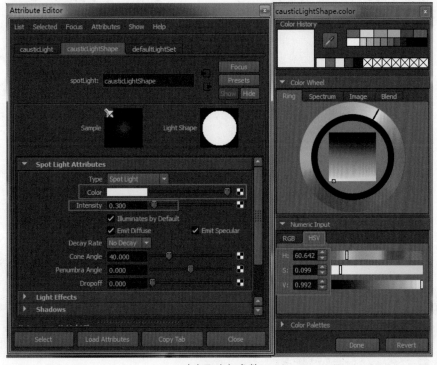

改变聚光灯参数

现在展开mental ray－Caustic and Illumination卷展栏，勾选Emit Photons复选框，随着这个复选框的勾选，看到其下的Caustic Photon数值输入框也变得可用了，在这里先保持默认的数值即可。

使灯光发射光子

现在渲染场景，但是看到有一段时间"似乎"没有开始渲染，观察视图左下角的状态栏，看到有一个进度条在活动，上面的文字表明"mental ray photon emission"，意思是说，这是一个发射光子的过程，因此，当渲染画面较长时间没有动的时候，也不用太过惊慌，只要仔细检查左下角的进度条，看看是不是在活动。取决于场景发射光子的数量，有的时候，这个发射过程可能会特别的长，所以需要仔细观察，因为准备过程会有焦散光子、GI光子、Final Gathering几个过程，完成后才会开始最终画面的渲染，如下图所示。

光子的预先计算过程

现在对场景进行渲染，看到场景似乎没有太明显的变化，没有看到期望中的"焦散效果"出现，如下图所示。

没有出现焦散效果

打开灯光的属性编辑器，仍然展开mental ray－Caustic and Global Illumination卷展栏，将其中的Photon Intensity参数提高到200000000.000，如下图所示。

将光子强度（Photon Intensity）参数提高

现在对场景进行渲染，仍然没有看到所希望看到的焦散效果，但发现水体的颜色变浅了一些，如下图所示。

仍然没有出现焦散效果，但水体颜色变浅

为了保证焦散效果的生效，需要确认材质参数进行了正确的设置，在制作透明焦散效果时比较容易忽略的一个问题就是：选择了透明阴影（Transparent Shadow），而不是折射焦散（Refractive Caustic），对于正确的焦散效果来说，必须要选择Refractive Caustic参数，如下图所示。

对于正确的焦散效果来说，必须要选择Refractive Caustic参数

另外一个问题就是：焦散光子数量较少，将Caustic Photons（光子数量）提高到3000000，如下图所示。

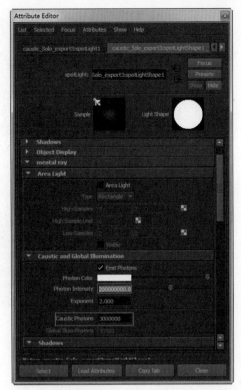

提高光子数量（Caustic Photons）

现在对场景进行渲染，我们就得到了正确的焦散效果，如下图所示。

焦散开始出现

12.6.2 焦散效果调整

现在觉得水面的颜色似乎太蓝了，选中游泳池的侧壁模型，删除其贴图并恢复之前默认的颜色，在这里设置颜色为RGB（169，207，182），注意这里使用的RBG数值范围是0~255，如下图所示。

恢复游泳池侧壁模型之前默认的颜色

重新对场景进行渲染，现在就得到了较为满意的效果。

渲染得到满意的效果

但是现在的焦散效果可能比较模糊，如果需要锐利的焦散效果，就需要进一步提高光子数量，但也会进一步加大渲染时间。在灯光的属性编辑器中，将Caustic Photons扩大10倍，变为30000000，如下图所示。

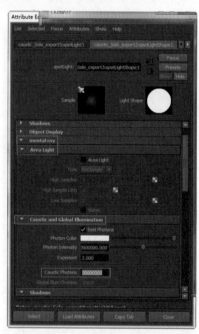

进一步提高光子数量

现在对场景进行渲染，就得到了很锐利的焦散效果，如下图所示。

渲染效果

前的渲染效果并没有这些植物，这是由于植物模型的尺寸一般比较大，对于这个场景来说，没有植物的时候，场景尺寸大概在70~80M，但是加了一些植物后，现在的场景尺寸变为了700多M，为了避免某些读者的电脑打不开这种大的场景，因此我们在配套光盘中提供了初始的场景文件，以及单独的植物模型，供读者使用。

现在我们就讲一下植物模型的导入方法，以及代理的一个简单介绍，首先执行菜单File > Import，打开模型的导入对话框。

从中我们可以看到tree1~tree4，这四个单独的植物模型，可以分别导入，对于这4个植物模型，如下图所示。

12.7　丰富场景

12.7.1　导出代理树木模型

从图中也可以看到，最终效果中有很多的植物，但之

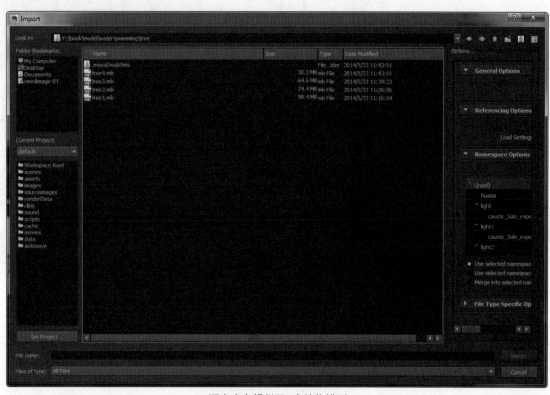

配套光盘提供了4个植物模型

导入后的模型如下图所示。

导入后的模型

对于这4棵树木模型来说，已经赋予了基本的mental ray材质，这些材质的设置都非常简单，例如选中树叶模型，展开其材质的属性编辑器，从中可以看到，仅仅为材质的Diffuse－Color进行了贴图，并设置了Reflection－Reflectivity、Glossiness，读者可以导入后自行研究，这里不再赘述，如下图所示。

四棵树木模型已经赋予了基本的mental ray材质

现在就来简单讲解一下渲染代理的使用方法，从上面4棵树木模型的尺寸可以看到，其硬盘尺寸在30M~98M之间，可以想象，如果在场景中对其进行大量复制，那么场景的负担是非常重的，其最终文件尺寸也会非常大，渲染代理的出现就是为了解决这个问题，渲染代理并不复制模型本身，它只会记录一些变换信息，对原始模型，使用的是一种引用的方法，因此无论内存大小，还是外存大小都非常小，并不太影响场景的尺寸和渲染效率，因此经常使用这种方法来制作成千上万的树木，其使用方法也非常简单。

将导入的树木模型进行成组，如下图所示。并执行菜单File > Export Selection，注意不要单击菜单，而需要单击菜单旁边的正方形选项盒。

在弹出的窗口中，找到File Type Specific Options
卷展栏，将Export Selection output设置为Render Proxy
（Assembly），然后导出即可，如下图所示。在文件导出
后，可以导入进行任意的实例复制，关于这一方面知识，
本书在视频教学中进行了讲述，请读者自行查阅。

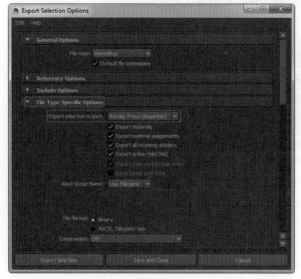

渲染代理设置选项

12.7.2　补光设置

对于这个场景来说，还存在的一些问题，就是之前提
到的某些地方过暗，对于这些地方可能需要手动添加一些
灯光，例如图中所示的室内位置就比较黑暗，这个时候就
可以手动创建一盏面光源，并将它放置在图中所示的窗口
位置。

手动创建面光源并进行位置摆放

由于需要照亮室内环境，因此最好的办法就是使用入口
灯光。展开灯光的属性编辑器，勾选mental ray – Area Light下
面的 Use Light Shape复选框，并在Custom Shaders卷展栏下，
为Light Shader连接mia_portal_light shader，如下图所示。

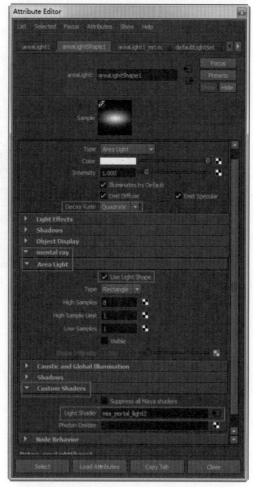

设置灯光参数并连接mia_portal_light shader

在mia_portal_light shader的属性编辑器中，将Intensity
Multiplier参数设置为1.500。增大mia_portal_light shader的
Intensity Multiplier参数值。

现在的效果有较大的改善，如下图所示。

渲染效果有较大的改善

最终得到的效果如下图所示。

最终得到的效果

后 记

当前优秀影视制作公司以及相关待遇情况调研。

地域区别

众所周知，北上广是中国最发达的区域，这些城市的发达不仅体现在经济方面，也体现在其文化方面。一般来说，这些最发达的城市政府扶持力度最大，优秀企业和人才众多，人们的观念和接受程度普遍高于其他城市，对于三维动画这种具有非常高技术含量的行业来说，最发达的大城市无疑是最领先的区域。

在动画行业，上海聚集了大量专业的游戏制作公司和人才，例如著名的育碧和麻辣马之类的公司；其他南方城市，如深圳、广州、香港、苏州等，多数制作一些原创的动画片，例如深圳的IDMT制作了《魔比斯环》，香港的意马动画则制作了《阿童木》等；而北京是中国的政治文化中心，主要偏重的是电影、电视剧的拍摄，及其后期特效等等一个完整的产业链。据统计，北京完成了全国70%的电影制作，其规模和影响可见一斑。

与此对应的是北京也聚集了全国绝大多数知名的影视后期特效公司，大家耳熟能详的有：中影、水晶石、baseFX、小马奔腾、每日视界、厦门西基、Pixomondo等，这些公司各有各的专长，也各有各的主营业务和招聘需求，读者需要根据自己的专长和喜好进行选择。

- 水晶石：全亚洲最大的视觉服务提供商，员工3000余人，是北京奥运会、上海世博会、伦敦奥运会等知名盛会的数字提供商，在国内具有领先的地位。
- BaseFX：一家总部在美国洛杉矶，而特效和项目管理团队在中国的著名特效公司，曾经制作过《太平洋战争》，《画壁》等五十多部国内、外电影特效，凭借《太平洋战争》获得了艾美奖。也因为使用著名特效软件Houdini而广为人知。
- 每日视界：国内最早制作特效广告的公司，也制作三维动画片，近些年来制作了许多电影特效，著名的有《观音山》、《大兵小将》、《唐吉诃德》、《王的盛宴》等等。
- 小马奔腾：业内具有很高知名度的影视文化公司，以收购全球顶尖的Digital Domain（DD，数字领地）而名噪一时。
- Pixomondo：一家在中国有分支机构的国外企业，凭借《雨果》获得了奥斯卡最佳视觉奖，凭借《权利与游戏》获得了艾美奖。

待遇情况

现在的很多公司招聘已经不把薪资写在招聘文件之中，以"面议"等形式代之，这给我们的统计带来了困难。

我们使用baidu、必应、google等搜索引擎，在各大免费平台上搜索各大公司发布的招聘信息上，结合笔者多年的经验，大概可以分析出以下一些特点：

（1）受2008年金融危机的影响，各大公司待遇普遍下滑，同时影视动画行业逐渐普及成熟，市场归于理性，制作成本也逐年下降，受此牵连，员工待遇也有所下滑。

（2）员工待遇级别明显，金字塔形日益凸显。一般来说有以下几个级别：2000~3000级别，基本适用于没有或者很少工作经验的新员工；3000~5000级别：工作了2~4年，有一定技术能力的员工，或者从事一些如特效等复杂工作，但经验不是特别强的员工；6000~10000级别：适用于工作了5年以上，有较强工作经验，水平较高的员工，这部分员工可能还担当一部分的领导工作，例如项目负责人，或者建模、特效等小组的负责人等，这类员工基本算是公司的主力；10000以上级别：一些高级主管，如总监，导演等角色，主管公司主要的项目运作，负责整体统筹。

（3）逐渐把员工福利作为吸引人才的重要手段，例如保险、定期体检、带薪年假、集体活动、奖励、提成等。工作年限＋工作能力共同决定薪资待遇，当然，每个公司具体情况不同。严格的项目绩效考核，从而区分了不同的绩效和项目提成，进一步区分了人员级别等。

以上调查仅供参考，仅个人对行业了解而定论，尚无具体数据验证。

影视工作艺术师职业发展规划建议

在职业发展的道路上，许多读者朋友可能有诸多疑问，我们这里采用问答的形式，来给读者一些建议，希望能对大家有一些帮助。

（一）我该选择大公司还是小公司？

答案是：都可以，重要的是选择一家合适自己的，正规的，信誉好的公司。

下面就分别来剖析大公司和小公司各自的优劣：

对一些几百人的超大公司来说，需要做的就是不断地学习，因为周围总有一些"让我们佩服的五体投地"的高手。而且这种类型的公司还能制作一些非常知名的大型项目，这种经历对我们将来的职业生涯是有很大帮助的。但是在这种特大公司也有一些弊端，主要有以下几点：

（1）每个人就是流水线上的一颗螺丝钉，团队的力量永远大于个人，每个人只要把自己擅长的那一部分做好就可以了，但这也容易让我们长期从事单一的岗位，从而造成能力范围狭窄，经验局限。当然，这也要看个人的主观能动性。

（2）大公司竞争激烈，压力较大，对于身体状况和心理都不是很强的读者来说可能是一种很大的负担。

（3）在大公司晋升较慢，可能让人产生惰性和倦怠的心理。

（4）大公司流程太严格：60%是好的方面，但是另外40%不好的地方就是使得我们思路僵化，从来不去或者很少去思考、尝试"标准化流程"之外的东西。

对于动画行业来说，并不太需要像IT互联网公司一样，发展到成千上万名工程师的规模，通常的动画公司，超过40~50人就算规模比较大的公司了。其实读者朋友也完全没有必要迷信一些大型的公司，在一些规模适中，口碑较好的中、小型公司也能得到好的锻炼，学到不少经验，而且同事之间的沟通也会较为顺畅、快捷。

（二）这个行业挣钱多吗？学动画有前途吗？

动画行业是国家扶持的行业中，现在最好、最有前途的行业。

关于类似的这些问题，基本上都反映出这部分读者学习动画的主要目的，或者说关注点主要在于收入以及未来的发展趋势。

首先，作为一种具有高科技含量、无污染的文化产业。无论从哪个角度来说，动画行业都具有无与伦比的优势，所以毫无疑问，是国家大力扶持的行业，也是一个朝阳产业。

但是我们也需要清醒地认识到，影视动画行业并不解决人们的衣食住行，因此并不是一个刚性需求的行业，由于这个原因，在当前以经济发展为主导的趋势下，影视动画行业仍然相对较为边缘。并且，影视动画行业在我国发展时间并不长，因此无论从国民的认知程度，还是产业的规模、产业结构、影响力均不能和西方发达国家相比，例如好莱坞。

在国内，从客观的角度来讲，影视动画行业的整体待遇要弱于金融投资、地产等行业，在大多数的社会行业中处于一个中上的水平，这就是国内行业目前的基本情况。但是对于我们来说，在思考了这些问题之后，还是应该回归理性与平静，毕竟我们从事的是一门结合艺术和技术的学科，毕竟我们是在用青春追逐我们的梦想。

（三）我该选择哪个岗位，我都喜欢。

渲染挣得钱多吗？动画有前途吗？绑定我比较感兴趣等等，诸如此类，很多读者都可能有类似的困惑，其实每个岗位都有每个岗位的职责，每个岗位都有它自己的艰辛与困难。人的精力是有限的，不可能对生产流程中每个环节都很精通，因此就出现了专门的人才，负责某一个或某几个模块，通过这样的团队合作，就制作出了一个个的视频。一般来说，不存在哪个岗位非常好，哪一个岗位又不太好的情况，对于项目来说，最重要是流程顺畅，因此每一个环节都很重要，哪一个地方出了问题都会对后续环节产生致命的影响。因此也就不存在哪个岗位更重要的情况，我们需要做的仅仅是分析自己更喜欢哪种工作，自己更加擅长哪个环节？然后就在这个岗位上做到最好。

如果非要对这些环节做一个比较的话，我们可以这样说：每个公司和每个公司的项目不同，岗位和人员配置也不尽相同，但最后交到客户手中的是一个视频，因此渲染和后期环节需求量要更大一些，相对来说需求要更加的刚性。一个项目，模型可能使用现有的素材，动画可能只有简单的摄像机动画，绑定也极有可能不需要。但是，渲染和后期出片却是不可避免的，并且这两块的工作量相对非常大，因此需求可能相对稳定，招聘人员可能会较多。

（四）我刚毕业，没有工作经验，如何找到第一份工作。

由于现在的企业都有一定的压力，因此比较倾向于招聘那些具有一定或者是丰富经验的人员。愿意接受没有工作经验的应届毕业生的企业不是特别多。因此，刚毕业的读者朋友，被许多公司拒绝是很正常的，有的读者朋友还可能要持续很长一段时间，比如半年或一年找不到工作，这都是有可能的，那我们应该怎样尽快地度过这段痛苦的时期呢？

笔者认为，这应该是一段修炼自身"内功"的时期，由于学校的教学和企业的要求有一定的脱节性，因此应届毕业生难免达不到企业的要求，在这段时期，如果找不到工作，也不需要太过焦虑。因为这是一件很正常的事情，我们可以通过这段难得的时期，苦学苦练一些实用技术，做一些高质量的应聘作品，事实胜于雄辩，有了高质量的作品，胜过千言万语的说辞。并且我们应该想到，这是我们难得的一段充电的时期，一旦走上工作岗位，或许就真的没有纯粹的学习时间了。

另外，在这段时期，如果有经济上的压力，可以先从事一些其他的职业，只要你把这个行业当作一个长期从事的行业，你就会突破短期的困难，坚持去追求自己的理想。

（五）我在学校学的是Max，我不会用Maya，但是现在公司全部用Maya，我该怎么办？Maya很高端，我不喜欢Max；Max插件多、简单、方便，比Maya高效多了。

应该说，学习是一码事，工作又是另外一码事。无论是Maya还是Max，都是非常主流的三维软件，可以说是我们相关从业人员必须要掌握的软件，因此无论是喜好与否，从工作的角度来说，都应该熟练掌握这两个软件。

对于学习，笔者一贯采取的态度是：兼容并包，兼收并蓄，只要能够为我所用的，都应该采取积极的态度来学习。但是人的精力是有限的，不可能面面俱到，因此这个时候，最好的学习方法就是：在实践中学习，在实践中成长。经过一定的实战锻炼，就能快速地掌握相关的软件。

（六）这个行业会经常加班吗？

这个行业是一个年轻的行业，也是一个属于年轻人的行业，它不仅需要年轻的、敢于突破常规、不断创新的思想，也需要健康的身体。和其他IT行业一样，这个行业也是在每个不眠之夜中，在肾上腺素的支撑下向前发展的。换而言之，这个行业不管是在国内还是国外，大多数公司都需要经常加班，因此，对于那些身体不是特别好的读者朋友就可能是一个巨大的挑战，特别是对女孩子。

（七）做电影太辛苦了，我想去做游戏；做效果图一点也不赚钱，还是做广告比较好……

对于有这些想法的读者朋友，我们只能建议说：每个行业都有每个行业的辛苦和不为人知的艰辛。有的行业，在它亮丽的外表下，更多的是我们所不知道的辛苦，因此不用这山只羡那山高，认定别的行业就一定比我们现在所从事的行业要好，要轻松，对于动画这个较小众的行业来说，基本上没有哪种细分行业是轻松的，即便轻松，也是相对的。因此，我们有了上述想法，需要换工作之前，可以首先问一下自己，电影那种高要求和极致的画面效果，如果要求我做，我能做到吗？做游戏需要了解游戏引擎，而且可能需要一定的程序基础，这些我掌握了吗？游戏上市前拼命地赶进度，我能受得了吗？做效果图需要了解大量的建筑知识，还需要熟练掌握AutoCAD及VRay渲染器，这些我都掌握了吗？客户也经常更改方案，能接受吗？如果做广告，广告绚丽的特效效果，以及包装的要求，每个都和上一个完全不同，制作起来非常困难，但工期又非常短，这些我都能接受吗？

通过上面简单的比较就可以看出来，每个行业都有它的特点，如果我们不具备这种技能和经验，贸然去从事这些行业是不现实的。因此，在大多数情况下，我们需要磨练意志，争取做到行业内的顶尖人才。

（八）软件重要还是艺术重要，还是物理、数学重要？

CG艺术的魅力在于它的确是一门"艺术"，但是这种艺术的科技含量却非常高。换言之，这门艺术需要极强的技术来进行支持，从这一点就能清楚二者的辩证关系，在这个行业，脱离艺术的技术是没有生命力的；而脱离了技术的艺术，那就是无根之源。

从事这个行业的人员，多数是以下两种背景：

（1）艺术专业毕业，强项在于艺术表现及美感，弱点在于理工科知识。

（2）理工科专业毕业，强项在于理工科的理论知识以及严密的逻辑。一般来说技术都比较不错，但弱点在于没有受过专业的艺术训练，因此可能技术都非常好，但最后的作品却较少有美感。

不管是哪一种背景的读者，都需要根据自身的不足来进行针对性弥补和学习。总的原则是：以软件技术为基础，以艺术为指导，二者不可偏废，脱离一个讨论另外一个是没有意义的。

至于物理和数学，不是必须的，并且多数用在特效，RD开发等难度较高的岗位。因此只能说，它不是必须的，但掌握的话会更好，有助于达到一个更高的层次。

（九）我不想再学习新东西了，3ds Max和Photoshop已经够用了。

这个世界没有绝对的安全，所以也不存在绝对的够用，在这里我们仅仅只是使用3ds Max和Photoshop的名称来说明一个现象，所谓的够用，仅仅是一个相对，它相对于什么呢？相对的应该是一个较小的范围，较短的时间。在短期内，在这个较小的范围内，没有过多的要求，因此存在上面的这种观点。

可能有的读者会不赞成上面的分析，这些读者可能会认为，我只要把一两个软件学精，那总胜于会几十个软件，但每个都只掌握皮毛吧。其实这种观点和我们的分析并不冲突，我们并不是想说明泛泛来进行学习，而不去深入。我们想要说的是：应该打开一扇门，一扇窗，从而也打开一个全新的世界。这个世界总在变化，其唯一不变的就是变，3ds Max和Photoshop的组合固然经典，能应付绝大多数的项目制作，但是其效率却不见得就是最高的。

我们所使用的软件绝大部分来自于国外，国外有许多非常优秀的软件开发商，他们开发出许多功能强悍的软件，但是限于国内的环境，这些软件我们却很少能够得知，这就相当于只看到了森林的一角。

因此我们的建议是，经典固然需要重点掌握，但同样需要引入更多国外的新技术，不管是为开拓视野，还是为了提升效率，这都是非常有必要的。